希尔伯特空间分裂可行性问题

王丰辉　著

科学出版社
北京

内 容 简 介

本书主要研究无穷维希尔伯特空间框架下的分裂可行性问题. 本书以非扩张映射、单调映射、凸分析等非线性泛函分析理论为主要研究工具, 系统介绍了分裂可行性问题解的存在性及其逼近方法的最新研究结果, 其主要内容由作者长期在该领域的研究成果积累而成.

本书适合从事泛函分析领域的学者以及基础数学专业高年级本科生、硕士研究生和博士研究生学习和参考.

图书在版编目(CIP)数据

希尔伯特空间分裂可行性问题/王丰辉著. —北京：科学出版社, 2022.10

ISBN 978-7-03-073256-9

Ⅰ. ①希…　Ⅱ. ①王…　Ⅲ. ①希尔伯特空间-分裂-可行性研究　Ⅳ. ①O177.1

中国版本图书馆 CIP 数据核字(2022) 第 176589 号

责任编辑: 王丽平　贾晓瑞 / 责任校对: 彭珍珍

责任印制: 吴兆东 / 封面设计: 无极书装

科 学 出 版 社 出版

北京东黄城根北街 16 号

邮政编码: 100717

http://www.sciencep.com

北京虎彩文化传播有限公司 印刷

科学出版社发行　各地新华书店经销

*

2022 年 10 月第　一　版　开本: 720×1000　1/16

2022 年 10 月第一次印刷　印张: 13 1/2

字数: 270 000

定价: 118.00 元

(如有印装质量问题, 我社负责调换)

前　言

1994 年, 以色列数学家 Censor 和 Elfving 引入了分裂可行性问题. 该问题是一类重要的非线性反问题, 已广泛应用于信号处理与图像恢复等多个机器学习领域. 可以预见, 随着相关研究的不断深入, 分裂可行性问题必将在越来越多的学科领域中得到应用.

本书以非线性分析理论为主要工具对分裂可行性问题进行讨论. 通过将分裂可行性问题等价转化为求解非扩张映射的不动点问题, 然后应用 Browder-Göhde-Kirk 不动点定理给出了其解的存在性条件. 分别讨论了简单凸集、不动点集以及水平子集三类情形下解的逼近方法. 针对简单凸集情形, 应用 Picard、Haugazeau、Halpern 等迭代思想构造了三类求解方法, 并讨论了其在误差扰动下的稳定性. 针对不动点集情形, 分别讨论了严格伪压缩映射与伪压缩映射时的收敛性. 针对水平子集情形, 利用次梯度投影的性质, 分别构造了基于半空间序列与闭球序列的松弛投影方法. 受坐标下降法与交替方向乘子法的启发, 分别构造了两类求解非凸分裂等式问题的解法, 并在合适条件下建立了迭代方法的整体收敛性.

特别感谢我的导师杨长森教授、徐洪坤教授、徐宗本教授！感谢他们传授泛函分析知识, 感谢他们一直以来给予的支持与帮助！本书编写过程中得到了不少国内同行专家的支持与鼓励, 没有他们的认真阅读与仔细校对就没有本书的出版, 在此一并表示衷心的感谢! 感谢国家自然科学基金 (No.11971216) 与洛阳师范学院重点学科基金的经费资助.

因所掌握资料有限, 本书未能涵盖分裂可行性问题的每一个细分领域. 另外, 因作者个人水平所限, 本书难免有不足之处, 恳请有关专家与读者不吝赐教.

王丰辉

2022 年 6 月

目　　录

第 1 章 预备知识

1.1 希尔伯特空间

1.1.1 定义与例子

定义 1.1 设 $\mathcal{X}$ 是实线性空间, $\|\cdot\|:\mathcal{X}\to\mathbb{R}$ 是定义在 $\mathcal{X}$ 上的非负函数. 若 $\|\cdot\|$ 对任意的 $x,y\in\mathcal{X},\lambda\in\mathbb{R}$ 都满足下列条件:

(1) $\|x\|\geqslant 0$;

(2) $\|\lambda x\|=|\lambda|\|x\|$;

(3) $\|x\|=0\Longleftrightarrow x=0$;

(4) $\|x+y\|\leqslant\|x\|+\|y\|$,

则称 $\|\cdot\|$ 是 $\mathcal{X}$ 上的范数, 此时称 $(\mathcal{X},\|\cdot\|)$ 为赋范线性空间.

定义 1.2 设 $\mathcal{H}$ 为实线性空间, 定义二元函数 $\langle\cdot,\cdot\rangle:\mathcal{H}\times\mathcal{H}\to\mathbb{R}$. 如果 $\langle\cdot,\cdot\rangle$ 对于任意的 $x,y,z\in\mathcal{H},\alpha,\beta\in\mathbb{R}$ 满足以下性质:

(1) $\langle x,x\rangle\geqslant 0$;

(2) $\langle x,y\rangle=\langle y,x\rangle$;

(3) $\langle x,x\rangle=0\Longleftrightarrow x=0$;

(4) $\langle z,\alpha x+\beta y\rangle=\alpha\langle z,x\rangle+\beta\langle z,y\rangle$,

则称函数 $\langle\cdot,\cdot\rangle$ 为内积, 此时称 $(\mathcal{H},\langle\cdot,\cdot\rangle)$ 为内积空间.

设 $\mathcal{H}$ 是内积空间, 对任何 $x\in\mathcal{H}$, 定义范数 $\|x\|=\sqrt{\langle x,x\rangle}$, 则 $\mathcal{H}$ 按该范数是一个赋范线性空间. 由内积导出的范数 $\|\cdot\|$ 满足平行四边形公式:

$$\|x+y\|^2+\|x-y\|^2=2\|x\|^2+2\|y\|^2,$$

其中 x,y 是 $\mathcal{H}$ 中任意两个元素. 反之, 设 $\mathcal{H}$ 是赋范线性空间, 如果其范数满足平行四边形公式, 则在 $\mathcal{H}$ 中可以定义内积

$$\langle x,y\rangle=\frac{1}{4}\left(\|x+y\|^2-\|x-y\|^2\right),$$

使得 $\mathcal{H}$ 成为内积空间.

定义 1.3 设 $\{x_n\}$ 是赋范线性空间 $\mathcal{X}$ 中的序列. 若对任意的 $\varepsilon>0$, 都存在正整数 $n_0\in\mathbb{N}$ 使得

$$\|x_n-x_m\|<\varepsilon,\quad\forall n,m\geqslant n_0,$$

则称 $\{x_n\}$ 是柯西序列. 若 $\mathcal{X}$ 中任意柯西序列都在 $\mathcal{X}$ 中收敛, 则称 $\mathcal{X}$ 为完备的.

定义 1.4　如果赋范线性空间 $\mathcal{X}$ 是完备的, 则称 $\mathcal{X}$ 为巴拿赫空间. 如果内积空间 $\mathcal{H}$ 作为赋范线性空间是完备的, 则称 $\mathcal{H}$ 为希尔伯特空间.

例子 1.1 (欧氏空间)　N 维欧氏空间 $\mathbb{R}^N = \{x = (x_1, x_2, \cdots, x_N) : x_j \in \mathbb{R}, 1 \leqslant j \leqslant N\}$. 对 $x, y \in \mathbb{R}^N$, 其内积定义如下

$$\langle x, y \rangle = \sum_{j=1}^{N} x_j y_j,$$

相应的范数定义为

$$\|x\| = \sqrt{\sum_{j=1}^{N} x_j^2}.$$

设 $A = [a_{ij}]_{N \times N}$ 是一对称正定矩阵, 则可定义另一种内积:

$$\langle x, y \rangle_A = \sum_{i=1}^{N} \sum_{j=1}^{N} a_{ij} x_i y_j,$$

相应的范数定义为

$$\|x\|_A = \sqrt{\sum_{i=1}^{N} \sum_{j=1}^{N} a_{ij} x_i x_j}.$$

例子 1.2 (数列空间)　l_2 空间为由平方可和数列构成的线性空间,

$$l_2 = \left\{ x : x_k \in \mathbb{R}, k = 1, 2, \cdots, \sum_{k=1}^{\infty} x_k^2 < \infty \right\}.$$

对 $x, y \in l_2$, 其内积如下:

$$\langle x, y \rangle = \sum_{k=1}^{\infty} x_k y_k,$$

相应的范数定义为

$$\|x\| = \sqrt{\sum_{k=1}^{\infty} x_k^2}.$$

例子 1.3 (函数空间) $L_2([a,b])$ 空间为由闭区间 $[a,b]$ 上平方可积的勒贝格可测函数构成的线性空间, 即

$$L_2(a,b) = \left\{ f : \int_a^b f^2(x)\mathrm{d}x < \infty \right\}.$$

对 $f, g \in L_2$, 其内积如下:

$$\langle f, g \rangle = \int_a^b f(x)g(x)\mathrm{d}x,$$

相应的范数定义为

$$\|f\| = \sqrt{\int_a^b f^2(x)\mathrm{d}x}.$$

1.1.2 等式与不等式

以下设 N 是一个正整数, $\Lambda = \{1, 2, \cdots, N\}$; $\mathcal{H}, \mathcal{H}_i, i \in \Lambda$ 为希尔伯特空间. 内积与范数满足下列基本性质.

性质 1.1 对任意的 $x, y \in \mathcal{H}$, 下列等式成立.

(1) $\|x \pm y\|^2 = \|x\|^2 + \|y\|^2 \pm 2\langle x, y \rangle$.

(2) $\|x + y\|^2 + \|x - y\|^2 = 2(\|x\|^2 + \|y\|^2)$.

(3) $4\langle x, y \rangle = \|x + y\|^2 - \|x - y\|^2$.

(4) 对任意的 $z \in \mathcal{H}$, 下列等式成立:

$$\|x - y\|^2 = 2\|z - x\|^2 + 2\|z - y\|^2 - 4\left\| z - \frac{x + y}{2} \right\|^2.$$

性质 1.2 对任意的 $x, y \in \mathcal{H}$, 下列不等式成立.

(1) $\|x + y\|^2 \leqslant \|x\|^2 + 2\langle y, x + y \rangle$.

(2) 柯西-施瓦茨不等式:

$$|\langle x, y \rangle| \leqslant \|x\|\|y\|,$$

其中等号成立的充分必要条件为: x 与 y 线性相关.

(3) 三角不等式: 对任意的 $x_1, \cdots, x_N \in \mathcal{H}$,

$$\left\| \sum_{i=1}^N x_i \right\| \leqslant \sum_{i=1}^N \|x_i\|.$$

(4) 设 $\{\omega_i\}_{i=1}^N \subset (0,1)$ 满足 $\sum_{i\in\Lambda}\omega_i = 1$. 则对任意的 $x_1,\cdots,x_N \in \mathcal{H}$,

$$\left\|\sum_{i=1}^N \omega_i x_i\right\|^2 \leqslant \sum_{i=1}^N \omega_i \|x_i\|^2.$$

柯西-施瓦茨不等式在有限维空间中有如下形式:

$$\left(\sum_{i=1}^N |a_i b_i|\right)^2 \leqslant \left(\sum_{i=1}^N |a_i|^2\right)\left(\sum_{i=1}^N |b_i|^2\right),$$

其中 $(a_1,\cdots,a_N) \in \mathbb{R}^N, (b_1,\cdots,b_N) \in \mathbb{R}^N$.

利用上述基本性质, 可以得到下面常用等式.

性质 1.3　设 $w_i \in \mathbb{R}, x_i \in \mathcal{H}, i \in \Lambda$. 则下列等式成立:

$$\left\|\sum_{i=1}^N \omega_i x_i\right\|^2 = \sum_{i=1}^N \omega_i^2 \|x_i\|^2 + \sum_{1\leqslant i<j\leqslant N} 2\omega_i\omega_j \langle x_i, x_j\rangle.$$

证明　由内积的定义

$$\begin{aligned}\left\|\sum_{i=1}^N \omega_i x_i\right\|^2 &= \left\langle \sum_{i=1}^N \omega_i x_i, \sum_{i=1}^N \omega_i x_i \right\rangle \\ &= \sum_{j=1}^N\sum_{i=1}^N \omega_i\omega_j \langle x_i, x_j\rangle \\ &= \sum_{i=1}^N \omega_i^2 \|x_i\|^2 + \sum_{1\leqslant i<j\leqslant N} 2\omega_i\omega_j \langle x_i, x_j\rangle.\end{aligned}$$

于是结论得证. □

性质 1.4　对每个 $i \in \Lambda$, 设 $x_i, y_i \in \mathcal{H}, \omega_i \in \mathbb{R}$ 满足 $\sum_{i\in\Lambda}\omega_i = 1$, 则

$$\sum_{i=1}^N \omega_i \langle x_i, y_i\rangle = \left\langle \sum_{i=1}^N \omega_i x_i, \sum_{j=1}^N \omega_j y_j \right\rangle + \frac{1}{2}\sum_{i=1}^N\sum_{j=1}^N \omega_i\omega_j \langle x_i - x_j, y_i - y_j\rangle.$$

证明　由内积的定义

$$2\left\langle \sum_{i=1}^N \omega_i x_i, \sum_{j=1}^N \omega_j y_j \right\rangle$$

$$= \sum_{i=1}^{N}\sum_{j=1}^{N}\omega_i\omega_j\left(\langle x_i, y_j\rangle + \langle x_j, y_i\rangle\right)$$

$$= \sum_{i=1}^{N}\sum_{j=1}^{N}\omega_i\omega_j\left(\langle x_i, y_i\rangle + \langle x_j, y_j\rangle - \langle x_i - x_j, y_i - y_j\rangle\right)$$

$$= 2\sum_{i=1}^{N}\omega_i\langle x_i, y_i\rangle - \sum_{i=1}^{N}\sum_{j=1}^{N}\omega_i\omega_j\langle x_i - x_j, y_i - y_j\rangle,$$

移项后即得所证等式. □

性质 1.5 对每个 $i \in \Lambda$, 设 $x_i \in \mathcal{H}, \omega_i \in \mathbb{R}$ 满足 $\sum_{i\in\Lambda}\omega_i = 1$, 则

$$\left\|\sum_{i=1}^{N}\omega_i x_i\right\|^2 = \sum_{i=1}^{N}\omega_i\|x_i\|^2 - \frac{1}{2}\sum_{i=1}^{N}\sum_{j=1}^{N}\omega_i\omega_j\|x_i - x_j\|^2.$$

特别地, $\|\omega_1 x_1 + \omega_2 x_2\|^2 = \omega_1\|x_1\|^2 + \omega_2\|x_2\|^2 - \omega_1\omega_2\|x_1 - x_2\|^2$.

证明 在性质 1.4 的等式中令 $y_i = x_i$, 即得所证等式. □

1.1.3 强收敛与弱收敛

定义 1.5 若 $\mathcal{H}$ 中的序列 $\{x_n\}$ 满足

$$\lim_{n\to\infty}\|x_n - x\| = 0,$$

则称序列 $\{x_n\}$ 强收敛到 x, 记为 $x_n \to x$. 若存在 $x \in \mathcal{H}$ 和子列 $\{x_{n_k}\} \subset \{x_n\}$ 使得 $x_{n_k} \to x$, 则称 x 是序列 $\{x_n\}$ 的一个聚点.

定义 1.6 若对任意的 $y \in \mathcal{H}$, 序列 $\{x_n\} \subset \mathcal{H}$ 都满足

$$\lim_{n\to\infty}\langle y, x_n\rangle = \langle y, x\rangle,$$

则称 $\{x_n\}$ 弱收敛到 x, 记为 $x_n \rightharpoonup x$. 若存在 $x \in \mathcal{H}$ 和子列 $\{x_{n_k}\} \subset \{x_n\}$ 使得 $x_{n_k} \rightharpoonup x$, 则称 x 是序列 $\{x_n\}$ 的一个弱聚点.

记 $\omega(x_n)$ 为序列 $\{x_n\}$ 的全体弱聚点构成的集合. 弱收敛序列具有下列基本性质.

性质 1.6 下列关于弱收敛的结论成立.

(1) 弱收敛序列的极限唯一.

(2) 弱收敛序列必然有界.

(3) 强收敛必然蕴含弱收敛.

(4) 有界序列存在弱收敛的子列.

(5) 若序列有界且有唯一弱聚点, 则其必然弱收敛.

定理 1.1 (Opial 性质) 设 $\{x_n\}$ 是 $\mathcal{H}$ 中的序列. 若 $\{x_n\}$ 弱收敛到 x, 则对任意的 $y \neq x$, 下列不等式成立:

$$\liminf_{n\to\infty} \|x_n - x\| < \liminf_{n\to\infty} \|x_n - y\|.$$

证明 由内积的基本性质

$$\begin{aligned}\|x_n - y\|^2 &= \|(x_n - x) + (x - y)\|^2 \\ &= \|x_n - x\|^2 + \|x - y\|^2 + 2\langle x_n - x, x - y\rangle.\end{aligned}$$

因为弱收敛性蕴含有界性, 所以对上式两端同时取下极限得

$$\liminf_{n\to\infty} \|x_n - y\|^2 = \liminf_{n\to\infty} \|x_n - x\|^2 + \|x - y\|^2.$$

根据已知条件 $\|x - y\| > 0$, 从而定理得证. □

强收敛与弱收敛在有限维空间中是等价的. 而在无穷维空间中, 强收敛显然蕴含弱收敛, 而逆命题一般不成立. 在一些特殊条件下, 这两种收敛性是等价的.

定理 1.2 (Kadec-Klee 性质) 设 $\{x_n\}$ 是 $\mathcal{H}$ 中的序列, 且满足 $\|x_n\| \to \|x\|$. 则 $\{x_n\}$ 弱收敛到 $x \Longleftrightarrow \{x_n\}$ 强收敛到 x.

证明 显然只需证 $\{x_n\}$ 弱收敛到 $x \Longrightarrow \{x_n\}$ 强收敛到 x. 由内积性质可得

$$\begin{aligned}\limsup_{n\to\infty} \|x_n - x\|^2 &= \limsup_{n\to\infty} (\|x_n\|^2 - 2\langle x_n, x\rangle + \|x\|^2) \\ &= \limsup_{n\to\infty} (\|x\|^2 - 2\langle x, x\rangle + \|x\|^2) \\ &= 0.\end{aligned}$$

故 $\{x_n\}$ 强收敛到 x, 因此定理得证. □

1.1.4 线性映射

定义 1.7 设映射 $A: \mathcal{H} \to \mathcal{H}_1$ 对任意的 $\alpha \in \mathbb{R}, x, y \in \mathcal{H}$, 都有

$$A(\alpha x) = \alpha Ax, \quad A(x + y) = Ax + Ay,$$

则称 A 是线性映射. 当 $\mathcal{H}_1 = \mathbb{R}$ 时, 称 A 为线性泛函.

令 $\mathcal{L}(\mathcal{H},\mathcal{H}_1)$ 表示所有从 $\mathcal{H}$ 到 $\mathcal{H}_1$ 的线性映射所组成的集合. 当 $\mathcal{H}=\mathcal{H}_1$ 时, 简记 $\mathcal{L}(\mathcal{H},\mathcal{H})$ 为 $\mathcal{L}(\mathcal{H})$. 线性映射 $A\in\mathcal{L}(\mathcal{H},\mathcal{H}_1)$ 的零空间记为 $\mathcal{K}(A)$, 即

$$\mathcal{K}(A)=\{x\in\mathcal{H}:Ax=0\}.$$

显然, $\mathcal{K}(A)$ 是 $\mathcal{H}$ 的子空间, 并且 A 是单射当且仅当 $\mathcal{K}(A)=\{0\}$. 线性映射 $A\in\mathcal{L}(\mathcal{H},\mathcal{H}_1)$ 的值域记为 $\mathcal{R}(A)$, 即

$$\mathcal{R}(A)=\{Ax:x\in\mathcal{H}\}.$$

显然, A 是满射当且仅当 $\mathcal{R}(A)=\mathcal{H}_1$.

定义 1.8 若映射 A 对任意序列 $\{x_n\}\subset\mathcal{H}$ 都有下列蕴含关系成立:

$$x_n\to x\Longrightarrow\lim_{n\to\infty}Ax_n=Ax,$$

则称 $A:\mathcal{H}\to\mathcal{H}_1$ 是连续映射.

定义 1.9 设 $A\in\mathcal{L}(\mathcal{H},\mathcal{H}_1)$. 若存在 $M\geqslant0$, 使得对任意 $x\in\mathcal{H}$, 有

$$\|Ax\|\leqslant M\|x\|,$$

则称 A 是有界线性映射. 令

$$\|A\|=\sup_{x\in\mathcal{H},x\neq0}\frac{\|Ax\|}{\|x\|},$$

则称 $\|A\|$ 为 A 的范数.

记从 $\mathcal{H}$ 到 $\mathcal{H}_1$ 的有界线性映射的全体为 $\mathcal{B}(\mathcal{H},\mathcal{H}_1)$. 当 $\mathcal{H}=\mathcal{H}_1$ 时, 简记 $\mathcal{B}(\mathcal{H},\mathcal{H})$ 为 $\mathcal{B}(\mathcal{H})$. 对于线性映射, 连续性与有界性是等价的. 事实上, 设 $A\in\mathcal{L}(\mathcal{H},\mathcal{H}_1)$, 那么 A 是连续的 $\Longleftrightarrow$ A 是有界的.

定义 1.10 设 $A\in\mathcal{L}(\mathcal{H},\mathcal{H}_1)$. 则称满足下列等式

$$\langle x,A^*y\rangle=\langle Ax,y\rangle,\quad\forall(x,y)\in\mathcal{H}\times\mathcal{H}_1$$

的唯一映射 A^* 为 A 的共轭映射.

性质 1.7 设 $A\in\mathcal{L}(\mathcal{H},\mathcal{H}_1)$, 则有下面的性质:

(1) $A^{**}=A$.

(2) $\|A\|=\|A^*\|$.

(3) $\|AA^*\|=\|A^*A\|=\|A\|^2=\|A^*\|^2$.

(4) $I^*=I$, 其中 I 为 $\mathcal{H}$ 上的恒等映射.

(5) 若 A^{-1} 存在, 则 $(A^{-1})^*=(A^*)^{-1}$.

(6) $\mathcal{K}(A)=\mathcal{R}(A^*)^{\perp}, \overline{\mathcal{R}(A)}=\mathcal{K}(A^*)^{\perp}$.

例子 1.4 在有限维空间中, 任意矩阵皆为连续线性映射, 并且其共轭映射为转置矩阵.

例子 1.5 设 $k(s,t)$ 为定义在 $[a,b]\times[a,b]$ 上的可测函数, 而且

$$\int_a^b\int_a^b |k(s,t)|^2\mathrm{d}s\mathrm{d}t<\infty.$$

由此可定义 $L^2[a,b]$ 上的连续线性映射 A:

$$(Ax)(s)=\int_a^b k(s,t)x(t)\mathrm{d}t, \quad \forall x=x(t)\in L^2[a,b].$$

那么 A 的共轭映射 A^* 可表示为

$$(A^*x)(s)=\int_a^b k(t,s)x(t)\mathrm{d}t, \quad \forall x=x(t)\in L^2[a,b].$$

性质 1.8 设 $A\in\mathcal{L}(\mathcal{H},\mathcal{H}_1)$, $\{x_n\}$ 是 $\mathcal{H}$ 中的序列. 若 $\{x_n\}$ 弱收敛到 x, 那么 $\{Ax_n\}$ 弱收敛到 Ax.

证明 对任意的 $y\in\mathcal{H}_1$, 由共轭映射的定义,

$$\lim_{n\to\infty}\langle Ax_n,y\rangle=\lim_{n\to\infty}\langle x_n,A^*y\rangle=\langle x,A^*y\rangle=\langle Ax,y\rangle.$$

由 y 的任意性知 $\{Ax_n\}$ 弱收敛到 Ax. □

1.2 凸下半连续泛函

真凸下半连续泛函是凸分析中一类重要的泛函族, 下面介绍此类泛函的一些基本性质, 相关结论可参阅专著 [1–4].

1.2.1 凸泛函

定义 1.11 设 C 是 $\mathcal{H}$ 中的子集. 若下式

$$\omega x+(1-\omega)y\in C$$

对任意的 $x,y\in C,\omega\in(0,1)$ 都成立, 则称 C 是凸集.

凸集有以下基本性质.

性质 1.9 下列结论成立.

(1) 任意多个凸集的交集仍然是凸的.

(2) 两个凸集之和仍然是凸的.

(3) 凸集在任意仿射变换下的像与原像都是凸的.

定义 1.12 设 C 是 $\mathcal{H}$ 中的非空子集, $f: C \to [-\infty, +\infty]$. 则下列集合

$$\operatorname{dom} f = \{x \in C \mid f(x) < +\infty\}$$

称为泛函 f 的有效域. 若 $-\infty \notin f(C)$ 并且 $\operatorname{dom} f \neq \varnothing$, 则称 f 为真泛函. 集合

$$\operatorname{gra} f = \{(x, \xi) \in \mathcal{H} \times \mathbb{R} \mid f(x) = \xi\}$$

称为泛函 f 的图像. 集合

$$\operatorname{epi} f = \{(x, \xi) \in \mathcal{H} \times \mathbb{R} \mid f(x) \leqslant \xi\}$$

称为泛函 f 的上图. 集合

$$\operatorname{lev}_{\leqslant \xi} f = \{x \in C \mid f(x) \leqslant \xi\},$$

称为泛函 f 的水平集.

定义 1.13 设泛函 $f: \mathcal{H} \to (-\infty, +\infty]$, 对任意的 $x, y \in \mathcal{H}, \omega \in (0,1)$, 都有

$$f(\omega x + (1-\omega) y) \leqslant \omega f(x) + (1-\omega) f(y),$$

则称 f 为凸泛函. 若对任意的 $x, y \in \mathcal{H}, x \neq y, \omega \in (0,1)$, 都有

$$f(\omega x + (1-\omega) y) < \omega f(x) + (1-\omega) f(y),$$

则称 f 为严格凸泛函.

例子 1.6 一元凸函数的常见例子.

(1) $f(x) = e^{\alpha x}$, 其中 $\alpha > 0$.

(2) 设 $1 \leqslant p < \infty$,

$$f(x) = \begin{cases} x^p, & x \geqslant 0, \\ +\infty, & x < 0. \end{cases}$$

(3) 设 $0 \leqslant p \leqslant 1$,

$$f(x) = \begin{cases} -x^p, & x \geqslant 0, \\ +\infty, & x < 0. \end{cases}$$

(4) 设 $-\infty < p \leqslant 0$,

$$f(x) = \begin{cases} x^p, & x > 0, \\ +\infty, & x \leqslant 0. \end{cases}$$

(5) 设 $\alpha > 0$,

$$f(x) = \begin{cases} (\alpha^2 - x^2)^{-1/2}, & |x| < \alpha, \\ +\infty, & |x| \geqslant \alpha. \end{cases}$$

(6)

$$f(x) = \begin{cases} -\log x, & x > 0, \\ +\infty, & x \leqslant 0. \end{cases}$$

例子 1.7 欧氏空间中凸泛函.

(1) 仿射函数:

$$f(x) = \langle x, a \rangle + \alpha, \quad a \in \mathbb{R}^n, \alpha \in \mathbb{R}.$$

(2) 二次函数:

$$f(x) = \frac{1}{2}\langle x, Qx \rangle + \langle x, a \rangle + \alpha, \quad a \in \mathbb{R}^n, \alpha \in \mathbb{R},$$

其中 Q 是半正定对称矩阵.

例子 1.8 设 C 是 $\mathcal{H}$ 中的凸子集, 则下列泛函均为凸泛函.

(1) 指标泛函:

$$\iota_C(x) = \begin{cases} 0, & x \in C, \\ +\infty, & x \notin C. \end{cases}$$

(2) 支撑泛函:

$$\iota_C^*(x) = \sup\{\langle x, y \rangle \mid y \in C\}.$$

(3) 度规泛函:

$$\gamma_C(x) = \inf\{\lambda \geqslant 0 \mid x \in \lambda C\}.$$

(4) 距离泛函:

$$d_C(x) = \inf\{\|x - y\| \mid y \in C\}.$$

性质 1.10 设 $f : \mathcal{H} \to (-\infty, +\infty]$. 则下列结论等价:

(1) f 是凸泛函;

(2) $\text{epi}f$ 是 $\mathcal{H}\times\mathbb{R}$ 中的凸集;

(3) 对任意的 $\{x_i\}_{i\in\Lambda}\subset C,\omega_i\in(0,1)$ 满足 $\sum_{i\in\Lambda}\omega_i=1$, 都有

$$f\left(\sum_{i=1}^{N}\omega_i x_i\right)\leqslant\sum_{i=1}^{N}\omega_i f(x_i).$$

定义 1.14 设 $U\subset\mathcal{H}$ 是一个开子集, $f:U\to\mathbb{R},x\in U$. 若存在有界线性泛函 $f'(x):\mathcal{H}\to\mathbb{R}$ 满足如下条件:

$$\lim_{\|h\|\to 0}\frac{f(x+h)-f(x)-f'(x)h}{\|h\|}=0.$$

那么就称泛函 f 在 x 处 Fréchet 可微 (以下简称可微). 若 f 在任意 $x\in U$ 处都可微, 则称 f 在 U 上可微. 设泛函 f 在 x 处可微, 则由里斯表示定理存在唯一的 $\nabla f(x)\in\mathcal{H}$ 使得

$$f'(x)h=\langle\nabla f(x),h\rangle,\quad\forall h\in\mathcal{H}.$$

此时称 $\nabla f(x)$ 为 f 在 x 处的梯度.

性质 1.11 设 $f:\mathcal{H}\to\mathbb{R}$ 可微. 则对任意的 $x,y\in\mathcal{H}$, 下列结论等价.

(1) f 是凸泛函;

(2) $\langle\nabla f(y)-\nabla f(x),y-x\rangle\geqslant 0$;

(3) $f(y)\geqslant f(x)+\langle\nabla f(x),y-x\rangle$.

定义 1.15 设 $u\in\mathcal{H}$, $f:\mathcal{H}\to(-\infty,+\infty]$. 如果对于所有 $y\in\mathcal{H}$ 都有

$$f(y)\geqslant f(x)+\langle u,y-x\rangle,$$

则称 u 为 f 在 x 处的次梯度. 所有 x 处次梯度构成的集合称为 f 在 x 处的次微分, 记为 $\partial f(x)$.

有限维空间中的实值凸函数的次微分总是非空闭凸集.

性质 1.12 (一致有界性与连续性) 设 $f:\mathbb{R}^n\to\mathbb{R}$ 是一个凸函数, C 是 $\mathbb{R}^n$ 中的非空有界闭集. 则有

(1) 对 $\forall x\in\mathbb{R}^n,\partial f(x)$ 是 $\mathbb{R}^n$ 中的非空有界闭集;

(2) $\bigcup\{\partial f(x)\mid x\in C\}$ 是 $\mathbb{R}^n$ 中的非空有界集;

(3) f 在 C 上是利普希茨连续的, 即存在 $L>0$ 使得

$$\|f(x)-f(y)\|\leqslant L\|x-y\|,\quad\forall x,y\in C.$$

性质 1.13 设 $f:\mathcal{H}\to(-\infty,+\infty]$ 为连续凸泛函. 若 f 是可微的, 则 ∂f 是单值的, 此时 $\partial f(x)=\{\nabla f(x)\}$.

例子 1.9 绝对值函数 $f(x)=|x|$ 在每一点 $x\in\mathbb{R}$ 处都次可微. 事实上,

$$\partial f(x)=\begin{cases}1, & x>0,\\ [-1,1], & x=0,\\ -1. & x<0.\end{cases}$$

例子 1.10 凸泛函 $f(x)=\|x\|^2$ 显然是可微的, 因此

$$\partial f(x)=\{\nabla f(x)\}=\{2x\},\quad \forall x\in\mathcal{H}.$$

例子 1.11 凸泛函 $f(x)=\|x\|$ 的次微分定义如下:

$$\partial(\|x\|)=\begin{cases}\left\{\dfrac{x}{\|x\|}\right\}, & x\neq 0,\\ B(0,1), & x=0.\end{cases}$$

这里 $B(0,1)=\big\{x\in\mathcal{H}:\|x\|\leqslant 1\big\}$ 为 $\mathcal{H}$ 中的闭单位球.

1.2.2 下半连续泛函

定义 1.16 设 C 是 $\mathcal{H}$ 中的子集. 若 C 中任意的聚点都属于 C, 则称 C 是闭集. 若 C 中任意的弱聚点都属于 C, 则称 C 是弱闭集.

闭集有以下重要的性质.

性质 1.14 下列结论成立.

(1) 任意多个闭集的交集仍然是闭的.

(2) 有限多个闭集的并集是闭的.

(3) 任意集合的闭包是闭的.

若 C 是弱闭集, 则其显然是闭集. 而对于凸集, 弱闭集与闭集是等价的.

性质 1.15 若 C 是凸子集, 则 C 是弱闭集当且仅当其是闭集.

常见的闭凸集包括超平面、半空间、闭球等.

例子 1.12 设 $a\in\mathcal{H},a\neq 0,\beta\in\mathbb{R},\rho>0$.

(1) 超平面 $H(a,\beta)$ 定义如下:

$$H(a,\beta)=\big\{z\in\mathcal{H}:\langle a,z\rangle=\beta\big\}.$$

(2) 半空间 $H_{\leqslant}(a,\beta)$ 定义如下:

$$H_{\leqslant}(a,\beta)=\big\{z\in\mathcal{H}:\langle a,z\rangle\leqslant\beta\big\}.$$

(3) 闭球 $B(a,\rho)$ 定义如下:

$$B(a,\rho)=\{z\in\mathcal{H}:\|z-a\|\leqslant\rho\}.$$

定义 1.17 设 C 是 $\mathcal{H}$ 中的非空子集, $x\in C$, $f:\mathcal{H}\to(-\infty,+\infty]$ 是一个泛函. 若对任意序列 $\{x_n\}\subset C$, 下列蕴含关系

$$x_n\to x\Longrightarrow f(x)\leqslant\liminf_{n\to\infty}f(x_n)$$

都成立, 则称 f 在 x 处下半连续. 若 f 在任意的 $x\in C$ 处都下半连续, 则称 f 是下半连续泛函.

定义 1.18 设 C 是 $\mathcal{H}$ 中的非空子集, $x\in C$, $f:\mathcal{H}\to(-\infty,+\infty]$ 是一个泛函. 若对任意序列 $\{x_n\}\subset C$, 下列蕴含关系

$$x_n\rightharpoonup x\Longrightarrow f(x)\leqslant\liminf_{n\to\infty}f(x_n)$$

都成立, 则称 f 在 x 处弱下半连续. 若 f 在任意的 $x\in C$ 处都弱下半连续, 则称 f 是弱下半连续泛函.

性质 1.16 设 $f:\mathcal{H}\to(-\infty,+\infty]$. 则下列结论等价:

(1) f 是下半连续泛函;

(2) $\mathrm{epi}f$ 是 $\mathcal{H}\times\mathbb{R}$ 中的闭集;

(3) 对任意的 $\xi\in\mathbb{R}$, $\mathrm{lev}_{\leqslant\xi}f$ 是闭集.

性质 1.17 设 $f:\mathcal{H}\to(-\infty,+\infty]$. 则下列结论等价:

(1) f 是弱下半连续泛函;

(2) $\mathrm{epi}f$ 是 $\mathcal{H}\times\mathbb{R}$ 中的弱闭集;

(3) 对任意的 $\xi\in\mathbb{R}$, $\mathrm{lev}_{\leqslant\xi}f$ 是 C 中的弱闭集.

性质 1.18 设 $f_i:\mathcal{H}\to(-\infty,+\infty]$ 是一族下半连续泛函, $\alpha_i>0, i\in\Lambda$. 则下列结论成立:

(1) $\max_{i\in\Lambda}f_i$ 是下半连续泛函;

(2) $\min_{i\in\Lambda}f_i$ 是下半连续泛函;

(3) $\sum_{i\in\Lambda}\alpha_i f_i$ 是下半连续泛函.

显然弱下半连续蕴含下半连续. 由于凸泛函的上图是凸集, 因此凸泛函的上图是闭集当且仅当它是弱闭集. 因此, 对于凸泛函, 下半连续与弱下半连续是等价的. 以下记 $\Gamma_0(\mathcal{H})$ 为 $\mathcal{H}$ 上的全体真凸下半连续泛函构成的集合.

性质 1.19 设 $\xi\in\mathbb{R}$, $f\in\Gamma_0(\mathcal{H})$, 则下列结论成立.

(1) f 是弱下半连续泛函;

(2) 水平集 $\mathrm{lev}_{\leqslant\xi}f$ 是闭凸集.

1.3　非扩张映射

本节主要介绍两类特殊的非扩张映射：平均与固定非扩张映射的性质. 本节内容主要源于文献 [5–9].

定义 1.19　若 $T:\mathcal{H}\to\mathcal{H}$ 满足

$$\|Tx-Ty\|\leqslant\|x-y\|,\quad\forall x,y\in\mathcal{H},$$

则称 T 是非扩张映射.

定义 1.20　若 $x\in\mathcal{H}$ 满足 $x=Tx$, 则称 x 是映射 T 的一个不动点. 映射 T 的所有不动点构成的集合记为: $\mathrm{Fix}(T)=\{x\in\mathcal{H}:Tx=x\}$.

下面讨论不动点集的性质.

性质 1.20　若 T 是非扩张映射, 则 $\mathrm{Fix}(T)$ 是 $\mathcal{H}$ 中的闭凸集.

证明　设 $x^\dagger$ 是 $\mathrm{Fix}(T)$ 中任一聚点, 则存在 $\mathrm{Fix}(T)$ 中的序列 $\{x_n\}$ 满足 $x_n\to x^\dagger, n\to\infty$. 由非扩张性质, 显然映射 T 是连续的, 故

$$x^\dagger=\lim_{n\to\infty}x_n=\lim_{n\to\infty}Tx_n=Tx^\dagger.$$

即 $x^\dagger\in\mathrm{Fix}(T)$, 因此 $\mathrm{Fix}(T)$ 是闭集.

下证 $\mathrm{Fix}(T)$ 的凸性. 设 $x_1,x_2\in\mathrm{Fix}(T),\omega_1,\omega_2\in(0,1)$ 满足 $\omega_1+\omega_2=1$. 记 $x_\omega=\omega_1x_1+\omega_2x_2$, 则由性质 1.5 得

$$\begin{aligned}\|Tx_\omega-x_\omega\|^2&=\|\omega_1(Tx_\omega-x_1)+\omega_2(Tx_\omega-x_2)\|^2\\&=\omega_1\|Tx_\omega-x_1\|^2+\omega_2\|Tx_\omega-x_2\|^2-\omega_1\omega_2\|x_1-x_2\|^2\\&=\omega_1\|Tx_\omega-Tx_1\|^2+\omega_2\|Tx_\omega-Tx_2\|^2-\omega_1\omega_2\|x_1-x_2\|^2\\&\leqslant\omega_1\|x_\omega-x_1\|^2+\omega_2\|x_\omega-x_2\|^2-\omega_1\omega_2\|x_1-x_2\|^2\\&=\omega_1\omega_2^2\|x_1-x_2\|^2+\omega_1^2\omega_2\|x_1-x_2\|^2-\omega_1\omega_2\|x_1-x_2\|^2\\&=\omega_1\omega_2(\omega_1+\omega_2-1)\|x_1-x_2\|^2=0.\end{aligned}$$

因此 $x_\omega\in\mathrm{Fix}(T)$, 故 $\mathrm{Fix}(T)$ 是凸集. □

次闭原理是非扩张映射的一个重要性质, 在不动点理论起着非常重要的作用.

定义 1.21　设 T 是定义在 $\mathcal{H}$ 上的映射. 若对 $\mathcal{H}$ 中任意的序列 $\{x_n\}$, 下列蕴含关系都成立

$$\left.\begin{array}{c}x_n\rightharpoonup x^\dagger\\(I-T)x_n\to 0\end{array}\right\}\Longrightarrow x^\dagger=Tx^\dagger,$$

则称映射 T 满足次闭原理.

定理 1.3 (次闭原理) 若 $T:\mathcal{H}\to\mathcal{H}$ 是非扩张映射, 则 T 满足次闭原理.

证明 设 $\{x_n\}$ 是 $\mathcal{H}$ 中的序列满足 $x_n \rightharpoonup x^\dagger, (I-T)x_n \to 0$. 以下用反证法证明. 假定 $x^\dagger \neq Tx^\dagger$, 则由空间的 Opial 性质,

$$\begin{aligned}\liminf_{n\to\infty}\|x_n - x^\dagger\| &< \liminf_{n\to\infty}\|x_n - Tx^\dagger\| \\ &= \liminf_{n\to\infty}\|Tx_n - Tx^\dagger\| \\ &\leqslant \liminf_{n\to\infty}\|x_n - x^\dagger\|.\end{aligned}$$

矛盾! 因此必有 $x^\dagger = Tx^\dagger$, 从而定理得证. □

1.3.1 平均非扩张

2004 年, Combettes[7] 首次引入了平均非扩张映射的概念. 以下假设 T 是 $\mathcal{H}$ 上的自映射, I 表示 $\mathcal{H}$ 上的恒等映射, 即 $Ix = x$.

定义 1.22 若存在 $\alpha \in (0,1)$ 和非扩张映射 R 使得

$$T = (1-\alpha)I + \alpha R,$$

则称 T 是 α-平均非扩张映射.

显然平均非扩张映射一定是非扩张映射, 但是非扩张映射不一定是平均非扩张映射. 事实上, 令 $T = -I$, 则 T 显然是非扩张映射, 但不是平均非扩张映射. 平均非扩张映射具有一些特殊的性质.

性质 1.21 设 $\alpha \in (0,1)$. 则下列结论等价.

(1) T 是 α-平均非扩张映射.

(2) $(1-1/\alpha)I + (1/\alpha)T$ 是非扩张映射.

(3) 对任意的 $x, y \in \mathcal{H}$ 有

$$\|Tx - Ty\|^2 \leqslant \|x-y\|^2 - \frac{1-\alpha}{\alpha}\|(I-T)x - (I-T)y\|^2.$$

(4) 对任意的 $x, y \in \mathcal{H}$ 有

$$\|Tx - Ty\|^2 + (1-2\alpha)\|x-y\|^2 \leqslant 2(1-\alpha)\langle x-y, Tx-Ty\rangle.$$

证明 (1) $\Rightarrow$ (2). 由定义若 T 是 α-平均非扩张映射, 则存在 $\alpha \in (0,1)$ 和非扩张映射 R 使得 $T = (1-\alpha)I + \alpha R$, 从而有

$$R = (1-1/\alpha)I + (1/\alpha)T,$$

此即 $(1-1/\alpha)I+(1/\alpha)T$ 是非扩张映射.

(2) $\Rightarrow$ (3). 令 $T_\alpha=(1-1/\alpha)I+(1/\alpha)T$, 则 T_α 是非扩张的. 根据性质 1.5,

$$\begin{aligned}\|Tx-Ty\|^2&=\|((1-\alpha)I+\alpha T_\alpha)x-((1-\alpha)I+\alpha T_\alpha)y\|^2\\&=\|(1-\alpha)(x-y)+\alpha(T_\alpha x-T_\alpha y)\|^2\\&=(1-\alpha)\|x-y\|^2+\alpha\|T_\alpha x-T_\alpha y\|^2\\&\quad-\alpha(1-\alpha)\|(I-T_\alpha)x-(I-T_\alpha)y\|^2\\&\leqslant(1-\alpha)\|x-y\|^2+\alpha\|x-y\|^2\\&\quad-\alpha(1-\alpha)\|(I-T_\alpha)x-(I-T_\alpha)y\|^2\\&=\|x-y\|^2-\frac{1-\alpha}{\alpha}\|(I-T)x-(I-T)y\|^2.\end{aligned}$$

(3) $\Rightarrow$ (4). 由假设条件,

$$\begin{aligned}&\alpha\|Tx-Ty\|^2\leqslant\alpha\|x-y\|^2-(1-\alpha)\|(I-T)x-(I-T)y\|^2\\&=\alpha\|x-y\|^2-(1-\alpha)(\|x-y\|^2-2\langle x-y,Tx-Ty\rangle+\|Tx-Ty\|^2)\\&=(2\alpha-1)\|x-y\|^2+2(1-\alpha)\langle x-y,Tx-Ty\rangle-(1-\alpha)\|Tx-Ty\|^2.\end{aligned}$$

移项后即得所证不等式.

(4) $\Rightarrow$ (1). 令 $T_\alpha=(1-1/\alpha)I+(1/\alpha)T$, 则有 $T=(1-\alpha)I+\alpha T_\alpha$, 因此下面只需验证 T_α 是非扩张映射. 对任意的 $x,y\in\mathcal{H}$, 由性质 1.1 知

$$\begin{aligned}\|T_\alpha x-T_\alpha y\|^2&=\|(1-1/\alpha)(x-y)+(1/\alpha)(Tx-Ty)\|^2\\&=(1-1/\alpha)^2\|x-y\|^2+(1/\alpha^2)\|Tx-Ty\|^2\\&\quad+2((1-1/\alpha)/\alpha)\langle x-y,Tx-Ty\rangle\\&\leqslant(1-1/\alpha)^2\|x-y\|^2+((2\alpha-1)/\alpha^2)\|x-y\|^2\\&\quad+2((1-1/\alpha)/\alpha)\langle x-y,Tx-Ty\rangle\\&\quad-2((1-1/\alpha)/\alpha)\langle x-y,Tx-Ty\rangle\\&=\|x-y\|^2.\end{aligned}$$

从而 T_α 是非扩张映射. □

性质 1.22 对每个 $i \in \Lambda$, 设 $\alpha_i \in (0,1), \omega_i \in (0,1)$ 且满足 $\sum_{i=1}^N \omega_i = 1$. 若 $T_i : \mathcal{H} \to \mathcal{H}$ 是 α_i-平均非扩张映射, 则其凸组合

$$T = \sum_{i=1}^N \omega_i T_i$$

是 α-平均非扩张映射 $(\alpha = \sum_{i=1}^N \omega_i \alpha_i)$.

证明 对每个 $i \in \Lambda$, 存在非扩张映射 R_i 使得 $T_i = (1-\alpha_i)I + \alpha_i R_i$. 故有

$$\begin{aligned}\sum_{i=1}^N \omega_i T_i &= \sum_{i=1}^N \omega_i((1-\alpha_i)I + \alpha_i R_i) \\ &= \sum_{i=1}^N \omega_i(1-\alpha_i)I + \sum_{i=1}^N \omega_i \alpha_i R_i \\ &= (1-\alpha)I + \alpha \sum_{i=1}^N \frac{\omega_i \alpha_i}{\alpha} R_i.\end{aligned}$$

记 $R = \sum_{i=1}^N ((\omega_i \alpha_i)/\alpha) R_i$, 则 $T = (1-\alpha)I + \alpha R$. 容易验证 $0 < \alpha < 1$, 因此为证 T 是 α-平均非扩张映射, 只需验证 R 是非扩张映射. 事实上,

$$\begin{aligned}\|Rx - Ry\| &= \left\| \sum_{i=1}^N \frac{\omega_i \alpha_i}{\alpha} R_i x - \sum_{i=1}^N \frac{\omega_i \alpha_i}{\alpha} R_i y \right\| \\ &= \left\| \sum_{i=1}^N \frac{\omega_i \alpha_i}{\alpha} (R_i x - R_i y) \right\| \\ &\leqslant \sum_{i=1}^N \frac{\omega_i \alpha_i}{\alpha} \|R_i x - R_i y\| \\ &\leqslant \sum_{i=1}^N \frac{\omega_i \alpha_i}{\alpha} \|x - y\| \\ &= \|x - y\|.\end{aligned}$$

因此 T 是 α-平均非扩张映射, 结论得证. □

性质 1.23 对每个 $i \in \Lambda$, 设 $\alpha_i \in (0,1), \omega_i \in (0,1)$ 且满足 $\sum_{i=1}^N \omega_i = 1$, T_i 是 α_i-平均非扩张的, $T = \sum_{i=1}^N \omega_i T_i$. 若 $\bigcap_{i=1}^N \mathrm{Fix}(T_i) \neq \varnothing$, 则 $\mathrm{Fix}(T) = \bigcap_{i=1}^N \mathrm{Fix}(T_i)$.

证明 显然有 $\bigcap_{i=1}^{N}\mathrm{Fix}(T_i)\subset\mathrm{Fix}(T)$. 为证相反的包含关系, 令

$$z\in\bigcap_{i=1}^{N}\mathrm{Fix}(T_i).$$

任取 $x\in\mathrm{Fix}(T)$, 则由性质 1.2,

$$\begin{aligned}\|x-z\|^2=\|Tx-z\|^2&=\left\|\sum_{i=1}^{N}\omega_i(T_ix-T_iz)\right\|^2\\&\leqslant\sum_{i=1}^{N}\omega_i\|T_ix-T_iz\|^2\\&\leqslant\sum_{i=1}^{N}\omega_i\left(\|x-z\|^2-\frac{1-\alpha_i}{\alpha_i}\|(I-T_i)x\|^2\right)\\&=\|x-z\|^2-\sum_{i=1}^{N}\frac{\omega_i(1-\alpha_i)}{\alpha_i}\|(I-T_i)x\|^2.\end{aligned}$$

由此可得

$$\sum_{i=1}^{N}\frac{\omega_i(1-\alpha_i)}{\alpha_i}\|(I-T_i)x\|^2=0,$$

从而 $x=T_ix,\forall i\in\Lambda$, 即 $x\in\bigcap_{i=1}^{N}\mathrm{Fix}(T_i)$. 因此相反的包含关系成立, 定理得证. □

下面研究平均非扩张性在复合运算下的稳定性. 首先考虑两个映射复合的情形. 事实上, 若 T_i 是 α_i-平均非扩张映射, 则存在非扩张映射 R_i 使得 $T_i=(1-\alpha_i)I+\alpha_iR_i,i=1,2$. 令 $\alpha=\alpha_1+\alpha_2-\alpha_1\alpha_2$, 故有

$$\begin{aligned}T_1T_2&=((1-\alpha_1)I+\alpha_1R_1)((1-\alpha_2)I+\alpha_2R_2)\\&=(1-\alpha)I+\alpha(((1-\alpha_1)/\alpha)R_2+(\alpha_1/\alpha)R_1((1-\alpha_2)I+\alpha_2R_2)).\end{aligned}$$

因此 T_1T_2 是 $(\alpha_1+\alpha_2-\alpha_1\alpha_2)$-平均非扩张的. 下面可进一步改进这一结果.

性质 1.24 对每个 $i\in\Lambda$, 设 $\alpha_i\in(0,1)$, T_i 是 α_i-平均非扩张映射,

$$\beta_N=\frac{1}{1+\left(\sum\limits_{i=1}^{N}\dfrac{\alpha_i}{1-\alpha_i}\right)^{-1}}.$$

则 $T=T_1T_2\cdots T_N$ 是 β_N-平均非扩张映射.

证明 用归纳法先证明 $N=2$ 的情形. 事实上, 此时有

$$\beta_2=\frac{1}{1+\left(\dfrac{\alpha_1}{1-\alpha_1}+\dfrac{\alpha_2}{1-\alpha_2}\right)^{-1}}<1.$$

令 $\tau=(1-\alpha_1)/\alpha_1+(1-\alpha_2)/\alpha_2$. 则对任意的 $x,y\in\mathcal{H}$,

$$\begin{aligned}\|T_1T_2x-T_1T_2y\|^2&\leqslant\|T_2x-T_2y\|^2-\frac{1-\alpha_1}{\alpha_1}\|(I-T_1)T_2x-(I-T_1)T_2y\|^2\\&\leqslant\|x-y\|^2-\frac{1-\alpha_2}{\alpha_2}\|(I-T_2)x-(I-T_2)y\|^2\\&\quad-\frac{1-\alpha_1}{\alpha_1}\|(I-T_1)T_2x-(I-T_1)T_2y\|^2.\end{aligned}$$

从而由性质 1.5 可得

$$\begin{aligned}&\frac{1-\alpha_1}{\tau\alpha_1}\|(I-T_1)T_2x-(I-T_1)T_2y\|^2+\frac{1-\alpha_2}{\tau\alpha_2}\|(I-T_2)x-(I-T_2)y\|^2\\=&\left\|\frac{1-\alpha_1}{\tau\alpha_1}((I-T_1)T_2x-(I-T_1)T_2y)-\frac{1-\alpha_2}{\tau\alpha_2}((I-T_2)x-(I-T_2)y)\right\|^2\\&+\frac{(1-\alpha_1)(1-\alpha_2)}{\tau^2\alpha_1\alpha_2}\|(x-y)-(T_1T_2x-T_1T_2y)\|^2\\\geqslant&\frac{(1-\alpha_1)(1-\alpha_2)}{\tau^2\alpha_1\alpha_2}\|(I-T_1T_2)x-(I-T_1T_2)y\|^2.\end{aligned}$$

综合上述两个不等式即得

$$\begin{aligned}&\|T_1T_2x-T_1T_2y\|^2\\\leqslant&\|x-y\|^2-\frac{(1-\alpha_1)(1-\alpha_2)}{\tau\alpha_1\alpha_2}\|(I-T_1T_2)x-(I-T_1T_2)y\|^2\\=&\|x-y\|^2-\frac{1-\alpha_1-\alpha_2+\alpha_1\alpha_2}{\alpha_1+\alpha_2-2\alpha_1\alpha_2}\|(I-T_1T_2)x-(I-T_1T_2)y\|^2\\=&\|x-y\|^2-\frac{1-\beta_2}{\beta_2}\|(I-T_1T_2)x-(I-T_1T_2)y\|^2.\end{aligned}$$

由平均非扩张的等价定义, T 是 β_2-平均非扩张映射.

下面假设所证结论对某个正整数 $k>2$ 成立, 即 $T_1\cdots T_k$ 是 β_k-平均非扩张

的, 其中

$$\beta_k = \frac{1}{1+\left(\sum_{i=1}^{k} \frac{\alpha_i}{1-\alpha_i}\right)^{-1}}.$$

此时注意到

$$\frac{1}{1+\left(\frac{\beta_k}{1-\beta_k}+\frac{\alpha_{k+1}}{1-\alpha_{k+1}}\right)^{-1}} = \frac{1}{1+\left(\sum_{i=1}^{k+1} \frac{\alpha_i}{1-\alpha_i}\right)^{-1}} = \beta_{k+1}.$$

则映射 $(T_1 \cdots T_k) T_{k+1}$ 是 β_{k+1}-平均非扩张的. 因此由归纳法知, 所证结论成立. □

性质 1.25 对每个 $i \in \Lambda$, 设 $\alpha_i \in (0,1)$, T_i 是 α_i-平均非扩张的, $T = T_1 \cdots T_N$. 若 $\bigcap_{i=1}^N \mathrm{Fix}(T_i) \neq \varnothing$, 则 $\mathrm{Fix}(T) = \bigcap_{i=1}^N \mathrm{Fix}(T_i)$.

证明 显然有 $\bigcap_{i=1}^N \mathrm{Fix}(T_i) \subset \mathrm{Fix}(T)$. 为证相反的包含关系, 令

$$z \in \bigcap_{i=1}^N \mathrm{Fix}(T_i).$$

任取 $x \in \mathrm{Fix}(T)$, 则由平均非扩张映射定义,

$$\begin{aligned}\|x-z\|^2 &= \|Tx-z\|^2 = \|T_1 \cdots T_N x - T_1 \cdots T_N z\|^2 \\ &\leqslant \|T_2 \cdots T_N x - z\|^2 - \|(I-T_1)T_2 \cdots T_N x\|^2.\end{aligned}$$

由归纳法可得

$$\|x-z\|^2 \leqslant \|x-z\|^2 - \sum_{i=1}^N \|(I-T_i)T_{i+1} \cdots T_N x\|^2,$$

由此可得

$$\sum_{i=1}^N \|(I-T_i)T_{i+1} \cdots T_N x\|^2 = 0,$$

从而 $x = T_N x = T_{N-1}(T_N x) = \cdots = T_1 \cdots T_N x$, 即 $x \in \bigcap_{i=1}^N \mathrm{Fix}(T_i)$. □

1.3.2 固定非扩张

定义 1.23 设 T 是 $\mathcal{H}$ 上的一个映射. 若对任意的 $x, y \in \mathcal{H}$ 有

$$\|Tx-Ty\|^2 \leqslant \langle x-y, Tx-Ty \rangle,$$

则称 T 是固定非扩张映射.

显然固定非扩张映射是特殊的平均非扩张映射.

性质 1.26 设 T 是 $\mathcal{H}$ 上的自映射, 则下列结论等价.

(1) T 是固定非扩张的.

(2) T 是 $\frac{1}{2}$-平均非扩张的.

(3) $I-T$ 是固定非扩张的.

(4) $2T-I$ 是非扩张的.

性质 1.27 对每个 $i\in\Lambda$, 设 T_i 是固定非扩张映射, $\omega_i\in(0,1)$ 并且满足 $\sum_{i=1}^N\omega_i=1$. 则下列结论成立.

(1) $\sum_{i=1}^N\omega_iT_i$ 也是固定非扩张映射.

(2) $T_1T_2\cdots T_N$ 是 $N/(N+1)$-平均非扩张映射.

性质 1.28 对每个 $i\in\Lambda$, 设 T_i 是固定非扩张映射, $\omega_i\in(0,1)$ 并且满足 $\sum_{i=1}^N\omega_i=1$. 若 $\bigcap_{i=1}^N\mathrm{Fix}(T_i)\neq\varnothing$, 则

$$\mathrm{Fix}\big(T_1T_2\cdots T_N\big)=\mathrm{Fix}\left(\sum_{i=1}^N\omega_iT_i\right)=\bigcap_{i=1}^N\mathrm{Fix}(T_i).$$

非空闭凸集上的投影是一个典型非扩张映射的例子.

定义 1.24 设 C 是 $\mathcal{H}$ 中的非空闭凸集, 其上投影 $P_C:\mathcal{H}\to C$ 定义如下:

$$P_Cx=\arg\min\big\{\|x-y\|:y\in C\big\}.$$

下面考虑上述定义投影的存在性与唯一性. 事实上, 集合 C 的闭凸性保证了投影的存在性, 而 C 所在空间的严格凸性则保证了投影的唯一性.

定理 1.4 (存在性与唯一性) 设 $C\subset\mathcal{H}$ 是非空闭凸子集. 则对任意的 $x\in\mathcal{H}$, 则相应的投影 P_Cx 存在且唯一.

证明 令 $x\in\mathcal{H}$, 记

$$d:=\inf\{\|x-y\|:y\in C\},$$

则存在序列 $\{y_n\}\subseteq C$ 使得 $\|x-y_n\|\to d$. 首先证明 $\{y_n\}$ 是柯西序列. 对任意的 $\varepsilon>0$, 存在正整数 n_0 使得当 $n\geqslant n_0$ 时有

$$\|x-y_n\|^2\leqslant d^2+\frac{\varepsilon}{4}.$$

固定任意的 $n,m>n_0$. 由于 C 是凸的, $\frac{1}{2}(y_n+y_m)\in C$. 注意到 $\|y_n-y_m\|=\|(y_n-x)-(y_m-x)\|$, 因此由平行四边形公式得

$$\|y_n-y_m\|^2=2\|y_n-x\|^2+2\|y_m-x\|^2-4\left\|x-\frac{1}{2}(y_n+y_m)\right\|^2$$

$$\leqslant 2\left(d^2+\frac{\varepsilon}{4}\right)+2\left(d^2+\frac{\varepsilon}{4}\right)-4d^2=\varepsilon,$$

即 $\{y_n\}$ 是柯西序列. 由希尔伯特空间的完备性, 存在 $y\in\mathcal{H}$ 使得 $y_n\to y$. 注意到 C 是闭集, 则有 $y\in C$. 由范数的连续性可知 $\|x-y\|=d$. 因此, $y=P_Cx$.

下证投影的唯一性. 若存在 $z\in C$ 使得 $\|x-z\|=d$. 由于 C 是凸的, $\frac{1}{2}(y+z)\in C$, 故 $\left\|x-\frac{1}{2}(y+z)\right\|\geqslant d$. 再由平行四边形公式得

$$\begin{aligned}\|y-z\|^2&=2\|y-x\|^2+2\|z-x\|^2-\|(y-x)+(z-x)\|^2\\&=2\|y-x\|^2+2\|z-x\|^2-4\Big\|x-\frac{1}{2}(y+z)\Big\|^2\\&\leqslant 2d^2+2d^2-4d^2=0,\end{aligned}$$

即 $y=z$. 因此投影 P_Cx 是唯一的. □

定理 1.5 (特征不等式)　设 $x\in\mathcal{H},y\in C$. 则 $y=P_Cx$ 当且仅当

$$\langle y-x,y-z\rangle\leqslant 0,\quad \forall z\in C. \tag{1.1}$$

证明　“$\Leftarrow$”. 对任意的 $z\in C$, 由内积性质及不等式 (1.1) 得

$$\begin{aligned}\|x-z\|^2&=\|z-y+y-x\|^2\\&=\|z-y\|^2+\|y-x\|^2+2\langle z-y,y-x\rangle\\&\geqslant\|x-y\|^2.\end{aligned}$$

故 $\|x-z\|\geqslant\|x-y\|$, 则由投影的定义知 $y=P_Cx$.

“$\Rightarrow$”. 设 $y=P_Cx$. 选取 $z\in C$, 令 $z_\lambda=y+\lambda(z-y),\lambda\in(0,1)$. 显然, $z_\lambda\in C$, 则由内积性质

$$\begin{aligned}\|x-y\|^2\leqslant\|x-z_\lambda\|^2&=\|x-y-\lambda(z-y)\|^2\\&=\|x-y\|^2-2\lambda\langle x-y,z-y\rangle+\lambda^2\|z-y\|^2.\end{aligned}$$

注意到 $\lambda>0$, 则有

$$\langle x-y,z-y\rangle\leqslant\frac{\lambda}{2}\|z-y\|^2,\quad\forall\lambda\in(0,1).$$

在上述不等式中令 $\lambda\to 0$ 即得 (1.1). □

定理 1.6 设 P_C 是非空闭凸集 $C \subset \mathcal{H}$ 上的投影, 则 P_C 与 $I - P_C$ 都是固定非扩张的. 即对任意的 $x, y \in \mathcal{H}$, 下列不等式成立.

(1) $\|P_C x - P_C y\|^2 \leqslant \langle x - y, P_C x - P_C y\rangle$.

(2) $\|(I - P_C)x - (I - P_C)y\|^2 \leqslant \langle x - y, (I - P_C)x - (I - P_C)y\rangle$.

证明 由不等式 (1.1) 可得

$$
\begin{aligned}
&\langle P_C x - x, P_C x - P_C y\rangle \leqslant 0, \\
&\langle P_C y - y, P_C y - P_C x\rangle \leqslant 0.
\end{aligned}
$$

上述两式相加可得

$$
\langle (P_C x - P_C y) - (x - y), P_C x - P_C y\rangle \leqslant 0.
$$

从而得

$$
\|P_C x - P_C y\|^2 \leqslant \langle x - y, P_C x - P_C y\rangle.
$$

因此定理得证. 第二个不等式类似可得. □

因此 P_C 是固定非扩张的、1/2-平均的, 从而是非扩张映射. 作为上述定理的一个应用, 下面证明 1.2 节的一个重要结论: 对于凸集, 弱闭性与闭性是等价的.

性质 1.29 设 C 是 $\mathcal{H}$ 中的凸子集. 则 C 是闭集当且仅当 C 是弱闭集.

证明 显然弱闭集蕴含闭集. 为证相反结论成立, 假设 C 是闭集. 设 $x^\dagger \in \mathcal{H}$ 是 C 的一个弱聚点, 则存在序列 $\{x_n\} \subset C$ 满足 $x_n \rightharpoonup x^\dagger$. 则由定理 1.6 知

$$
\begin{aligned}
\|(I - P_C)x^\dagger\|^2 &= \overline{\lim_{n\to\infty}} \|(I - P_C)x_n - (I - P_C)x^\dagger\|^2 \\
&\leqslant \overline{\lim_{n\to\infty}} \langle x_n - x^\dagger, (I - P_C)x_n - (I - P_C)x^\dagger\rangle \\
&= \lim_{n\to\infty} \langle x^\dagger - x_n, (I - P_C)x^\dagger\rangle \\
&= 0.
\end{aligned}
$$

故有 $x^\dagger \in C$, 因此 C 是弱闭集. □

性质 1.30 对每个 $i \in \Lambda$, 设 $C_i \subset \mathcal{H}$ 是非空闭凸子集, $\omega_i \in (0, 1)$ 且满足 $\sum_{i=1}^N \omega_i = 1$. 则下列结论成立.

(1) $\sum_{i=1}^N \omega_i P_{C_i}$ 也是固定非扩张映射.

(2) $P_{C_1} P_{C_2} \cdots P_{C_N}$ 是 $N/(N+1)$-平均非扩张映射.

(3) 若 $\bigcap_{i=1}^{N} C_i \neq \varnothing$, 则

$$\operatorname{Fix}(P_{C_1}P_{C_2}\cdots P_{C_N}) = \operatorname{Fix}\left(\sum_{i=1}^{N}\omega_i P_{C_i}\right) = \bigcap_{i=1}^{N} C_i.$$

性质 1.31　设 $C \subset \mathcal{H}$ 是非空闭凸子集, $x, y \in \mathcal{H}$. 则 $P_{y+C}x = y + P_C(x-y)$.

证明　显然有 $y + P_C(x-y) \in y + C$. 对 $\forall z \in C$,

$$\begin{aligned}&\langle (y+z) - (y + P_C(x-y)), x - (y + P_C(x-y))\rangle \\ =& \langle z - P_C(x-y), (x-y) - P_C(x-y)\rangle \leqslant 0.\end{aligned}$$

根据投影特征不等式, 从而可得 $P_{y+C}x = y + P_C(x-y)$. □

设 $\{C_n\}$ 是 $\mathcal{H}$ 中非空闭凸集序列. 若 $\{C_n\}$ 满足 $(\forall n \in \mathbb{N}) C_{n+1} \subset C_n$, 则称 $\{C_n\}$ 是单调递减的. 一般地, 非空单调递减的闭凸集的交集可以是空集. 事实上, 考虑集合序列

$$C_n = [n, +\infty).$$

显然有 $\bigcap_n C_n = \varnothing$. 接下来, 我们证明集合的有界性防止了这种情况发生.

性质 1.32　设 $\{C_n\}$ 是 $\mathcal{H}$ 中非空单调递减的有界闭凸集序列, 则

$$\bigcap_{n=1}^{\infty} C_n \neq \varnothing.$$

证明　对任意的 $n \in \mathbb{N}$, 定义序列 $p_n = P_{C_n}(0)$. 由假设条件知 $\{\|p_n\|\}$ 为单调有界数列, 因此收敛. 对任意的 $m, n \in \mathbb{N}, m \leqslant n$, 由于 $\frac{1}{2}(p_n + p_m) \in C_m$, 则由平行四边形公式,

$$\begin{aligned}\|p_n - p_m\|^2 &= 2\left(\|p_n\|^2 + \|p_m\|^2\right) - 4\left\|\frac{1}{2}(p_n + p_m)\right\|^2 \\ &\leqslant 2\left(\|p_n\|^2 + \|p_m\|^2\right) - 4\|p_m\|^2 \\ &= 2\left(\|p_n\|^2 - \|p_m\|^2\right) \to 0.\end{aligned}$$

因此 $\{p_n\}$ 是柯西序列, 故存在 $p \in \mathcal{H}$ 使得 $p_n \to p$. 对任意的 $n \in \mathbb{N}$, 都有 $p_k \in C_n (k \geqslant n)$. 因为 C_n 是闭集, 故有 $p \in C_n$, 从而有 $p \in \bigcap_{n\in\mathbb{N}} C_n$. □

性质 1.33　设 $C \subset \mathcal{H}$ 是非空闭凸子集, $x, y \in \mathcal{H}$. 则对 $\forall \lambda > 0$,

$$P_C\left(P_C x + \lambda(x - P_C x)\right) = P_C x.$$

证明 令 $\lambda > 0, y \in C$. 则由投影特征知

$$\begin{aligned}&\langle y - P_C x, (P_C x + \lambda(x - P_C x)) - P_C x\rangle \\ =& \lambda \langle y - P_C x, x - P_C x\rangle \leqslant 0,\end{aligned}$$

故有 $P_C(P_C x + \lambda(x - P_C x)) = P_C x$. □

设 $C \neq \varnothing$, 若对任意的 $\lambda \in \mathbb{R}$ 都有 $C = (1-\lambda)C + \lambda C$, 则称 C 是仿射子空间. 仿射子空间上的投影有若干特殊的性质.

性质 1.34 设 $x, y, w \in \mathcal{H}, \lambda \in \mathbb{R}$. 若 $C \subset \mathcal{H}$ 是闭仿射子空间, 则下列结论成立:

(1) $w = P_C x \Longleftrightarrow w \in C, \langle y - z, x - w\rangle = 0, \forall y, z \in C$.

(2) $P_C(\lambda x + (1-\lambda)y) = \lambda P_C x + (1-\lambda)P_C y$.

证明 (1) 设 $y \in C, z \in C$. 则由投影特征 (1.1),

$$\langle y - P_C x, x - P_C x\rangle \leqslant 0.$$

另一方面, 由仿射子空间的定义,

$$2P_C x - y = 2P_C x + (1-2)y \in C,$$

故有

$$\langle y - P_C x, x - P_C x\rangle = \langle (2P_C x - y) - P_C x, P_C x - x\rangle \geqslant 0.$$

综上知, $\langle y - P_C x, x - P_C x\rangle = 0$. 类似可得 $\langle z - P_C x, x - P_C x\rangle = 0$. 两式相减可得 $\langle y - z, x - P_C x\rangle = 0$. 反之, 显然有 $\langle y - w, x - w\rangle = 0, \forall y \in C$, 因此 w 满足投影特征 (1.1), 故有 $w = P_C x$.

(2) 令 $z = \lambda x + (1-\lambda)y, w = \lambda P_C x + (1-\lambda)P_C y$. 由仿射子空间的定义及 (1) 知 $w \in C$. 设 $u, v \in C$. 则由 (1) 得

$$\langle u - v, z - w\rangle = \lambda \langle u - v, x - P_C x\rangle + (1-\lambda)\langle u - v, y - P_C y\rangle = 0.$$

于是 $w = P_C z$, 即 $P_C(\lambda x + (1-\lambda)y) = \lambda P_C x + (1-\lambda)P_C y$. □

下面给出一些常见闭凸集上投影的例子.

例子 1.13 设 $a \in \mathcal{H}, a \neq 0, \beta \in \mathbb{R}$, 超平面 $H(a, \beta)$ 上的投影有以下表达式:

$$P_{H(a,\beta)} x = x - \frac{\langle a, x\rangle - \beta}{\|a\|^2} a. \tag{1.2}$$

下面验证 (1.2) 式满足 (1.1). 记 $y := x - \|a\|^{-2}(\langle a,x\rangle - \beta)a$, 则

$$\begin{aligned}\langle a,y\rangle &= \langle a, x - \|a\|^{-2}(\langle a,x\rangle - \beta)a\rangle \\ &= \langle a,x\rangle - \|a\|^{-2}(\langle a,x\rangle - \beta)\langle a,a\rangle \\ &= \langle a,x\rangle - (\langle a,x\rangle - \beta) = \beta,\end{aligned}$$

因此 $y \in H(a,\beta)$. 则对任意的 $z \in H(a,\beta)$,

$$\langle x-y, z-y\rangle = \frac{\langle a,x\rangle - \beta}{\|a\|^2}(\langle a,z\rangle - \langle a,y\rangle) = 0.$$

因此不等式 (1.1) 成立, 即 $y = P_{H(a,\beta)}x$.

例子 1.14 设 $a \in \mathcal{H}, a \neq 0, \beta \in \mathbb{R}$, 半空间 $H_{\leqslant}(a,\beta)$ 上的投影有以下表达式:

$$P_{H_{\leqslant}(a,\beta)}x = \begin{cases} x - \dfrac{\langle a,x\rangle - \beta}{\|a\|^2}a, & \langle a,x\rangle > \beta, \\ x, & \langle a,x\rangle \leqslant \beta. \end{cases} \tag{1.3}$$

下面验证 (1.3) 式满足 (1.1). 假设 $\langle a,x\rangle > \beta$, 记 $y := x - \|a\|^{-2}(\langle a,x\rangle - \beta)a$, 则 $\langle a,y\rangle = \beta$, 即 $y \in H_{\leqslant}(a,\beta)$. 则对任意的 $z \in H_{\leqslant}(a,\beta)$,

$$\langle x-y, z-y\rangle = \frac{\langle a,x\rangle - \beta}{\|a\|^2}(\langle a,z\rangle - \beta) \leqslant 0.$$

因此不等式 (1.1) 成立, 即 $y = P_{H(a,\beta)}x$. 注意到 (1.3) 式可以写成更紧凑的形式:

$$P_{H_{\leqslant}(a,\beta)}x = x - \frac{(\langle a,x\rangle - \beta)_+}{\|a\|^2}a,$$

其中 $(\langle a,x\rangle - \beta)_+ = \max(0, \langle a,x\rangle - \beta)$.

例子 1.15 设 $z \in \mathcal{H}, \rho > 0$, 闭球 $B(z,\rho)$ 上的投影有以下表达式:

$$P_{B(z,\rho)}(x) = \begin{cases} z + \dfrac{\rho}{\|x-z\|}(x-z), & \|x-z\| > \rho, \\ x, & \|x-z\| \leqslant \rho. \end{cases} \tag{1.4}$$

显然 $B(z,\rho)$ 是闭凸集. 下面验证 (1.4) 式满足 (1.1). 假设 $\|x-z\| > \rho$, 记 $y := z + \rho\|x-z\|^{-1}(x-z)$, 显然 $y \in B(z,\rho), z-y = -\rho\|x-z\|^{-1}(x-z), x-y = (1-\rho\|x-z\|^{-1})(x-z)$. 对任意的 $z \in B(z,\rho)$,

$$\langle x-y, z-y\rangle = \rho(\rho - \|x-z\|) \leqslant 0.$$

因此不等式 (1.1) 成立, 即 $y = P_{B(z,\rho)}x$.

1.4 单调映射

本节主要介绍单调映射及其性质. 单调映射是非线性分析的基本研究对象之一, 其广泛应用于非线性特征值问题、变分问题、变分不等式、非线性偏微分方程、非线性积分方程等领域 (见文献 [10–19]).

1.4.1 单值情形

定义 1.25 设 $\kappa > 0, T : \mathcal{H} \to \mathcal{H}$ 是一个映射.

(1) 若对 $\forall x, y \in \mathcal{H}$ 成立

$$\langle Tx - Ty, x - y \rangle \geqslant 0,$$

则称 T 为单调的.

(2) 若对 $\forall x, y \in \mathcal{H}$ 成立

$$\langle Tx - Ty, x - y \rangle \geqslant \kappa \|x - y\|^2,$$

则称 T 为 κ-强单调的.

(3) 若对 $\forall x, y \in \mathcal{H}$ 成立

$$\langle Tx - Ty, x - y \rangle \geqslant \kappa \|Tx - Ty\|^2,$$

则称 T 为 κ-反强单调的.

易知强单调和反强单调映射都是单调的, 下面是一些单调映射的例子.

例子 1.16 (单调递增函数) 即函数 $f : \mathbb{R} \to \mathbb{R}$ 满足

$$(f(x) - f(y))(x - y) \geqslant 0, \quad \forall x, y \in \mathbb{R}.$$

例子 1.17 (正映射) 线性映射 $f \in \mathcal{L}(\mathcal{H})$ 且满足

$$\langle f(x), x \rangle \geqslant 0, \quad \forall x \in \mathcal{H}.$$

事实上, 设 $x, y \in \mathcal{H}$, 则由正映射的定义得

$$\langle f(x) - f(y), x - y \rangle = \langle f(x - y), x - y \rangle \geqslant 0.$$

非扩张映射与单调映射之间存在紧密的联系.

定义 1.26 设 $L > 0, T$ 是 $\mathcal{H}$ 上的映射. 若对 $\forall x, y \in \mathcal{H}$ 都有

$$\|Tx - Ty\| \leqslant L \|x - y\|,$$

则称 T 为 L-利普希茨连续映射. 特别地, 若 $L < 1$, 则称 T 为压缩映射.

性质 1.35 设 $L>0,\kappa>0,0<\lambda<2\kappa/L^2$. 若 $T:\mathcal{H}\to\mathcal{H}$ 是 L-利普希茨连续, κ-强单调映射, 则 $I-\lambda T$ 是 $\sqrt{1-2\lambda\kappa+(\lambda L)^2}$-压缩映射.

证明 对 $\forall x,y\in\mathcal{H}$, 由强单调映射的定义,

$$\begin{aligned}&\|(I-\lambda T)x-(I-\lambda T)y\|^2=\|(x-y)-\lambda(Tx-Ty)\|^2\\&=\|x-y\|^2-2\lambda\langle x-y,Tx-Ty\rangle+\lambda^2\|Tx-Ty\|^2\\&\leqslant\|x-y\|^2-2\lambda\kappa\|x-y\|^2+\lambda^2\|Tx-Ty\|^2\\&\leqslant\|x-y\|^2-2\lambda\kappa\|x-y\|^2+(\lambda L)^2\|x-y\|^2\\&=(1-2\lambda\kappa+(\lambda L)^2)\|x-y\|^2,\end{aligned}$$

故有

$$\|(I-\lambda T)x-(I-\lambda T)y\|\leqslant\sqrt{1-2\lambda\kappa+(\lambda L)^2}\|x-y\|.$$

由 λ 的取值范围, $\sqrt{1-2\lambda\kappa+(\lambda L)^2}<1$, 因此 $I-\lambda T$ 是压缩映射. □

性质 1.36 设 T 是 $\mathcal{H}$ 上的自映射, $0<\lambda<2\kappa$, 则下列结论等价.

(1) T 是 κ-反强单调的.

(2) $I-2\kappa T$ 是非扩张的.

(3) $I-\lambda T$ 是 $\lambda/2\kappa$-平均非扩张的.

(4) $I-\kappa T$ 是固定非扩张的.

证明 (1)⇒(2). 对任意的 $x,y\in\mathcal{H}$, 注意到

$$\begin{aligned}&\|(I-2\kappa T)x-(I-2\kappa T)y\|^2\\&=\|(x-y)-2\kappa(Tx-Ty)\|^2\\&=\|x-y\|^2-4\kappa\langle Tx-Ty,x-y\rangle+4\kappa^2\|Tx-Ty\|^2\\&\leqslant\|x-y\|^2-4\kappa^2\|Tx-Ty\|^2+4\kappa^2\|Tx-Ty\|^2\\&=\|x-y\|^2.\end{aligned}$$

故 $I-2\kappa T$ 是非扩张映射.

(2)⇒(3). 注意到 $I-2\kappa T$ 是非扩张映射, 并且

$$I-\lambda T=\left(1-\frac{\lambda}{2\kappa}\right)I+\frac{\lambda}{2\kappa}(I-2\kappa T).$$

由平均非扩张映射定义, $I-\lambda T$ 为 $\lambda/2\kappa$-平均非扩张映射.

(3)⇒(4). 显然.

(4)⇒(1). 若 $I-\kappa T$ 为固定非扩张映射, 则由性质 1.26 知, κT 也为固定非扩张映射. 故有

$$\begin{aligned}\kappa\langle Tx-Ty,x-y\rangle &= \langle \kappa Tx-\kappa Ty,x-y\rangle\\ &\geqslant \|\kappa Tx-\kappa Ty\|^2=\kappa^2\|Tx-Ty\|^2,\end{aligned}$$

化简后可得

$$\kappa\|Tx-Ty\|^2\leqslant\langle Tx-Ty,x-y\rangle.$$

因此 T 是 κ-反强单调的. □

下列推论显示, 固定非扩张映射与 1-反强单调映射等价.

推论 1.1 设 T 是 $\mathcal{H}$ 上的自映射, 则下列结论成立.

(1) T 是非扩张的当且仅当 $I-T$ 是 $\dfrac{1}{2}$-反强单调的.

(2) T 是固定非扩张的当且仅当 $I-T$ 是 1-反强单调的.

(3) T 是固定非扩张的当且仅当 T 是 1-反强单调的.

证明 在性质 1.36 中, 分别令 $\kappa=\dfrac{1}{2}$ 和 $\kappa=1$, 即可得结论 (1) 与 (2). 注意到

$$\begin{aligned}T\text{ 是固定非扩张的} &\Longleftrightarrow I-T\text{ 是固定非扩张的}\\ &\Longleftrightarrow I-(I-T)\text{ 是 1-反强单调的}\\ &\Longleftrightarrow T\text{ 是 1-反强单调的}.\end{aligned}$$

上述第一个等价关系由性质 1.26 可得, 第二个等价关系由结论 (2) 得到. □

1.4.2 集值情形

本小节考虑集值单调映射与相关的预解式的性质. 以下设 $M:\mathcal{H}\rightrightarrows\mathcal{H}$ 是一个集值映射, 记 $\mathcal{D}(M),\mathcal{R}(M)$ 分别是集值映射 M 的定义域与值域. $\mathcal{H}\times\mathcal{H}$ 的子集

$$\mathcal{G}(M)=\big\{(x,y):y\in Mx,x\in\mathcal{D}(M)\big\}$$

表示 M 的图像.

定义 1.27 如果对 $\forall(x_i,y_i)\in\mathcal{G}(M),i=1,2$, 都有

$$\langle y_1-y_2,x_1-x_2\rangle\geqslant 0,$$

则称 M 是单调映射. 单调映射的一个等价定义是

$$\|x_1 - x_2\| \leqslant \|(x_1 - x_2) + \lambda(y_1 - y_2)\|$$

对所有的 $\lambda > 0, (x_i, y_i) \in \mathcal{G}(M), i = 1, 2$ 都成立.

下面是一个集值单调映射的例子.

例子 1.18 (次微分)　设 $f \in \Gamma_0(\mathcal{H})$, 则其次微分 $\partial f(x)$ 为单调映射.

事实上, 设 $x_i \in \mathcal{H}, y_i \in \partial f(x_i), i = 1, 2$. 则由次微分的定义得

$$f(x_1) \geqslant f(x_2) + \langle y_2, x_1 - x_2 \rangle,$$

$$f(x_2) \geqslant f(x_1) + \langle y_1, x_2 - x_1 \rangle.$$

两式相加得

$$\langle y_1 - y_2, x_1 - x_2 \rangle \geqslant 0.$$

因此凸函数的次微分为单调映射.

定义 1.28　设 M 是单调映射, 如果它的图像不真包含于任何其他任何单调映射的图像中, 则称 M 是极大单调映射. 换言之, 给定 $x, y \in \mathcal{H}$, 如果

$$\langle x - u, y - v \rangle \geqslant 0$$

对任意的 $(u, v) \in \mathcal{G}(M)$ 成立, 那么有 $(x, y) \in \mathcal{G}(M)$.

下面是极大单调映射的一些例子.

例子 1.19　定义实函数:

$$f(x) = \begin{cases} 1, & x > 0, \\ [0, 1], & x = 0, \\ 0, & x < 0. \end{cases}$$

则 f 是极大单调映射.

事实上, 假定

$$(x - u)(y - v) \geqslant 0, \quad \forall v \in f(u). \tag{1.5}$$

往证 $y \in f(x)$. 若 $x > 0$, 则代 $u = 2x, v = 1$ 入 (1.5) 可得 $y \leqslant 1$. 代 $u = x/2, v = 1$ 入 (1.5) 可得 $y \geqslant 1$. 因此 $y = 1 = f(x)$. 其余情况不难验证.

例子 1.20　正映射是极大单调的.

事实上, 假设 f 是一个正映射, 那么

$$\langle x-u, y-f(u)\rangle \geqslant 0, \quad \forall u \in \mathcal{H}. \tag{1.6}$$

往证 $y=f(x)$. 固定 $t>0$ 以及 $z\in\mathcal{H}$. 代 $u=x+tz$ 入 (1.6) 得

$$\begin{aligned}0 &\leqslant \langle x-(x+tz), y-f(x+tz)\rangle \\ &= -t\langle z, y-f(x)\rangle + t^2\langle z, f(z)\rangle.\end{aligned}$$

对上式两端同时除以 t 并令 $t\to 0$ 得

$$\langle z, y-f(x)\rangle \leqslant 0, \quad \forall z\in\mathcal{H}.$$

由 z 的任意性得 $y=f(x)$, 从而 f 是极大单调的.

定义 1.29 设 G 是 $\mathcal{H}\times\mathcal{H}$ 中的子集. 若下列蕴含关系成立:

$$\left.\begin{array}{c} x_n \rightharpoonup x \\ y_n \to y \\ (x_n, y_n)\in G \end{array}\right\} \Longrightarrow (x,y)\in G,$$

则称 G 为次闭的.

极大单调映射具有下面一些重要性质.

定理 1.7 设 M 是单调映射. 若下列条件之一成立, 则 M 是极大单调的.

(1) M 是单值的次闭映射.

(2) $\mathcal{R}(I+rM)=\mathcal{H}, r>0$.

(3) M 是次闭的, $Mx(\forall x\in\mathcal{H})$ 是 $\mathcal{H}$ 中的非空凸子集.

定理 1.8 设 $M:\mathcal{H}\rightrightarrows\mathcal{H}$ 是极大单调映射, 则下列结论成立.

(1) M 的图像 $\mathcal{G}(M)$ 是次闭的.

(2) $\mathcal{R}(I+rM)=\mathcal{H}, r>0$.

(3) 对任意 $x\in\mathcal{D}(M)$, $\{y: y\in Mx\}$ 是一个闭凸集.

(4) 对任意 $y\in\mathcal{R}(M)$, $\{x: y\in Mx\}$ 是一个闭凸集.

定义 1.30 设 $r>0$, $M:\mathcal{H}\rightrightarrows\mathcal{H}$ 是极大单调映射. 根据定理 1.8, 可定义一个全空间上的映射

$$J_r^M := (I+rM)^{-1},$$

此时称 J_r^M 为 M 的预解式.

在不出现混淆的情况下, 记 J_r 为极大单调映射 M 的预解式.

性质 1.37 设 $r>0$, 则下列结论成立.

(1) $\mathcal{D}(J_r) = \mathcal{H}$.

(2) J_r 是单值映射.

(3) J_r 是固定非扩张映射.

(4) 对任意的 $s > 0, x \in \mathcal{H}$ 下列等式成立:

$$J_r x = J_s\left(\frac{s}{r}x + \left(1 - \frac{s}{r}\right)J_r x\right).$$

证明 (1) 显然有 $\mathcal{D}(J_r) = \mathcal{H}$.

(2) 事实上, 令 $y_i \in J_r x, i = 1, 2$. 则有

$$\frac{x - y_i}{r} \in My_i, \quad i = 1, 2.$$

因为 M 是单调的, 所以

$$0 \leqslant \left\langle \frac{x - y_1}{r} - \frac{x - y_2}{r}, y_1 - y_2 \right\rangle = -\frac{1}{r}\|y_1 - y_2\|^2.$$

于是得 $y_1 = y_2$, 即 J_r 是单值的.

(3) 事实上, 令 $x, y \in \mathcal{H}$. 则有

$$\frac{x - J_r x}{r} \in M(J_r x), \quad \frac{y - J_r y}{r} \in M(J_r y).$$

因为 M 是单调的, 所以

$$\left\langle \frac{x - J_r x}{r} - \frac{y - J_r y}{r}, J_r x - J_r y \right\rangle \geqslant 0,$$

于是得

$$\|J_r x - J_r y\|^2 \leqslant \langle x - y, J_r x - J_r y \rangle.$$

因此 J_r 是固定非扩张映射.

(4) 令 $y = J_r x$ 以及 $z = (s/r)x + (1 - (s/r))y$. 于是

$$\frac{z - y}{s} = \frac{x - y}{r} \in My \Rightarrow z \in (I + sM)y,$$

从而 $y = J_s z$, 此即所证等式. □

例子 1.21 设 C 是 $\mathcal{H}$ 中的非空闭凸子集, 其法向锥定义为

$$N_C x = \{w \in \mathcal{H} : \langle x - z, w \rangle \geqslant 0, \forall z \in C\}.$$

则 C 的投影 P_C 是法向锥的预解式.

事实上, 容易验证法向锥映射为极大单调映射, 并且由 (1.1) 式得

$$\begin{aligned} y = (I + rN_C)^{-1}x &\Longleftrightarrow x - y \in N_C y \\ &\Longleftrightarrow \langle y - z, x - y \rangle \geqslant 0, \forall z \in C \\ &\Longleftrightarrow y = P_C x. \end{aligned}$$

因此投影是法向锥映射的预解式.

下面考虑使单调映射成为极大单调映射的充分条件.

性质 1.38 设 C 是 $\mathcal{H}$ 中的非空闭凸子集. 若下列条件之一满足, 则映射 $T: C \to \mathcal{H}$ 是极大单调的.

(1) T 是单调利普希茨连续的.

(2) T 是反强单调的.

证明 显然, 反强单调蕴含利普希茨连续. 因此只需证明 (1). 不失一般性, 假设 T 是 L-利普希茨连续的 ($L > 0$). 对任意的 $z \in \mathcal{H}$, 令

$$Sx = z - \frac{1}{2L}Tx, \quad \forall x \in C.$$

对任意的 $x, y \in C$, 由利普希茨连续性得

$$\|Sx - Sy\| = \frac{1}{2L}\|Tx - Ty\| \leqslant \frac{1}{2}\|x - y\|.$$

显然 T 是压缩映射, 因此有唯一的不动点 $x^\dagger$, 即

$$x^\dagger = Sx^\dagger \Longleftrightarrow z = (I + (1/(2L))T)x^\dagger.$$

由 z 的任意性得 $\mathcal{R}(I + (1/(2L))T) = \mathcal{H}$. 再由定理 1.7 即得所证结论. □

下面考虑使两个单调映射的和成为极大单调映射的一个充分条件.

性质 1.39 下列结论成立.

(1) 设 C 是 $\mathcal{H}$ 中的非空闭凸子集, M 是单值的单调映射且满足 $C \subseteq \mathcal{D}(M)$. 如果 M 在 C 上半连续, 则 $M + N_C$ 是极大单调映射.

(2) 设 M_1 和 M_2 是两个极大单调映射, 且满足

$$\mathcal{D}(M_1) \cap \operatorname{int}\mathcal{D}(M_2) \neq \varnothing,$$

则 $M_1 + M_2$ 是极大单调映射.

1.4.3 邻近映射

邻近映射是一类特殊的预解式, 本节讨论邻近映射的性质 (见文献 [20]).

定义 1.31 设 $\varphi \in \Gamma_0(\mathcal{H})$. 对任意的 $x \in \mathcal{H}$, 定义

$$\operatorname{prox}_{\varphi}(x) = \underset{y \in \mathcal{H}}{\arg\min} \left\{ \varphi(y) + \frac{1}{2}\|x - y\|^2 \right\}.$$

则称 $\operatorname{prox}_{\varphi}$ 为函数 φ 的邻近映射.

注 1.1 邻近映射是一类特殊的预解式. 事实上, 根据邻近映射的定义, 并利用费马引理

$$\begin{aligned} & 0 \in \partial\varphi(\operatorname{prox}_{\varphi}(x)) + (\operatorname{prox}_{\varphi}(x) - x) \\ \Longleftrightarrow\ & x \in (I + \partial\varphi)(\operatorname{prox}_{\varphi}(x)) \\ \Longleftrightarrow\ & \operatorname{prox}_{\varphi}(x) = (I + \partial\varphi)^{-1}x. \end{aligned}$$

因此邻近映射 $\operatorname{prox}_{\varphi}$ 是极大单调映射 $\partial\varphi$ 的预解式.

注 1.2 投影是一类特殊的邻近映射. 事实上, 设 C 是 $\mathcal{H}$ 中的非空闭凸子集, 则容易验证其上的指标函数 $\iota_C(x)$ 满足 $\iota_C \in \Gamma_0(\mathcal{H})$, 并且 $\operatorname{prox}_{\iota_C} = P_C$. 因此, 邻近映射是投影的推广.

邻近映射是一类特殊的预解式, 而预解式是固定非扩张的, 因此可得如下结论.

性质 1.40 设 $\varphi \in \Gamma_0(\mathcal{H})$, 那么 $\operatorname{prox}_{\varphi}$ 和 $I - \operatorname{prox}_{\varphi}$ 是固定非扩张的.

性质 1.41 设 $\varphi \in \Gamma_0(\mathcal{H})$, $x, u \in \mathcal{H}$, $\alpha > 0$, $\beta \in \mathbb{R}$, $\rho \neq 0$. 则下列结论成立.

(1) 设 $\psi = \varphi + \alpha\|\cdot\|^2/2 + \langle\cdot, u\rangle + \beta$, 则

$$\operatorname{prox}_{\psi}x = \operatorname{prox}_{\varphi/(\alpha+1)}((x - u)/(\alpha + 1)).$$

(2) 设 $\psi = \varphi(\cdot - z)$, $z \in \mathcal{H}$, 则 $\operatorname{prox}_{\psi}x = z + \operatorname{prox}_{\varphi}(x - z)$.

(3) 设 $\psi = \varphi(\cdot/\rho)$, 则 $\operatorname{prox}_{\psi}x = \rho\operatorname{prox}_{\varphi/\rho^2}(x/\rho)$.

(4) 设 $\psi = \varphi(-\cdot)$, 则 $\operatorname{prox}_{\psi}x = -\operatorname{prox}_{\varphi}(-x)$.

证明 注意到上述所有 $\psi \in \Gamma_0(\mathcal{H})$. 设 $p = \operatorname{prox}_{\psi}x$, 则 $x - p \in \partial\psi(p)$.

(1) 由 $\psi \in \Gamma_0(\mathcal{H})$ 的定义知

$$\begin{aligned} x - p \in \partial\psi(p) & \Longleftrightarrow x - p \in \partial\varphi(p) + \alpha p + u \\ & \Longleftrightarrow (x - u)/(\alpha + 1) - p \in \partial(\varphi/(\alpha + 1))(p) \\ & \Longleftrightarrow p = \operatorname{prox}_{\varphi/(\alpha+1)}((x - u)/(\alpha + 1)). \end{aligned}$$

(2) 由 $\psi \in \Gamma_0(\mathcal{H})$ 的定义知

$$\begin{aligned} x - p \in \partial\psi(p) &\Longleftrightarrow x - p \in \partial\varphi(p - z) \\ &\Longleftrightarrow (x - z) - (p - z) \in \partial\varphi(p - z) \\ &\Longleftrightarrow p - z = \operatorname{prox}_{\varphi}(x - z). \end{aligned}$$

(3) 由 $\psi \in \Gamma_0(\mathcal{H})$ 的定义知

$$\begin{aligned} x - p \in \partial\psi(p) &\Longleftrightarrow x - p \in \rho^{-1}\partial\varphi(p/\rho) \\ &\Longleftrightarrow x/\rho - p/\rho \in \partial\left(\varphi/\rho^2\right)(p/\rho) \\ &\Longleftrightarrow p = \rho\operatorname{prox}_{\varphi/\rho^2}(x/\rho). \end{aligned}$$

(4) 在上式中令 $\rho = -1$, 则有 $\operatorname{prox}_{\psi}x = -\operatorname{prox}_{\varphi}(-x)$. □

下面我们给出一些常见邻近映射的例子.

例子 1.22 设 $\gamma > 0, x \in \mathcal{H}$, C 是 $\mathcal{H}$ 中的非空闭凸子集. 则

$$\operatorname{prox}_{\gamma d_C}x = \begin{cases} x + \dfrac{\gamma}{d_C(x)}(P_C x - x), & d_C(x) > \gamma, \\ P_C x, & d_C(x) \leqslant \gamma. \end{cases}$$

例子 1.23 设 $\gamma > 0, x \in \mathcal{H}$. 则

$$\operatorname{prox}_{\gamma\|\cdot\|}x = \begin{cases} \left(1 - \dfrac{\gamma}{\|x\|}\right)x, & \|x\| > \gamma, \\ x, & \|x\| \leqslant \gamma. \end{cases}$$

特别地, 若 $\mathcal{H} = \mathbb{R}$, 则上式退化为著名的软阈值映射:

$$\operatorname{prox}_{\gamma|\cdot|}x = \operatorname{sign}(x)\max(|x| - \gamma, 0).$$

例子 1.24 设 $\gamma > 0, x \in \mathcal{H}$, C 是 $\mathcal{H}$ 中的非空闭凸子集. 则

$$\operatorname{prox}_{d_C^2/2\gamma}x = x + \frac{1}{\gamma + 1}(P_C x - x).$$

例子 1.25 设 $\gamma > 0$. 定义函数 $\phi \in \Gamma_0(\mathbb{R})$ 如下:

$$\phi(x) = \begin{cases} -\ln(x), & x > 0, \\ +\infty, & x \leqslant 0. \end{cases}$$

由简单计算可得

$$(\forall x \in \mathbb{R}) \quad \operatorname{prox}_{\gamma\psi} x = \frac{1}{2}\left(x + \sqrt{x^2 + 4\gamma}\right).$$

1.5 初 等 引 理

本节给出一些初等引理[21-23], 它们在收敛性分析中起着非常重要的作用.

引理 1.9 设 $\omega_i > 0, x_i \in \mathcal{H}, i = 1, 2$. 则下列不等式成立:

(1) $\|\omega_1 x_1 + \omega_2 x_2\|^2 \leqslant (\omega_1^2 + \omega_2^2)(\|x_1\|^2 + \|x_2\|^2)$.

(2) $\omega_1\omega_2\|x_1 + x_2\|^2 \leqslant (\omega_1 + \omega_2)(\omega_1\|x_1\|^2 + \omega_2\|x_2\|^2)$.

证明 (1) 由柯西-施瓦茨不等式得

$$\begin{aligned}\|\omega_1 x_1 + \omega_2 x_2\|^2 &\leqslant (\omega_1\|x_1\| + \omega_2\|x_2\|)^2 \\ &\leqslant (\omega_1^2 + \omega_2^2)(\|x_1\|^2 + \|x_2\|^2).\end{aligned}$$

(2) 由性质 1.5 得

$$\begin{aligned}\omega_1\omega_2\|x_1 + x_2\|^2 &= \omega_1(\omega_1 + \omega_2)\|x_1\|^2 + \omega_2(\omega_1 + \omega_2)\|x_2\|^2 \\ &\quad - \|\omega_1 x_1 + \omega_2(-x_2)\|^2 \\ &\leqslant \omega_1(\omega_1 + \omega_2)\|x_1\|^2 + \omega_2(\omega_1 + \omega_2)\|x_2\|^2.\end{aligned}$$

此即得所证不等式. □

引理 1.10 设非负数列 $\{a_n\}$ 和 $\{\sigma_n\}$ 满足如下条件:

$$a_{n+1} \leqslant a_n + \sigma_n.$$

若 $\{\sigma_n\}$ 满足 $\sum_{n=0}^{\infty} \sigma_n < \infty$, 则数列 $\{a_n\}$ 的极限存在.

证明 由归纳法易得

$$a_n \leqslant a_0 + \sum_{k=0}^{n-1} \sigma_k \leqslant a_0 + \sum_{k=0}^{\infty} \sigma_k.$$

由于 $\{\sigma_n\}$ 是可和数列, 则数列 $\{a_n\}$ 有界, 因此其上极限和下极限均为有限值. 对任意的正整数 $m < n$, 由归纳法易得

$$a_n \leqslant a_m + \sum_{k=m}^{n-1} \sigma_k.$$

在上式中先令 $n \to \infty$ 并取上极限, 再令 $m \to \infty$ 并取下极限可得

$$\limsup_{n\to\infty} a_n \leqslant \liminf_{m\to\infty} a_m + \lim_{m\to\infty}\sum_{k=m}^{\infty}\sigma_k = \liminf_{m\to\infty} a_m.$$

因此可得

$$\limsup_{n\to\infty} a_n \leqslant \liminf_{n\to\infty} a_n.$$

即数列 $\{a_n\}$ 的极限存在. □

引理 1.11 设非负数列 $\{a_n\}$ 和 $\{\sigma_n\}$ 满足如下条件:

$$a_{n+1} \leqslant (1+\sigma_n)a_n.$$

若数列 $\{\sigma_n\}$ 满足 $\sum_{n=0}^{\infty}\sigma_n < \infty$, 则数列 $\{a_n\}$ 的极限存在.

证明 注意到 $\sum_{n=0}^{\infty}\sigma_n$ 收敛, 因此 $\prod_{n=0}^{\infty}(1+\sigma_n)$ 也收敛. 令 $\prod_{n=0}^{\infty}(1+\sigma_n) = \sigma$. 由归纳法易得

$$a_{n+1} \leqslant \prod_{k=0}^{n}(1+\sigma_k)a_0 \leqslant \prod_{k=0}^{\infty}(1+\sigma_k)a_0 = \sigma a_0.$$

由此可得

$$a_{n+1} \leqslant a_n + \sigma_n a_n \leqslant a_n + \sigma a_0 \sigma_n.$$

由引理 1.10 知, 数列 $\{a_n\}$ 的极限存在. □

引理 1.12 设非负数列 $\{a_n\}$, $\{\sigma_n\}$, $\{b_n\}$ 以及 $\{c_n\}$ 满足

$$a_{n+1} \leqslant (1+\sigma_n)(a_n - b_n + c_n), \quad n \geqslant 0,$$

其中 $\sum_{n=0}^{\infty}\sigma_n < \infty$, $\sum_{n=0}^{\infty}c_n < \infty$. 则有

(1) 数列 $\{a_n\}$ 极限存在.

(2) $\sum_{n=0}^{\infty}b_n < \infty$.

证明 (1) 注意到 $\sum_{n=0}^{\infty}\sigma_n$ 收敛, 因此 $\prod_{n=0}^{\infty}(1+\sigma_n)$ 也收敛. 令 $\prod_{n=0}^{\infty}(1+\sigma_n) = \sigma$. 则由题设不等式得

$$\begin{aligned}
a_n &\leqslant (1+\sigma_{n-1})a_{n-1} + (1+\sigma_{n-1})c_{n-1} \\
&\leqslant (1+\sigma_{n-1})(1+\sigma_{n-2})a_{n-2} + (1+\sigma_{n-1})(1+\sigma_{n-2})c_{n-2} + (1+\sigma_{n-1})c_{n-1},
\end{aligned}$$

再由归纳法得

$$
\begin{aligned}
a_n &\leqslant \prod_{k=0}^{n-1}(1+\sigma_k)a_0+\sum_{j=0}^{n-1}\left(\prod_{k=j}^{n-1}(1+\sigma_k)c_j\right)\\
&\leqslant \sigma a_0+\sigma\sum_{j=0}^{n-1}c_j\leqslant \sigma a_0+\sigma c,
\end{aligned}
$$

其中 $c=\sum_{n=0}^{\infty}c_n$. 因此可得

$$
\begin{aligned}
a_{n+1}&\leqslant (1+\sigma_n)a_n+(1+\sigma_n)c_n\\
&\leqslant a_n+\sigma_n(\sigma a_0+\sigma c)+\sigma c_n.
\end{aligned}
$$

由题设知 $\sum_{n=0}^{\infty}(\sigma_n(\sigma a_0+\sigma c)+\sigma c_n)<\infty$. 因此由引理 1.10, 数列 $\{a_n\}$ 极限存在.

(2) 根据已知条件可得

$$
\begin{aligned}
a_{n+1}&\leqslant (1+\sigma_n)a_n-(1+\sigma_n)b_n+(1+\sigma_n)c_n\\
&\leqslant (1+\sigma_n)(1+\sigma_{n-1})a_{n-1}-(1+\sigma_n)(1+\sigma_{n-1})b_{n-1}-(1+\sigma_n)b_n\\
&\quad +(1+\sigma_n)(1+\sigma_{n-1})c_{n-1}+(1+\sigma_n)c_n.
\end{aligned}
$$

注意到 $\prod_{k=j}^{n}(1+\sigma_k)\geqslant 1$, 则有

$$
\begin{aligned}
a_{n+1}&\leqslant \prod_{k=0}^{n}(1+\sigma_k)a_0-\sum_{j=0}^{n}\left(\prod_{k=j}^{n}(1+\sigma_k)b_j\right)+\sum_{j=0}^{n}\left(\prod_{k=j}^{n}(1+\sigma_k)c_j\right)\\
&\leqslant \sigma a_0+\sigma c-\sum_{j=0}^{n}b_j.
\end{aligned}
$$

故有 $\sum_{j=0}^{n}b_j\leqslant \sigma a_0+\sigma c$, 因此可得 $\sum_{n=0}^{\infty}b_n<\infty$. □

引理 1.13 设非负数列 $\{a_n\}$, $\{\rho_n\}$ 满足

(1) $\sum_{n=0}^{\infty}\rho_n a_n<\infty$.

(2) $\sum_{n=0}^{\infty}\rho_n=\infty, \sum_{n=0}^{\infty}\rho_n^2<\infty$.

(3) 存在 $M>0$ 使得 $|a_{n+1}-a_n|\leqslant M\rho_n$.

则数列 $\{a_n\}$ 收敛且其极限为 0.

证明 由题设条件 (1) 及 $\sum_{n=0}^{\infty}\rho_n=\infty$ 可得

$$
\liminf_{n\to\infty}a_n=0.
$$

因此为证 $\{a_n\}$ 收敛到 0, 只需验证其极限存在. 注意到

$$\begin{aligned} a_{n+1}^2 &= (a_n + (a_{n+1} - a_n))^2 \\ &= a_n^2 + 2a_n(a_{n+1} - a_n) + (a_{n+1} - a_n)^2 \\ &\leqslant a_n^2 + 2M\rho_n a_n + M^2\rho_n^2. \end{aligned}$$

显然 $\sum_{n=0}^{\infty}(2M\rho_n a_n + M^2\rho_n^2) < \infty$. 则由引理 1.10 知, 数列 $\{a_n\}$ 的极限存在, 从而引理得证. □

引理 1.14 设非负数列 $\{a_n\}$ 满足如下条件:

$$a_{n+1} \leqslant (1 - \sigma_n)a_n + \sigma_n b_n,$$

其中 $\{\sigma_n\} \subset (0, 1), \{b_n\}$ 满足

(1) $\sum_{n=0}^{\infty} \sigma_n = \infty$.

(2) $\sum_{n=0}^{\infty} |\sigma_n b_n| < \infty$ 或 $\overline{\lim}_n b_n \leqslant 0$.

则数列 $\{a_n\}$ 收敛到 0.

证明 若 $\sum_{n=0}^{\infty} |\sigma_n b_n| < \infty$, 则对任意的正整数 n, 由题设不等式可得

$$a_{n+1} \leqslant (1 - \sigma_n)a_n + |\sigma_n b_n| \leqslant a_n + |\sigma_n b_n|,$$

则由引理 1.10 知, 数列 $\{a_n\}$ 的极限存在. 对任意的正整数 $m < n$, 由归纳法易得

$$a_n \leqslant \prod_{k=m}^{n-1}(1 - \sigma_k)a_m + \sum_{k=m}^{n-1} |\sigma_k b_k|.$$

在上式中先令 $n \to \infty$, 再令 $m \to \infty$ 可得

$$\lim_{n\to\infty} a_n \leqslant \lim_{m\to\infty} a_m \prod_{k=m}^{\infty}(1 - \sigma_k) + \lim_{m\to\infty} \sum_{k=m}^{\infty} |\sigma_k b_k| = 0.$$

因此数列 $\{a_n\}$ 收敛到 0.

若 $\overline{\lim}_n b_n \leqslant 0$, 则对任意的 $\epsilon > 0$, 存在正整数 m 使得

$$b_n < \epsilon, \quad \forall n \geqslant m.$$

因此对任意的正整数 $n(> m)$, 由归纳法易得

$$a_{n+1} \leqslant \left(\prod_{k=m}^{n}(1 - \sigma_k)\right) a_m + \left(1 - \prod_{k=m}^{n}(1 - \sigma_k)\right) \epsilon.$$

在上式中令 $n \to \infty$, 则由已知条件 (1) 可得

$$0 \leqslant \overline{\lim_{n\to\infty}}\, a_n \leqslant \epsilon.$$

因此数列 $\{a_n\}$ 收敛到 0. □

第 2 章　分裂可行性问题

1994 年, 以色列数学家 Censor 与 Elfving[24] 引入了经典的分裂可行性问题. 该问题可表述成如下数学模型: 求 $x^\dagger \in \mathcal{H}$ 使得

$$x^\dagger \in C \cap A^{-1}(Q), \tag{2.1}$$

其中 $A \in \mathcal{B}(\mathcal{H}, \mathcal{H}_1)$, $C \subset \mathcal{H}$ 和 $Q \subset \mathcal{H}_1$ 是非空闭凸子集,

$$A^{-1}(Q) = \{x \in \mathcal{H} : Ax \in Q\}.$$

分裂可行性问题在医学成像[25]、信号处理[26]、基因调控[27]、图像恢复[28] 以及稀疏正则化[29] 等工程领域有一系列重要的应用, 目前其研究得到了众多国内外学者的广泛关注.

分裂可行性问题有很多推广版本, 如多重分裂可行性问题[25,30–32]、分裂零点问题[33–35]、分裂变分不等式问题[36–38] 等. 本书主要研究最近由以色列数学家 Reich 等[70] 给出的版本: 求 $x^\dagger \in \mathcal{H}$ 使其满足

$$x^\dagger \in C \cap \left(\bigcap_{i=1}^{N} A_i^{-1}(Q_i) \right), \tag{2.2}$$

其中 $C \subset \mathcal{H}$ 和 $Q_i \subset \mathcal{H}_i$ 是非空闭凸子集, $A_i \in \mathcal{B}(\mathcal{H}, \mathcal{H}_i), i \in \Lambda$. 以下记 $\Lambda_0 = \Lambda \cup \{0\}$, Ω 是分裂可行性问题 (2.2) 的解集.

2.1　一 些 例 子

反问题有着非常广泛的应用, 它被普遍用于医学 CT、热流逆传导、地球物理勘探等方面. 在 (2.1) 中, 若令 $C = \mathcal{H}, Q = \{b\}$, 可得线性反问题; 若令 $Q = \{b\}$, 可得约束反问题[39].

例子 2.1 (线性反问题)　*求 $x^\dagger \in C$ 使得*

$$Ax^\dagger = b, \tag{2.3}$$

其中设 $C \subset \mathcal{H}$ 是非空闭凸子集, $b \in \mathcal{H}_1$, $A : \mathcal{H} \to \mathcal{H}_1$ 是有界线性映射.

凸可行问题是一类重要的优化问题, 在信号处理及线性约束优化问题的可行解、最优化理论、逼近论、图像恢复等问题中都有着重要的应用. 在 (2.2) 中, 若令 $C=\mathcal{H}, A_i=I_{\mathcal{H}}, i\in\Lambda$, 则得到了凸可行问题[40].

例子 2.2 (凸可行问题) 求 $x^\dagger\in\mathcal{H}$ 使得

$$x^\dagger\in\bigcap_{i=1}^{N}Q_i, \tag{2.4}$$

其中 $\{Q_i\}_{i=1}^N\subset\mathcal{H}$ 是一族非空闭凸子集.

医学影像界近来兴起了对调强适形放射治疗 (IMRT) 的应用研究, 该技术是一种先进的高精度放射线疗法, 它利用计算机控制的 X 光加速器去向恶性肿瘤或肿瘤内的特定区域发射精确的辐射剂量. IMRT 可根据肿瘤的 3D 形状通过调节或控制辐射的强度使辐射剂量更加准确, 也可对肿瘤内的区域通过聚焦施加更高的辐射剂量, 而使周围的正常组织接收最小的辐射剂量. 一般地, IMRT 抽象出的数学模型如下:

例子 2.3 (IMRT 模型) 求可行解 $x\in\mathbb{R}^N$ 满足

$$A_1x\leqslant u,\quad A_2x\geqslant l,\quad x\geqslant 0,$$

其中向量 $u\in\mathbb{R}^{m_1}$, 向量 $l\in\mathbb{R}^{m_2}$, 矩阵 $A_1\in\mathbb{R}^{m_1\times N}, A_2\in\mathbb{R}^{m_2\times N}$.

信号处理中的压缩传感可以表述为如下模型:

$$y=Ax+\epsilon,$$

其中 $x\in\mathbb{R}^N$ 是要恢复的数据, $y\in\mathbb{R}^k$ 是带有噪声观测数据, ϵ 表示方差有界的噪声, 此时 A 是一个 $k\times N$ 矩阵, 仅对输入信号 x 进行 $k<N$ 次测量. 因为信息缺失, 该问题通常是病态的, 而解决这些问题的一个有效方法是将其转化为如下的分裂可行性问题[41,42].

例子 2.4 (稀疏正则化) 设求 $x^\dagger\in\mathbb{R}^N$ 使得

$$\min_{x\in\mathbb{R}^N}\frac{1}{2}\|y-Ax\|^2 \text{ s.t. } \|x\|_1<t, \tag{2.5}$$

其中 t 是适当选择的参数.

2.2 等价不动点方程

本书研究分裂可行性问题的主要思路是通过将其转化为等价的不动点方程, 然后利用非扩张映射的不动点理论进行相关研究. 首先, 我们建立分裂可行性问题与不动点方程之间的一个等价关系.

定理 2.1 设 $\tau > 0$, 定义映射 $T : \mathcal{H} \to \mathcal{H}$ 如下:

$$T := I - \tau \left[I - P_C + \sum_{i=1}^{N} A_i^* \left(I - P_{Q_i} \right) A_i \right], \tag{2.6}$$

其中 $C \subset \mathcal{H}$ 和 $Q_i \subset \mathcal{H}_i$ 是非空闭凸子集, $A_i \in \mathcal{B}(\mathcal{H}, \mathcal{H}_i), i \in \Lambda$. 则下列结论成立.

(1) 当 $\tau = 2(1 + \sum_{i=1}^{N} \|A_i\|^2)^{-1}$ 时, T 是非扩张映射;

(2) 当 $0 < \tau < 2(1 + \sum_{i=1}^{N} \|A_i\|^2)^{-1}$ 时, T 是 $(\tau(1 + \sum_{i=1}^{N} \|A_i\|^2))/2$-平均非扩张映射;

(3) 当 $0 < \tau \leqslant (1 + \sum_{i=1}^{N} \|A_i\|^2)^{-1}$ 时, T 是固定非扩张映射;

(4) 若 $\tau > 0$, 则 $x^\dagger \in \Omega \Longleftrightarrow Tx^\dagger = x^\dagger$.

证明 为简便起见, 记 $A_0 = I$, $Q_0 = C$. 则 (2.6) 式可写成如下形式:

$$T = I - \tau F, \quad F = \sum_{i=0}^{N} A_i^* \left(I - P_{Q_i} \right) A_i.$$

首先证明映射 F 是反强单调的. 事实上, 对任意的 $x, y \in \mathcal{H}$, 由投影的性质,

$$\begin{aligned}
\langle Fx - Fy, x - y \rangle &= \left\langle \sum_{i=0}^{N} A_i^*((I - P_{Q_i})A_i x - (I - P_{Q_i})A_i y), x - y \right\rangle \\
&= \sum_{i=0}^{N} \langle A_i^*(I - P_{Q_i})A_i x - A_i^*(I - P_{Q_i})A_i y, x - y \rangle \\
&= \sum_{i=0}^{N} \langle (I - P_{Q_i})A_i x - (I - P_{Q_i})A_i y, A_i x - A_i y \rangle \\
&\geqslant \sum_{i=0}^{N} \|(I - P_{Q_i})A_i x - (I - P_{Q_i})A_i y\|^2.
\end{aligned} \tag{2.7}$$

再由柯西-施瓦茨不等式,

$$\begin{aligned}
\|Fx - Fy\|^2 &= \left\| \sum_{i=0}^{N} A_i^*((I - P_{Q_i})A_i x - (I - P_{Q_i})A_i y) \right\|^2 \\
&\leqslant \left(\sum_{i=0}^{N} \|A_i\| \|(I - P_{Q_i})A_i x - (I - P_{Q_i})A_i y\| \right)^2
\end{aligned}$$

$$\leqslant \left(\sum_{i=0}^{N}\|A_i\|^2\right)\left(\sum_{i=0}^{N}\|(I-P_{Q_i})A_ix-(I-P_{Q_i})A_iy\|^2\right).$$

综合以上两式可得

$$\langle Fx-Fy, x-y\rangle \geqslant \frac{1}{\sum_{i=0}^{N}\|A_i\|^2}\|Fx-Fy\|^2. \tag{2.8}$$

从而映射 F 是 $(\sum_{i=0}^{N}\|A_i\|^2)^{-1}$ 反强单调的. 应用性质 1.36, 当 $\tau = 2(\sum_{i=0}^{N}\|A_i\|^2)^{-1}$ 时, $T=I-\tau F$ 是非扩张映射; 当 $0<\tau<2(\sum_{i=0}^{N}\|A_i\|^2)^{-1}$ 时, $T=I-\tau F$ 是 $(\tau\sum_{i=0}^{N}\|A_i\|^2)/2$-平均非扩张映射; 当 $0<\tau\leqslant(\sum_{i=0}^{N}\|A_i\|^2)^{-1}$ 时, $T=I-\tau F$ 是固定非扩张映射. 从而结论 (1)—(3) 成立.

下证 (4) 成立. 显然有 $\Omega\subset \mathrm{Fix}(T)$. 为证相反的包含关系, 设 $x^\dagger\in\mathrm{Fix}(T)$, 则有

$$\tau\|Fx^\dagger\| = \|(I-T)x^\dagger\| = 0,$$

故 $\|Fx^\dagger\|=0$. 再由不等式 (2.7), 对任意的 $z\in\Omega$ 可得

$$\sum_{i=0}^{N}\|(I-P_{Q_i})A_ix^\dagger\|^2 \leqslant \langle Fx^\dagger, x^\dagger - z\rangle = 0.$$

故有 $A_ix^\dagger = P_{Q_i}(A_ix^\dagger)$, 即 $x^\dagger\in A_i^{-1}(Q_i), i\in\Lambda_0$. 则有 $\mathrm{Fix}(T)\subset\Omega$, 定理得证. □

推论 2.1 若分裂可行性问题的解集非空, 则 $x^\dagger\in\Omega$ 当且仅当

$$x^\dagger = \left(I+\sum_{i=1}^{N}A_i^*A_i\right)^{-1}\left(P_Cx^\dagger+\sum_{i=1}^{N}A_i^*P_{Q_i}A_ix^\dagger\right).$$

证明 设 T 是定理 2.1 所定义的映射. 则显然有

$$\begin{aligned}
x^\dagger\in\Omega &\Longleftrightarrow Tx^\dagger = x^\dagger \\
&\Longleftrightarrow x^\dagger - P_Cx^\dagger + \sum_{i=1}^{N}A_i^*\left(I-P_{Q_i}\right)A_ix^\dagger = 0 \\
&\Longleftrightarrow x^\dagger + \sum_{i=1}^{N}A_i^*A_ix^\dagger = P_Cx^\dagger + \sum_{i=1}^{N}A_i^*P_{Q_i}A_ix^\dagger \\
&\Longleftrightarrow x^\dagger = \left(I+\sum_{i=1}^{N}A_i^*A_i\right)^{-1}\left(P_Cx^\dagger+\sum_{i=1}^{N}A_i^*P_{Q_i}A_ix^\dagger\right).
\end{aligned}$$

从而命题得证. □

定理 2.2 设 $\tau > 0$, 定义映射 $T : \mathcal{H} \to \mathcal{H}$ 如下:

$$T := P_C \left[I - \tau \sum_{i=1}^{N} A_i^* (I - P_{Q_i}) A_i \right], \tag{2.9}$$

其中 $C \subset \mathcal{H}$ 和 $Q_i \subset \mathcal{H}_i$ 是非空闭凸子集, $A_i \in \mathcal{B}(\mathcal{H}, \mathcal{H}_i), i \in \Lambda$. 则下列结论成立.

(1) 当 $\tau = 2/(\sum_{i=1}^N \|A_i\|^2)$ 时, T 是非扩张映射.

(2) 当 $0 < \tau < 2/(\sum_{i=1}^N \|A_i\|^2)$ 时, T 是 $2/(4 - \tau \sum_{i=1}^N \|A_i\|^2)$-平均非扩张.

(3) 若 $0 < \tau < 2/(\sum_{i=1}^N \|A_i\|^2)$, 并且分裂可行性问题的解集非空, 则有

$$x^\dagger \in \Omega \Longleftrightarrow Tx^\dagger = x^\dagger.$$

证明 (1) 令 $F = \sum_{i=1}^N A_i^* (I - P_{Q_i}) A_i$. 类似地, F 是 $(\sum_{i=1}^N \|A_i\|^2)^{-1}$ 反强单调的. 应用性质 1.36, 当 $\tau = 2(\sum_{i=1}^N \|A_i\|^2)^{-1}$ 时, $I - \tau F$ 是非扩张映射; 当 $0 < \tau < 2(\sum_{i=1}^N \|A_i\|^2)^{-1}$ 时, $I - \tau F$ 是 $(\tau \sum_{i=1}^N \|A_i\|^2)/2$-平均非扩张映射; 当 $0 < \tau \leqslant (\sum_{i=1}^N \|A_i\|^2)^{-1}$ 时, $I - \tau F$ 是固定非扩张映射. 应用性质 1.24, 当 $\tau = 2(\sum_{i=1}^N \|A_i\|^2)^{-1}$ 时, $T = P_C(I - \tau F)$ 是非扩张映射.

(2) 当 $0 < \tau < 2(\sum_{i=1}^N \|A_i\|^2)^{-1}$ 时, 因为投影是 1/2 平均非扩张映射, $I - \tau F$ 是 $(\tau \sum_{i=1}^N \|A_i\|^2)/2$-平均非扩张映射, 则由性质 1.24, $T = P_C(I - \tau F)$ 是 α-平均非扩张映射, 其中

$$\begin{aligned}
\alpha &= \frac{1}{1 + \left(\dfrac{1/2}{1 - 1/2} + \dfrac{(\tau \sum_{i=1}^N \|A_i\|^2)/2}{1 - (\tau \sum_{i=1}^N \|A_i\|^2)/2} \right)^{-1}} \\
&= \frac{1}{1 + \left(1 + \dfrac{\tau \sum_{i=1}^N \|A_i\|^2}{2 - \tau \sum_{i=1}^N \|A_i\|^2} \right)^{-1}} \\
&= \frac{1}{1 + \left(\dfrac{2}{2 - \tau \sum_{i=1}^N \|A_i\|^2} \right)^{-1}} \\
&= \frac{2}{4 - \tau \sum_{i=1}^N \|A_i\|^2}.
\end{aligned}$$

从而所证结论成立.

(3) 注意到若 $x^\dagger \in \mathcal{H}$ 是分裂可行性问题的一个解, 则 $Tx^\dagger = x^\dagger$. 为证相反的包含关系, 设 $x^\dagger$ 是 T 的一个不动点, 并固定 $z \in \Omega$. 则由性质 1.21 可得

$$\begin{aligned}\|x^\dagger - z\|^2 &= \|Tx^\dagger - z\|^2 \\ &\leqslant \|(I - \tau F)x^\dagger - z\|^2 \\ &\leqslant \|x^\dagger - z\|^2 - \tau\left(\frac{2}{\sum_{i=1}^N \|A_i\|^2} - \tau\right)\|F(x^\dagger)\|^2.\end{aligned}$$

从而有

$$\tau\left(\frac{2}{\sum_{i=1}^N \|A_i\|^2} - \tau\right)\|F(x^\dagger)\|^2 \leqslant 0,$$

故 $\|F(x^\dagger)\| = 0$. 则由不等式 (2.7) 得

$$\sum_{i=1}^N \|(I - P_{Q_i})A_i x^\dagger\|^2 \leqslant \langle F(x^\dagger), x^\dagger - z\rangle = 0.$$

故有 $A_i x^\dagger = P_{Q_i}(A_i x^\dagger)$, 即 $A_i x^\dagger \in Q_i, i \in \Lambda$. 另一方面, 显然有 $x^\dagger \in C$. 综合以上, 有 $x^\dagger \in \Omega$, 定理得证. □

定理 2.3 下述定义的映射 $T: \mathcal{H} \to A_1^{-1}(Q_1)$

$$T := P_{A_1^{-1}(Q_1)} P_{A_2^{-1}(Q_2)} \cdots P_{A_N^{-1}(Q_N)} P_C \tag{2.10}$$

是 $(N+1)/(N+2)$-平均非扩张的. 若分裂可行性问题的解集非空, 则

$$x^\dagger \in \Omega \Longleftrightarrow Tx^\dagger = x^\dagger.$$

证明 为简便起见, 记 $P_0 = P_C$; 对任意的 $i \in \Lambda$, 记 $P_i = P_{A_i^{-1}(Q_i)}$, 则 (2.10) 式可以写成更紧凑的形式:

$$T = P_1 P_2 \cdots P_N P_0.$$

因为投影是 1/2-平均非扩张的, 应用性质 1.24 知, T 是 α-平均非扩张映射, 其中

$$\begin{aligned}\alpha &= \frac{1}{1 + \left(\sum_{i=0}^N \frac{1/2}{1 - (1/2)}\right)^{-1}} \\ &= \frac{1}{1 + (N+1)^{-1}}\end{aligned}$$

$$= \frac{N+1}{N+2}.$$

从而 T 是 $(N+1)/(N+2)$-平均非扩张的. 根据平均非扩张映射的性质,

$$\begin{aligned}\operatorname{Fix}(T) &= \operatorname{Fix}(P_1P_2\cdots P_NP_0)\\ &= \operatorname{Fix}(P_0)\cap\left(\bigcap_{i=1}^{N}\operatorname{Fix}(P_i)\right)\\ &= C\cap\left(\bigcap_{i=1}^{N}\operatorname{Fix}(P_{A_i^{-1}(Q_i)})\right)\\ &= C\cap\left(\bigcap_{i=1}^{N}A_i^{-1}(Q_i)\right).\end{aligned}$$

从而 $\operatorname{Fix}(T)=\Omega$, 定理得证. □

注 2.1 受 (2.10) 式启发, 可以构造求解分裂可行性问题的迭代算法: 选取任意的初始迭代点 $x_0\in\mathcal{H}$, 根据递归生成如下的迭代序列:

$$x_{n+1} = P_{A_1^{-1}(Q_1)}P_{A_2^{-1}(Q_2)}\cdots P_{A_N^{-1}(Q_N)}P_Cx_n, \tag{2.11}$$

然而直接计算 $A_i^{-1}(Q_i)$ 上的投影通常是非常困难的.

定理 2.4 设 $\tau_i>0$, 定义映射 $T:\mathcal{H}\to C$ 如下:

$$T := P_C(I-\tau_1A_1^*(I-P_{Q_1})A_1)\cdots(I-\tau_NA_N^*(I-P_{Q_N})A_N), \tag{2.12}$$

其中 $C\subset\mathcal{H}$ 和 $Q_i\subset\mathcal{H}_i$ 是非空闭凸子集, $A_i\in\mathcal{B}(\mathcal{H},\mathcal{H}_i), i\in\Lambda$. 若

$$0<\tau_i<\frac{2}{\|A_i\|^2}\quad(\forall i\in\Lambda),$$

则 T 是平均非扩张映射. 进而, 若分裂可行性问题的解集非空, 则有

$$x^\dagger\in\Omega \Longleftrightarrow Tx^\dagger = x^\dagger.$$

证明 为简便起见, 记 $T_0=P_C$,

$$T_i = I-\tau_iA_i^*(I-P_{Q_i})A_i\quad(\forall i\in\Lambda),$$

则 (2.12) 式可以写成更紧凑的形式:

$$T = T_0T_1T_2\cdots T_N.$$

下证 T_i 是 $(\tau_i\|A_i\|^2)/2$-平均非扩张的, 为此只需证 $F_i = A_i^*(I-T_{Q_i})A_i$ 是 $\|A_i\|^{-2}$-反强单调的. 事实上, 对任意的 $x, y \in \mathcal{H}$,

$$\begin{aligned}
\langle F_i x - F_i y, x-y\rangle &= \langle A_i^*(I-P_{Q_i})A_i x - A_i^*(I-P_{Q_i})A_i y, x-y\rangle \\
&= \langle (I-P_{Q_i})A_i x - (I-P_{Q_i})A_i y, A_i x - A_i y\rangle \\
&\geqslant \|(I-P_{Q_i})A_i x - (I-P_{Q_i})A_i y\|^2 \\
&\geqslant \frac{1}{\|A_i\|^2}\|A_i^*(I-P_{Q_i})A_i x - A_i^*(I-P_{Q_i})A_i y\|^2 \\
&= \frac{1}{\|A_i\|^2}\|F_i x - F_i y\|^2,
\end{aligned}$$

因此 F_i 是 $\|A_i\|^{-2}$-反强单调的. 应用性质 1.36, T_i 是 $(\tau\|A_i\|^2)/2$-平均非扩张映射. 再应用性质 1.24, T 是 α-平均非扩张映射, 其中

$$\begin{aligned}
\alpha &= \frac{1}{1+\left(1+\sum\limits_{i=1}^{N}\dfrac{\tau\|A_i\|^2/2}{1-(\tau\|A_i\|^2/2)}\right)^{-1}} \\
&= \frac{1}{1+\left(1+\sum\limits_{i=1}^{N}\dfrac{\tau\|A_i\|^2}{2-\tau\|A_i\|^2}\right)^{-1}}.
\end{aligned}$$

由已知条件, 显然 $0<\alpha<1$, 因此 T 是平均非扩张的.

下证第二个结论. 为此先证明下列等式

$$\mathrm{Fix}(T_i) = A_i^{-1}(Q_i) \tag{2.13}$$

对任意的 $i \in \Lambda$ 都成立. 显然有 $A_i^{-1}(Q_i) \subset \mathrm{Fix}(T_i)$. 为证相反的包含关系, 令 $z \in \Omega, x^\dagger \in \mathrm{Fix}(T_i)$, 则 $F_i(x^\dagger) = 0, A_i z \in Q_i$. 由投影性质得

$$\begin{aligned}
\|(I-P_{Q_i})A_i x^\dagger\|^2 &\leqslant \langle (I-P_{Q_i})A_i x^\dagger, A_i x^\dagger - A_i z\rangle \\
&= \langle A_i^*(I-P_{Q_i})A_i x^\dagger, x^\dagger - z\rangle \\
&= \langle F_i(x^\dagger), x^\dagger - z\rangle = 0,
\end{aligned}$$

故有 $\|(I-P_{Q_i})A_i x^\dagger\|^2 \leqslant 0$, 此即 $A_i x^\dagger \in Q_i$. 从而根据 $x^\dagger$ 的任意性, 等式 (2.13) 成立. 根据平均非扩张映射的性质,

$$\mathrm{Fix}(T) = \mathrm{Fix}(T_1 T_2 \cdots T_N T_0)$$

$$
\begin{aligned}
&= \mathrm{Fix}(T_0) \cap \left(\bigcap_{i=1}^{N} \mathrm{Fix}(T_i)\right) \\
&= C \cap \left(\bigcap_{i=1}^{N} A_i^{-1}(Q_i)\right).
\end{aligned}
$$

从而 $\mathrm{Fix}(T) = \Omega$, 于是定理得证. □

设 T 是由定理 2.2 或者定理 2.3 中所定义的映射. 显然分裂可行性问题的解集 Ω 是 $\mathrm{Fix}(T)$ 的一个子集. 特别地, 若分裂可行性问题的解集非空, 则有 $\mathrm{Fix}(T) = \Omega$. 基于此我们给出分裂可行性问题广义解的定义.

定义 2.1 设 T 是由定理 2.2 或者定理 2.3 中所定义的映射. 若 $x^\dagger$ 是 T 的一个不动点, 则称 $x^\dagger$ 是分裂可行性问题的一个广义解.

2.3 等价不动点方程组

本节考虑分裂等式问题解的特征, 该问题由 Moudafi, Al-Shemas[43] 于 2013 年引入, 近来有许多研究进展[44–49]. 一般地, 分裂等式问题旨在求 $(x^\dagger, y^\dagger) \in \mathcal{H}_1 \times \mathcal{H}_2$ 使得

$$
(x^\dagger, y^\dagger) \in C \times Q, \quad Ax = By, \tag{2.14}
$$

其中 $C \subset \mathcal{H}_1$ 和 $Q \subset \mathcal{H}_2$ 是非空闭凸子集, $A \in \mathcal{B}(\mathcal{H}_1, \mathcal{H}), B \in \mathcal{B}(\mathcal{H}_2, \mathcal{H})$. 记分裂等式问题 (2.14) 的解集为 $\mathcal{S}$.

设 $\mathbf{x} = (x_1, x_2), \mathbf{y} = (y_1, y_2) \in \mathcal{H}_1 \times \mathcal{H}_2$. 乘积空间 $\mathcal{H}_1 \times \mathcal{H}_2$ 中的内积和范数分别定义如下

$$
\langle \mathbf{x}, \mathbf{y} \rangle = \sum_{i=1}^{2} \langle x_i, y_i \rangle, \quad \|\mathbf{x}\| = \left(\sum_{i=1}^{2} \|x_i\|^2\right)^{1/2}.
$$

定义线性映射 $\mathcal{A} : \mathcal{H}_1 \times \mathcal{H}_2 \to \mathcal{H}$ 如下

$$
\mathcal{A}\mathbf{x} = Ax_1 - Bx_2, \quad \forall \mathbf{x} = (x_1, x_2). \tag{2.15}
$$

引理 2.5 设 $\mathcal{A}$ 是由 (2.15) 式所定义的映射. 对 $\forall \mathbf{x} = (x_1, x_2)$, 下列结论成立.

(1) $\mathcal{A}$ 是有界线性映射, 且满足 $\|\mathcal{A}\| \leqslant \sqrt{\|A\|^2 + \|B\|^2}$;

(2) $\mathcal{A}^*\mathcal{A}\mathbf{x} = \big(A^*(Ax_1 - Bx_2), -B^*(Ax_1 - Bx_2)\big)$.

证明　(1) 设 $\alpha \in \mathbb{R}, \mathbf{x}=(x_1,x_2), \mathbf{y}=(y_1,y_2)$. 故有

$$\begin{aligned}\mathcal{A}(\alpha\mathbf{x}) &= \mathcal{A}(\alpha(x_1,x_2))\\ &= \mathcal{A}(\alpha x_1,\alpha x_2)\\ &= A(\alpha x_1)-B(\alpha x_2)\\ &= \alpha Ax_1-\alpha Bx_2\\ &= \alpha(Ax_1-Bx_2)\\ &= \alpha\mathcal{A}(\mathbf{x});\end{aligned}$$

以及

$$\begin{aligned}\mathcal{A}(\mathbf{x}+\mathbf{y}) &= \mathcal{A}(x_1+y_1,x_2+y_2)\\ &= A(x_1+y_1)-B(x_2+y_2)\\ &= (Ax_1-Bx_2)+(Ay_1-By_2)\\ &= \mathcal{A}\mathbf{x}+\mathcal{A}\mathbf{y}.\end{aligned}$$

因此 $\mathcal{A}$ 是线性映射. 注意到由柯西-施瓦茨不等式可得

$$\begin{aligned}\|\mathcal{A}\mathbf{x}\| &= \|Ax_1-Bx_2\|\\ &\leqslant \|Ax_1\|+\|Bx_2\|\\ &\leqslant \|A\|\|x_1\|+\|B\|\|x_2\|\\ &\leqslant \left(\|A\|^2+\|B\|^2\right)^{1/2}\left(\|x_1\|^2+\|x_2\|^2\right)^{1/2}\\ &= \left(\|A\|^2+\|B\|^2\right)^{1/2}\|\mathbf{x}\|,\end{aligned}$$

由此可知 $\|\mathcal{A}\| \leqslant \sqrt{\|A\|^2+\|B\|^2}$. 从而 $\mathcal{A}$ 是有界线性映射.

(2) 设 $w \in \mathcal{H}$, 则有

$$\begin{aligned}\langle\mathcal{A}\mathbf{x},w\rangle &= \langle Ax_1-Bx_2,w\rangle\\ &= \langle Ax_1,w\rangle-\langle Bx_2,w\rangle\\ &= \langle x_1,A^*w\rangle-\langle x_2,B^*w\rangle\\ &= \langle(x_1,x_2),(A^*w,-B^*w)\rangle\end{aligned}$$

$$= \langle \mathbf{x}, (A^*w, -B^*w) \rangle.$$

由此得 $\mathcal{A}^*w = (A^*w, -B^*w)$, 故有

$$\begin{aligned}\mathcal{A}^*\mathcal{A}\mathbf{x} &= \mathcal{A}^*(Ax_1 - Bx_2) \\ &= \big(A^*(Ax_1 - Bx_2), -B^*(Ax_1 - Bx_2)\big).\end{aligned}$$

从而引理得证. □

应用定理 2.1, 则分裂等式问题等价于下列不动点方程组.

定理 2.6 定义如下不动点方程组:

$$\begin{cases} x = x - \tau[(I - P_C)x + A^*(Ax - By)], \\ y = y - \tau[(I - P_Q)x + B^*(By - Ax)], \end{cases} \tag{2.16}$$

其中参数满足

$$0 < \tau < \frac{2}{1 + \|A\|^2 + \|B\|^2}, \tag{2.17}$$

若 $\mathcal{S}$ 非空, 则 $\mathbf{x}^\dagger = (x^\dagger, y^\dagger)$ 是方程组 (2.16) 的一个解当且仅当其是分裂等式问题 (2.14) 的一个解.

证明 显然 $\mathbf{x}^\dagger = (x^\dagger, y^\dagger) \in \mathcal{S} \Longrightarrow (x^\dagger, y^\dagger)$ 是方程组 (2.16) 的一个解.

为证相反的包含关系, 设 $\mathbf{x}^\dagger = (x^\dagger, y^\dagger)$ 是方程组 (2.16) 的一个解. 则

$$\mathbf{x}^\dagger = \mathbf{x}^\dagger - \tau\big[(I_{\mathcal{H}_1 \times \mathcal{H}_2} - P_{\mathcal{C}})\mathbf{x}^\dagger + \mathcal{A}^*(I_{\mathcal{H}} - P_{\{0\}})\mathcal{A}\mathbf{x}^\dagger\big],$$

其中 $\mathcal{C} = C \times Q$, $0 \in \mathcal{H}$. 由引理 2.5 与条件 (2.17),

$$\tau < \frac{2}{1 + \|A\|^2 + \|B\|^2} \leqslant \frac{2}{1 + \|\mathcal{A}\|^2},$$

应用定理 2.1 可得 $\mathbf{x}^\dagger \in \mathcal{C}, \mathcal{A}\mathbf{x}^\dagger \in \{0\}$, 即

$$x^\dagger \in C, \quad y^\dagger \in Q, \quad Ax^\dagger = By^\dagger,$$

此即 $x^\dagger \in \mathcal{S}$, 因此定理得证. □

应用定理 2.2, 则分裂等式问题等价于另一个不动点方程组.

定理 2.7 定义如下不动点方程组:

$$\begin{cases} x = P_C[x - \tau A^*(Ax - By)], \\ y = P_Q[y - \tau B^*(By - Ax)], \end{cases} \tag{2.18}$$

其中参数满足

$$0 < \tau < \frac{2}{\|A\|^2 + \|B\|^2}. \tag{2.19}$$

若 $\mathcal{S}$ 非空, 则 $\mathbf{x}^\dagger = (x^\dagger, y^\dagger)$ 是方程组 (2.18) 的一个解当且仅当其是分裂等式问题 (2.14) 的一个解.

证明 显然 $\mathbf{x}^\dagger = (x^\dagger, y^\dagger) \in \mathcal{S} \Longrightarrow (x^\dagger, y^\dagger)$ 是方程组 (2.18) 的一个解.

为证相反的包含关系, 设 $\mathbf{x}^\dagger = (x^\dagger, y^\dagger)$ 是问题 (2.18) 的一个解. 则

$$\mathbf{x}^\dagger = P_{\mathcal{C}}\big[\mathbf{x}^\dagger - \tau\mathcal{A}^*(I_{\mathcal{H}} - P_{\{0\}})\mathcal{A}\mathbf{x}^\dagger\big],$$

其中 $\mathcal{C} = C \times Q, 0 \in \mathcal{H}$. 另外注意到, 由引理 2.5 与条件 (2.19),

$$\tau < \frac{2}{\|A\|^2 + \|B\|^2} \leqslant \frac{2}{\|\mathcal{A}\|^2},$$

应用定理 2.2 可得 $\mathbf{x}^\dagger \in \mathcal{C}, \mathcal{A}\mathbf{x}^\dagger \in \{0\}$, 即

$$x^\dagger \in C, \quad y^\dagger \in Q, \quad Ax^\dagger = By^\dagger,$$

此即 $x^\dagger \in \mathcal{S}$, 因此定理得证. □

2.4 解的存在性

本节讨论分裂可行性问题的解的存在性条件. 从 2.3 节可以看出, 分裂可行性问题等价于求解非扩张映射的不动点方程. 受此等价性的启发, 我们可以利用著名的 Browder-Göhde-Kirk(BGK) 不动点定理的思想, 寻找分裂可行性问题解的存在性条件.

定义 2.2 设 $\mathcal{X}$ 是一个巴拿赫空间. 若存在 $\rho \in (0,1)$ 使得

$$\|Tx - Ty\| \leqslant \rho\|x - y\|$$

对任意的 $x, y \in \mathcal{X}$ 都成立, 则称 $T : \mathcal{X} \to \mathcal{X}$ 是压缩映射.

1922 年, 巴拿赫证明了著名的压缩映射原理, 其思想最早可以追溯到求解常微分方程的 Picard 逐次逼近法. 该原理提供了不动点的存在性、唯一性以及逼近方法.

定理 2.8 (压缩映射原理) 若 $T : \mathcal{X} \to \mathcal{X}$ 是压缩映射, 则其在 $\mathcal{X}$ 中恰有唯一不动点 $x^\dagger$. 对任意的初始迭代点 x_0, Picard 迭代

$$x_{n+1} = Tx_n = T^{n+1}x_0$$

强收敛到此唯一不动点 $x^\dagger$.

在实际应用中, 若研究问题的解能转化为某个压缩映射的不动点, 则可以应用压缩映射原理研究问题的解的存在性、唯一性及迭代解法. 压缩映射原理已经成功应用到求解代数方程、积分或微分方程等方面.

不动点的存在性是非线性泛函分析理论的基本问题之一. 经典的压缩映射原理证明了巴拿赫空间中压缩映射存在唯一的不动点. 然而, 由于压缩映射原理对于相关映射的要求过于苛刻, 使其排除了包含非扩张映射在内的许多重要类型的非线性映射. 于是一个自然的问题是, 对于一般的巴拿赫空间, 其上定义的非扩张映射是否存在不动点?

定义 2.3 设 C 是巴拿赫空间 $\mathcal{X}$ 中的非空有界闭凸子集. 如果 C 上的每一个非扩张映射 $T:C\to C$ 都存在不动点, 那么称 C 有不动点性质. 如果巴拿赫空间 $\mathcal{X}$ 中任意一个非空有界闭凸子集都有不动点性质, 则称 $\mathcal{X}$ 有不动点性质.

1965 年, Browder[50] 和 Göhde[51] 分别独立证明了一致凸巴拿赫空间具有不动点性质. 同时, Kirk[52] 证明了一个更一般的结论, 即具有正规结构的巴拿赫空间有不动点性质.

定理 2.9 (BGK 定理) 设 $\mathcal{X}$ 是一致凸巴拿赫空间, C 是 $\mathcal{X}$ 中的非空有界闭凸子集. 若 $T:C\to C$ 是非扩张映射, 则 T 在 C 中有不动点.

2006 年 García-Falset, Llorens-Fuster, Mazcuñan-Navarro[53] 证明了一致非方的巴拿赫空间有不动点性质. 2008 年, Dowling, Randrianantoanina, Turett[54] 证明了 E 凸巴拿赫空间有不动点性质.

作为“最凸”的巴拿赫空间, 希尔伯特空间显然具有不动点性质, 因此应用 BGK 定理可以给出分裂可行性问题若干解的存在性条件.

定理 2.10 若下列条件之一成立, 则分裂可行性问题存在广义解.

(c1) C 是有界集;

(c2) 存在 $i\in\Lambda$ 使得 $A_i^{-1}(Q_i)$ 是有界集.

证明 首先, 假设条件 (c1) 成立. 为证解的存在性, 选取任意的 $z\in C$, 以及一个收敛到 0 的数列 $\{\alpha_n\}\subset(0,1)$. 定义映射 $T:\mathcal{H}\to C$, $T_n:\mathcal{H}\to C$ 如下:

$$T=P_C\left[I-\tau\sum_{i=1}^{N}A_i^*\left(I-P_{Q_i}\right)A_i\right];$$

$$T_nx=\alpha_nz+(1-\alpha_n)Tx,\quad \forall x\in\mathcal{H}.$$

设 $0<\tau<2(\sum_{i=1}^{N}\|A_i\|^2)^{-1}$, 由定理 2.2 知 T 是非扩张的, 故对任意的 $x,y\in\mathcal{H}$ 有

$$\|T_nx-T_ny\|\leqslant(1-\alpha_n)\|x-y\|,$$

这意味着 T_n 为压缩映射. 因此根据巴拿赫压缩映射原理, 对任意的 $n \geqslant 0$, T_n 都存在唯一的不动点 x_n 满足

$$x_n = \alpha_n z + (1-\alpha_n) T x_n.$$

注意到 z, Tx_n 均属于 C, 则显然 x_n 也属于 C. 根据已知条件 (c1), $\{x_n\}$ 为有界序列, 因此存在弱收敛的子列 $\{x_{n_k}\}$, 设其弱极限为 $x^\dagger$. 另一方面, 注意到

$$\begin{aligned}\|(I-T)x_n\| &= \|T_n x_n - T x_n\| \\ &= \alpha_n \|z - Tx_n\| \\ &\leqslant \alpha_n (\|z - Tz\| + \|Tz - Tx_n\|) \\ &\leqslant \alpha_n (\|z - Tz\| + \|z - x_n\|) \\ &\leqslant \alpha_n (2\|z\| + \|Tz\| + \|x_n\|),\end{aligned}$$

则由序列 $\{x_n\}$ 的有界性可得

$$\lim_{n\to\infty} \|(I-T)x_n\| = 0.$$

应用非扩张映射的次闭原理, 弱极限 $x^\dagger$ 为映射 T 的一个不动点. 因此再由定理 2.2, 结论得证.

其次, 假设条件 (c2) 成立. 不失一般性假定 $A_1^{-1}(Q_1)$ 是非空有界闭凸子集. 选择任意的 $u \in A_1^{-1}(Q_1)$, 以及一个收敛到 0 的数列 $\{\alpha_n\} \subset (0,1)$. 此时定义映射 $U : \mathcal{H} \to A_1^{-1}(Q_1)$, $U_n : \mathcal{H} \to A_1^{-1}(Q_1)$ 如下:

$$\begin{aligned}U &= P_{A_1^{-1}(Q_1)} P_{A_2^{-1}(Q_2)} \cdots P_{A_N^{-1}(Q_N)} P_C; \\ U_n x &= \alpha_n u + (1-\alpha_n) U x, \quad \forall x \in \mathcal{H}.\end{aligned}$$

由定理 2.3, 映射 U 显然是非扩张的, 从而对任意的 $x, y \in \mathcal{H}$ 有

$$\|U_n x - U_n y\| \leqslant (1-\alpha_n)\|x - y\|,$$

因此对任意的 $n \geqslant 0$, U_n 都是压缩映射. 由类似方法可得所证的结论. □

注 2.2 在有限维空间中, 若 A 为列满秩矩阵, Q 是非空有界闭凸子集, 则 $A^{-1}(Q)$ 也是非空有界闭凸子集.

第 3 章 简单凸集

如果凸集上的投影有解析表达式, 我们称之为投影意义下的简单凸集; 否则称之为复杂凸集. 换言之, 简单凸集上的投影容易计算, 而复杂凸集上的投影计算比较困难. 简单凸集如半空间、超平面、闭球等, 而复杂凸集如水平集和不动点集等. 本章仅考虑分裂可行性问题 (2.2) 中的凸集为简单凸集的情形.

3.1 弱收敛迭代方法

1994 年, Censor 与 Elfving[24] 提出了交替投影法来求解经典分裂可行性问题 (2.1). 对任意的初始迭代点 x_0, 交替投影法生成如下迭代序列:

$$x_{n+1} = P_C P_{A^{-1}(Q)} x_n. \tag{3.1}$$

由于上述方法每一步都需要计算 $A^{-1}(Q)$ 上的投影, 这无疑是十分困难的. 为克服此困难, Byrne[55] 提出了如下的 CQ 方法. 对任意的初始迭代点 x_0, CQ 方法按照下列递推公式生成迭代序列:

$$x_{n+1} = P_C \left[x_n - \tau A^* \left(I - P_Q\right) A x_n\right], \tag{3.2}$$

其中 $\tau > 0$ 是适当选取的步长参数, A^* 为 A 的共轭映射. 与交替投影法 (3.1) 相比, CQ 方法仅涉及共轭映射的计算. 另外由于涉及计算投影, 因此对于简单凸集的情形, CQ 迭代方法简单高效易于实施, 已成为当前求解经典分裂可行问题最为流行的方法之一. 随后的很多研究工作都是基于该方法框架进行的改进与推广.

一般地, 非扩张映射的 Picard 迭代不一定收敛, 而其 Krasnoselskii-Mann 迭代[56,57] 能保证收敛性. 设 $\alpha \in (0,1)$, K 是巴拿赫空间 $\mathcal{X}$ 中的紧凸集, $T: K \to K$ 是非扩张映射. 1955 年, Krasnoselskii[56] 构造了如下的迭代方法: 对任意的 $x_0 \in K$, 令

$$x_{n+1} = \frac{1}{2} x_n + \frac{1}{2} T x_n. \tag{3.3}$$

若 $\mathcal{X}$ 是一致凸巴拿赫空间, 则上述迭代序列强收敛到 T 的一个不动点. 随后, Schaefer[58] 将该结果推广到了一般的情形:

$$x_{n+1} = \alpha x_n + (1-\alpha) T x_n.$$

Edelstein[59] 观察到一致凸性条件可以减弱为严格凸性. Edelstein, O'Brien[60] 与 Ishikawa[61] 分别独立证明了上述结论对于任意巴拿赫空间都成立. 由于紧性假设是非常严苛的, 因此更多学者讨论 K 是非空闭凸集的情形. 在一致凸 Fréchet 可微空间中, Reich[62] 证明了若 T 有不动点, 则 Krasnoselskii-Mann 迭代 (3.3) 弱收敛到 T 的一个不动点. 近来, 许多研究工作致力于研究上述迭代的修正以及加速策略 (见文献 [23,44,45,63–68]).

根据以上结果, 平均非扩张映射的 Picard 迭代显然有弱收敛性. 下面我们在希尔伯特空间中建立该迭代的收敛性定理, 然后应用该定理求解分裂可行性问题. 在此之前, 我们需要一个重要引理.

引理 3.1 ([69]) 设 K 是 $\mathcal{H}$ 中的非空闭凸子集, $\{x_n\}$ 是 $\mathcal{H}$ 中的序列. 假定对 $\forall z\in K$, 数列 $\{\|x_n-z\|\}$ 的极限都存在. 则序列 $\{x_n\}$ 弱收敛到 $x\in K$ 的充分必要条件是 $\{x_n\}$ 的任意弱聚点都属于 K.

证明 显然只需证明若 $\{x_n\}$ 的任意弱聚点都属于 K, 则 $\{x_n\}$ 弱收敛到 $x\in K$. 由于 $\{x_n\}$ 显然有界, 因此 $\{x_n\}$ 至少有一个弱聚点. 另一方面, 假设序列 $\{x_n\}$ 有两个不同的弱聚点 y 和 z, 则存在子列 $\{x_{n_m}\}$ 和 $\{x_{n_k}\}$ 使得 $x_{n_m}\rightharpoonup y, x_{n_k}\rightharpoonup z$. 注意到 $y,z\in K$, 由假设知数列 $\{\|x_n-y\|\}$ 与 $\{\|x_n-z\|\}$ 的极限都存在. 故由 Opial 性质得

$$\begin{aligned}
\lim_{n\to\infty}\|x_n-y\| &= \lim_{m\to\infty}\|x_{n_m}-y\| \\
&< \lim_{m\to\infty}\|x_{n_m}-z\| \\
&= \lim_{k\to\infty}\|x_{n_k}-z\| \\
&< \lim_{k\to\infty}\|x_{n_k}-y\| \\
&= \lim_{n\to\infty}\|x_n-y\|.
\end{aligned}$$

矛盾! 因此 $\{x_n\}$ 必有唯一弱聚点, 即 $\{x_n\}$ 弱收敛到某个 $x\in K$. □

定理 3.2 (Picard 迭代) 设 K 是 $\mathcal{H}$ 中的非空闭凸集, $T:K\to K$ 是 α-平均非扩张的 $(0<\alpha<1)$. 若 T 有非空的不动点集, 则对任意的初始迭代点 $x_0\in K$, Picard 迭代 $x_{n+1}=Tx_n$ 弱收敛到 T 的一个不动点.

证明 任取 $z\in \mathrm{Fix}(T)$. 则由平均非扩张的性质,

$$\|x_{n+1}-z\|^2\leqslant\|x_n-z\|^2-\frac{1-\alpha}{\alpha}\|Tx_n-x_n\|^2. \tag{3.4}$$

特别地, $\|x_{n+1}-z\|\leqslant\|x_n-z\|$, 即数列 $\{\|x_n-z\|\}$ 的极限存在.

下证序列 $\{x_n\}$ 的任意弱聚点都属于 Fix(T). 事实上, 对任意的 $n \geqslant 0$, 对不等式 (3.4) 应用归纳法可得

$$\begin{aligned}\sum_{k=0}^{n}\|Tx_k - x_k\|^2 &\leqslant \frac{\alpha}{1-\alpha}\sum_{k=0}^{n}(\|x_k - z\|^2 - \|x_{k+1} - z\|^2) \\ &= \frac{\alpha}{1-\alpha}(\|x_0 - z\|^2 - \|x_{n+1} - z\|^2) \\ &\leqslant \frac{\alpha}{1-\alpha}\|x_0 - z\|^2.\end{aligned}$$

上式中令 $n \to \infty$, 则有

$$\sum_{n=0}^{\infty}\|Tx_n - x_n\|^2 < \infty.$$

特别地, $\lim_n \|Tx_n - x_n\| = 0$. 注意到 $\{x_n\}$ 为有界序列. 从而应用次闭原理知, 序列 $\{x_n\}$ 的任一弱聚点都属于 Fix(T). 最后, 应用引理 3.1, 定理得证. □

注 3.1 一般地, 非扩张映射的 Picard 迭代不一定能够收敛. 事实上, 若令 $T = -I$, 则 T 有唯一的不动点 0. 对任意的初始迭代点 x_0, 其 Picard 迭代 $x_{n+1} = (-1)^n x_0$ 显然不收敛.

3.1.1 固定步长

结合定理 2.2 与定理 3.2, 我们构造第一个求解分裂可行性问题的迭代方法.

定理 3.3 对任意的初始迭代点 x_0, 定义如下迭代序列:

$$x_{n+1} = P_C\left[x_n - \tau\sum_{i=1}^{N}A_i^*(I - P_{Q_i})A_i x_n\right]. \tag{3.5}$$

若问题 (2.2) 的解集非空, 且步长参数满足

$$0 < \tau < \frac{2}{\sum_{i=1}^{N}\|A_i\|^2}, \tag{3.6}$$

则迭代序列 $\{x_n\}$ 弱收敛到该问题的一个解.

证明 令

$$T = P_C\left[I - \tau\sum_{i=1}^{N}A_i^*(I - P_{Q_i})A_i\right],$$

则有 $x_{n+1} = Tx_n$. 若条件 (3.6) 满足, 则由定理 2.2 知 T 是平均非扩张映射, 并且满足 Fix(T) $= \Omega$. 应用定理 3.2, 迭代序列 $\{x_n\}$ 弱收敛到 T 的一个不动点, 即问题 (2.2) 的一个解. □

注 3.2 事实上, 迭代方法 (3.5) 由 Reich, Truong, Mai[70] 首次提出, 他们证明了若步长满足下列条件:

$$0<\tau<\frac{2}{N\max_{1\leqslant i\leqslant N}\|A_i\|^2},$$

则 (3.5) 收敛到原问题的一个解. 注意到

$$\frac{2}{N\max_{1\leqslant i\leqslant N}\|A_i\|^2}\leqslant\frac{2}{\sum_{i=1}^N\|A_i\|^2}.$$

因此我们在更弱的步长条件下建立了收敛性结果.

作为应用, 我们得到了 CQ 方法的收敛性定理[55].

推论 3.1 若经典问题 (2.1) 的解集非空, 且步长参数满足

$$0<\tau<\frac{2}{\|A\|^2}, \tag{3.7}$$

则迭代序列 $\{x_n\}$ 弱收敛到该问题的一个解.

受 Picard 迭代方法的启发, 结合定理 2.1, 给出第二个求解方法.

定理 3.4 对任意的初始迭代点 x_0, 定义如下迭代序列:

$$x_{n+1}=x_n-\tau\left[(I-P_C)x_n+\sum_{i=1}^N A_i^*(I-P_{Q_i})A_ix_n\right]. \tag{3.8}$$

若问题 (2.2) 的解集非空, 且步长参数满足

$$0<\tau<\frac{2}{1+\sum_{i=1}^N\|A_i\|^2}, \tag{3.9}$$

则迭代序列 $\{x_n\}$ 弱收敛到该问题的一个解.

证明 为简便起见, 记 $A_0=I$, $Q_0=C$, 令

$$T=I-\tau\sum_{i=0}^N A_i^*(I-P_{Q_i})A_i,$$

则有 $x_{n+1}=Tx_n$. 若条件 (3.9) 满足, 则由定理 2.1 知 T 是平均非扩张映射, 并且满足 $\mathrm{Fix}(T)=\Omega$. 应用定理 3.2, 迭代序列 $\{x_n\}$ 弱收敛到问题 (2.2) 的一个解. □

推论 3.2 对任意的初始迭代点 x_0, 定义如下迭代序列:

$$x_{n+1} = x_n - \tau\left[(I - P_C)x_n + A^*\left(I - P_Q\right)Ax_n\right]. \tag{3.10}$$

若经典问题 (2.1) 的解集非空, 且步长参数满足

$$0 < \tau < \frac{2}{1 + \|A\|^2}, \tag{3.11}$$

则迭代序列 $\{x_n\}$ 弱收敛到该问题的一个解.

3.1.2 变步长

由步长条件 (3.7) 知, CQ 方法中步长的上界依赖于 $\|A\|$ 的值, 因此实施 CQ 方法时需事先知道 $\|A\|$ 的值. 然而, 一般情况下, 计算 $\|A\|$ 的值并不容易. 为克服这一局限性, 一些学者提出了若干变步长策略, 例如 [32, 71–73] 等.

2012 年, López, Martín-Márquez, Wang, Xu[72] 针对经典问题构造了如下步长:

$$\tau_n = \frac{\|(I - P_Q)Ax_n\|^2}{\|A^*(I - P_Q)Ax_n\|^2}.$$

受此步长思想的启发, 我们可以构造下列变步长来求解问题 (2.2).

定理3.5 选定任意的初始迭代点 x_0. 给定 x_n, 若 $\|\sum_{i=1}^N A_i^*(I-P_{Q_i})A_ix_n\| = 0$, 则停止迭代; 否则计算下一步迭代:

$$x_{n+1} = P_C\left[x_n - \tau_n\sum_{i=1}^N A_i^*(I - P_{Q_i})A_ix_n\right], \tag{3.12}$$

其中步长定义如下

$$\tau_n = \frac{\sum_{i=1}^N \|(I - P_{Q_i})A_ix_n\|^2}{\|\sum_{i=1}^N A_i^*(I - P_{Q_i})A_ix_n\|^2}. \tag{3.13}$$

若问题 (2.2) 的解集非空, 则迭代序列 $\{x_n\}$ 弱收敛到该问题的一个解.

证明 首先, 证明对任意的 $z \in \Omega$, 数列 $\{\|x_n - z\|\}$ 的极限都存在. 为此令 $F(x) = \sum_{i=1}^N A_i^*(I - P_{Q_i})A_ix, f(x) = \sum_{i=1}^N \|(I - P_{Q_i})A_ix\|^2$. 由投影的非扩张性质与范数基本性质得

$$\begin{aligned}\|x_{n+1} - z\|^2 &= \|P_C(x_n - \tau_nF(x_n)) - z\|^2\\ &\leqslant \|(x_n - \tau_nF(x_n)) - z\|^2\end{aligned}$$

$$
\begin{aligned}
&= \|(x_n - z) - \tau_n F(x_n)\|^2 \\
&\leqslant \|x_n - z\|^2 - 2\tau_n \langle x_n - z, F(x_n)\rangle + \tau_n^2 \|F(x_n)\|^2. \qquad (3.14)
\end{aligned}
$$

另一方面, 由投影的反强单调性,

$$
\begin{aligned}
\langle x_n - z, F(x_n)\rangle &= \sum_{i=1}^{N} \langle A_i x_n - A_i z, (I - P_{Q_i}) A_i x_n \rangle \\
&\geqslant \sum_{i=1}^{N} \|(I - P_{Q_i}) A_i x_n\|^2 = f(x_n). \qquad (3.15)
\end{aligned}
$$

将上式代入不等式 (3.14) 得

$$
\|x_{n+1} - z\|^2 \leqslant \|x_n - z\|^2 - \frac{f^2(x_n)}{\|F(x_n)\|^2}. \qquad (3.16)
$$

特别地, $\|x_{n+1} - z\| \leqslant \|x_n - z\|$, 即数列 $\{\|x_n - z\|\}$ 的极限存在.

其次, 证明序列 $\{x_n\}$ 的任意弱聚点都是问题 (2.2) 的解. 选取 $x^\dagger \in \omega(x_n)$, 则存在 $\{x_n\}$ 的子列 $\{x_{n_k}\}$ 使得 $x_{n_k} \rightharpoonup x^\dagger$. 由于 C 是闭凸集从而也是弱闭集, 显然 $x^\dagger \in C$. 下证对所有的 $i \in \Lambda$, 都有 $A_i x^\dagger \in Q_i$. 事实上, 根据不等式 (3.16), 应用归纳法可得

$$
\sum_{n=0}^{\infty} \frac{f^2(x_n)}{\|F(x_n)\|^2} < \infty.
$$

特别地,

$$
\lim_{n\to\infty} \frac{f^2(x_n)}{\|F(x_n)\|^2} = 0.
$$

注意到投影的补映射也是非扩张的,

$$
\begin{aligned}
\|F(x_n)\| &= \|F(x_n) - F(z)\| \\
&= \left\| \sum_{i=1}^{N} A_i^* ((I - P_{Q_i}) A_i x_n - (I - P_{Q_i}) A_i z) \right\| \\
&\leqslant \sum_{i=1}^{N} \|A_i^* ((I - P_{Q_i}) A_i x_n - (I - P_{Q_i}) A_i z)\| \\
&\leqslant \sum_{i=1}^{N} \|A_i^*\| \|(I - P_{Q_i}) A_i x_n - (I - P_{Q_i}) A_i z\|
\end{aligned}
$$

$$\leqslant \left(\sum_{i=1}^{N}\|A_i\|^2\right)\|x_n - z\|.$$

由于 $\{x_n\}$ 有界, 从而可知 $\{F(x_n)\}$ 也有界. 于是可得

$$\sum_{i=1}^{N}\|(I-P_{Q_i})A_ix_n\|^2 = \frac{f(x_n)}{\|F(x_n)\|}\cdot\|F(x_n)\| \to 0.$$

根据次闭原理, $A_ix^\dagger \in Q_i, \forall i \in \Lambda$. 于是 $\{x_n\}$ 的任意弱聚点都是问题 (2.2) 的解. 应用引理 3.1, 定理得证. □

注 3.3 注意到

$$\sum_{i=1}^{N}\|(I-P_{Q_i})A_ix_n\| = 0 \Longleftrightarrow \left\|\sum_{i=1}^{N}A_i^*(I-P_{Q_i})A_ix_n\right\| = 0. \tag{3.17}$$

因此当迭代停止时, 当前迭代点显然是问题 (2.2) 的解. 事实上, 显然有

$$\sum_{i=1}^{N}\|(I-P_{Q_i})A_ix_n\| = 0 \Longrightarrow \left\|\sum_{i=1}^{N}A_i^*(I-P_{Q_i})A_ix_n\right\| = 0.$$

为证相反的蕴含关系, 设 $\|\sum_{i=1}^{N}A_i^*(I-P_{Q_i})A_ix_n\| = 0$. 对任意选定的 $z\in\Omega$, 由于 $I-P_{Q_i}$ 是反强单调的,

$$\begin{aligned}
&\sum_{i=1}^{N}\|(I-P_{Q_i})A_ix_n\|^2 \\
&\leqslant \sum_{i=1}^{N}\langle A_ix_n - A_iz, (I-P_{Q_i})A_ix_n\rangle \\
&= \sum_{i=1}^{N}\langle x_n - z, A_i^*(I-P_{Q_i})A_ix_n\rangle,
\end{aligned}$$

于是 $\sum_{i=1}^{N}\|(I-P_{Q_i})A_ix_n\| = 0$. 因此上述迭代方法有意义.

注 3.4 在迭代方法 (3.12) 中, 考虑下面的步长

$$\tau_n = \frac{\varrho\sum_{i=1}^{N}\|(I-P_{Q_i})A_ix_n\|^2}{\|\sum_{i=1}^{N}A_i^*(I-P_{Q_i})A_ix_n\|^2}.$$

当 $0<\varrho<2$ 时, 容易验证上述步长下原迭代方法仍然保持收敛.

下面结合定理 3.4, 构造求解分裂可行性问题的第二类变步长方法.

定理 3.6 选定任意的初始迭代点 x_0. 给定 x_n, 若

$$\|(I-P_C)x_n\| = \left\|\sum_{i=1}^{N} A_i^*(I-P_{Q_i})A_i x_n\right\| = 0,$$

则停止迭代; 否则计算下一步迭代:

$$x_{n+1} = x_n - \tau_n \left[(I-P_C)x_n + \sum_{i=1}^{N} A_i^*(I-P_{Q_i})A_i x_n\right], \tag{3.18}$$

其中步长定义如下

$$\tau_n = \frac{\|(I-P_C)x_n\|^2 + \sum_{i=1}^{N}\|(I-P_{Q_i})A_i x_n\|^2}{\|(I-P_C)x_n + \sum_{i=1}^{N} A_i^*(I-P_{Q_i})A_i x_n\|^2}. \tag{3.19}$$

若问题 (2.2) 的解集非空, 则迭代序列 $\{x_n\}$ 弱收敛到该问题的一个解.

证明 任取 $z \in \Omega$. 首先证数列 $\{\|x_n - z\|\}$ 收敛. 令

$$G(x) = (I-P_C)x + \sum_{i=1}^{N} A_i^*(I-P_{Q_i})A_i x,$$

$$g(x) = \|(I-P_C)x\|^2 + \sum_{i=1}^{N}\|(I-P_{Q_i})A_i x\|^2.$$

根据内积性质得

$$\begin{aligned}
\|x_{n+1}-z\|^2 &= \|(x_n - \tau_n G(x_n)) - z\|^2 \\
&= \|(x_n - z) - \tau_n G(x_n)\|^2 \\
&= \|x_n - z\|^2 - 2\tau_n\langle x_n - z, G(x_n)\rangle + \tau_n^2\|G(x_n)\|^2.
\end{aligned}$$

另一方面, 由投影的反强单调性,

$$\begin{aligned}
\langle x_n - z, G(x_n)\rangle &= \langle x_n - z, (I-P_C)x_n\rangle + \left\langle x_n - z, \sum_{i=1}^{N} A_i^*(I-P_{Q_i})A_i x_n\right\rangle \\
&= \langle x_n - z, (I-P_C)x_n\rangle + \sum_{i=1}^{N}\langle Ax_n - Az, (I-P_{Q_i})A_i x_n\rangle
\end{aligned}$$

$$\geqslant \|(I-P_C)x_n\|^2 + \sum_{i=1}^{N} \|(I-P_{Q_i})A_i x_n\|^2,$$

因此由步长定义得

$$\tau_n \langle x_n - z, G(x_n)\rangle \geqslant \frac{g^2(x_n)}{\|G(x_n)\|^2}.$$

综合上述两个不等式,

$$\begin{aligned} \|x_{n+1}-z\|^2 &\leqslant \|x_n - z\|^2 - \frac{2g^2(x_n)}{\|G(x_n)\|^2} + \tau_n^2 \|G(x_n)\|^2 \\ &= \|x_n - z\|^2 - \frac{g^2(x_n)}{\|G(x_n)\|^2}. \end{aligned} \tag{3.20}$$

特别地, $\|x_{n+1}-z\| \leqslant \|x_n - z\|$, 即数列 $\{\|x_n - z\|\}$ 的极限存在.

其次, 证明序列 $\{x_n\}$ 的任意弱聚点都是问题 (2.2) 的解. 事实上, 对不等式 (3.20) 应用归纳法可得

$$\sum_{n=0}^{\infty} \frac{g^2(x_n)}{\|G(x_n)\|^2} < \infty;$$

特别地,

$$\lim_{n\to\infty} \frac{g(x_n)}{\|G(x_n)\|} = 0.$$

注意到由投影的性质,

$$\begin{aligned} &\|G(x_n)\| = \|G(x_n) - G(z)\| \\ &\leqslant \|(I-P_C)x_n - (I-P_C)z\| + \left\| \sum_{i=1}^{N} A_i^*((I-P_{Q_i})A_i x_n - (I-P_{Q_i})A_i z) \right\| \\ &\leqslant \|x_n - z\| + \sum_{i=1}^{N} \|A_i^*\| \|(I-P_{Q_i})A_i x_n - (I-P_{Q_i})A_i z\| \\ &\leqslant \|x_n - z\| + \left(\sum_{i=1}^{N} \|A_i\|^2 \right) \|x_n - z\| \\ &= \left(1 + \sum_{i=1}^{N} \|A_i\|^2 \right) \|x_n - z\|. \end{aligned}$$

因此序列 $\{G(x_n)\}$ 有界, 故 $\lim_n g(x_n) = 0$, 即

$$\lim_{n\to\infty} \|(I-P_C)x_n\| = \lim_{n\to\infty} \sum_{i=1}^{N} \|(I-P_{Q_i})A_i x_n\| = 0.$$

则由次闭原理知, 序列 $\{x_n\}$ 的任一弱聚点都属于 Ω. 应用引理 3.1, 定理得证. □

注 3.5 以下简记 $Q_0 = C, A_0 = I$. 注意到

$$\sum_{i=0}^{N} \|(I-P_{Q_i})A_i x_n\| = 0 \Longleftrightarrow \left\| \sum_{i=0}^{N} A_i^*(I-P_{Q_i})A_i x_n \right\| = 0. \tag{3.21}$$

因此当迭代停止时, 当前迭代点显然是问题 (2.2) 的解. 事实上, 显然有

$$\sum_{i=0}^{N} \|(I-P_{Q_i})A_i x_n\| = 0 \Longrightarrow \left\| \sum_{i=0}^{N} A_i^*(I-P_{Q_i})A_i x_n \right\| = 0.$$

为证相反的蕴含关系, 设 $\|\sum_{i=0}^{N} A_i^*(I-P_{Q_i})A_i x_n\| = 0$. 则对任意选定的 $z \in \Omega$. 注意到 $I - P_{Q_i}$ 是反强单调的,

$$\begin{aligned}
&\sum_{i=0}^{N} \|(I-P_{Q_i})A_i x_n\|^2 \\
\leqslant &\sum_{i=0}^{N} \langle A_i x_n - A_i z, (I-P_{Q_i})A_i x_n \rangle \\
= &\sum_{i=0}^{N} \langle x_n - z, A_i^*(I-P_{Q_i})A_i x_n \rangle,
\end{aligned}$$

于是 $\sum_{i=0}^{N} \|(I-P_{Q_i})A_i x_n\| = 0$. 因此上述迭代方法有意义.

注 3.6 在上述方法中考虑下面的步长:

$$\tau_n = \varrho \frac{\|(I-P_C)x_n\|^2 + \sum_{i=1}^{N} \|(I-P_{Q_i})A_i x_n\|^2}{\|(I-P_C)x_n + \sum_{i=1}^{N} A_i^*(I-P_{Q_i})A_i x_n\|^2}.$$

当 $0 < \varrho < 2$ 时, 容易验证此步长仍然能保证上述迭代方法的收敛性.

针对经典分裂可行性问题, Yang[73] 构造了如下的变步长:

$$\tau_n = \frac{\varrho_n}{\|A^*(I-P_Q)Ax_n\|},$$

其中数列 $\{\varrho_n\} \subset (0,\infty)$ 满足

$$\sum_{n=0}^{\infty} \varrho_n = \infty, \quad \sum_{n=0}^{\infty} \varrho_n^2 < \infty, \tag{3.22}$$

受此步长思想的启发, 我们可以构造第二类变步长策略.

定理3.7 选定任意的初始迭代点 x_0. 给定 x_n, 若 $\|\sum_{i=1}^N A_i^*(I-P_{Q_i})A_i x_n\| = 0$, 则停止迭代; 否则计算下一步迭代:

$$x_{n+1} = P_C\left[x_n - \tau_n \sum_{i=1}^{N} A_i^*(I - P_{Q_i})A_i x_n\right],$$

其中步长定义如下

$$\tau_n = \frac{\varrho_n}{\|\sum_{i=1}^N A_i^*(I - P_{Q_i})A_i x_n\|}.$$

若数列 $\{\varrho_n\}$ 满足 (3.22), 则迭代序列 $\{x_n\}$ 弱收敛到问题 (2.2) 的一个解.

证明 设 $z \in \Omega$. 首先证数列 $\{\|x_n - z\|\}$ 收敛. 记 $F = \sum_{i=1}^N A_i^*(I - P_{Q_i})A_i$, 则有

$$\begin{aligned}
\|x_{n+1} - z\|^2 &= \|P_C(x_n - \tau_n F(x_n)) - z\|^2 \\
&\leqslant \|x_n - \tau_n F(x_n) - z\|^2 \\
&= \|x_n - z\|^2 - 2\tau_n\langle F(x_n), x_n - z\rangle + \varrho_n^2.
\end{aligned} \tag{3.23}$$

注意到 $F(z) = 0$, 则由 F 的单调性可得

$$\langle F(x_n), x_n - z\rangle \geqslant \langle F(z), x_n - z\rangle = 0.$$

因此将上式代入 (3.23) 得

$$\|x_{n+1} - z\|^2 \leqslant \|x_n - z\|^2 + \varrho_n^2. \tag{3.24}$$

应用引理 1.10 知 $\{\|x_n - z\|\}$ 收敛.

其次证 $F(x_n) \to 0$. 由柯西-施瓦茨不等式与 (3.15) 式得

$$\langle x_n - z, F(x_n)\rangle \geqslant \sum_{i=1}^{N} \|(I - P_{Q_i})A_i x_n\|^2$$

$$\geqslant \frac{1}{\sum_{i=1}^N \|A_i\|^2}\left(\sum_{i=1}^N \|A_i^*\|\|(I-P_{Q_i})A_ix_n\|\right)^2$$
$$\geqslant \frac{1}{\sum_{i=1}^N \|A_i\|^2}\left\|\sum_{i=1}^N A_i^*(I-P_{Q_i})A_ix_n\right\|^2,$$

因此

$$\langle F(x_n), x_n - z\rangle \geqslant \frac{1}{\sum_{i=1}^N \|A_i\|^2}\|F(x_n)\|^2. \tag{3.25}$$

将 (3.25) 代入 (3.23) 得

$$2\varrho_n\|F(x_n)\| \leqslant \sum_{i=1}^N \|A_i\|^2(\|x_n - z\|^2 - \|x_{n+1} - z\|^2 + \varrho_n^2),$$

由此可得

$$\begin{aligned}2\sum_{\ell=0}^n \varrho_\ell\|F(x_\ell)\| &\leqslant \sum_{i=1}^N \|A_i\|^2\left(\|x_0 - z\|^2 + \sum_{\ell=0}^n \varrho_\ell^2\right)\\ &\leqslant \sum_{i=1}^N \|A_i\|^2\left(\|x_0 - z\|^2 + \sum_{\ell=0}^\infty \varrho_\ell^2\right).\end{aligned}$$

在上式中令 $n\to\infty$, 则有

$$\sum_{n=0}^\infty \varrho_n\|F(x_n)\| < \infty.$$

注意到 F 是 $\sum_{i=1}^N \|A_i\|^2$-利普希茨连续的,

$$\begin{aligned}\|F(x_{n+1}) - F(x_n)\| &\leqslant \sum_{i=1}^N \|A_i\|^2\|x_n - x_{n+1}\|\\ &= \sum_{i=1}^N \|A_i\|^2\|P_Cx_n - P_C(x_n - \tau_nF(x_n))\|\\ &\leqslant \tau_n\sum_{i=1}^N \|A_i\|^2\|F(x_n)\|\\ &= \left(\sum_{i=1}^N \|A_i\|^2\right)\varrho_n.\end{aligned}$$

故由引理 1.13, $\lim_n F(x_n) = 0$.

最后, 证明 $\{x_n\}$ 任意聚点都属于解集 Ω. 显然 $x_n \in C$, 由于 C 是闭凸集, 从而也是弱闭集, 则 $\{x_n\}$ 任意弱聚点都属于 C. 另一方面, 对于 $\{x_n\}$ 的任意聚点 $x^\dagger$, 都存在子列 $\{x_{n_k}\}$ 使得 x_{n_k} 弱收敛到 $x^\dagger$. 根据投影的反强单调性,

$$
\begin{aligned}
\sum_{i=1}^N \|(I-P_{Q_i})A_i x_n\|^2 &\leqslant \sum_{i=1}^N \langle (I-P_{Q_i})A_i x_n, A_i x_n - A_i z\rangle \\
&\leqslant \sum_{i=1}^N \langle A_i^*(I-P_Q)A_i x_n, x_n - z\rangle \\
&= \left\langle \sum_{i=1}^N A_i^*(I-P_Q)A_i x_n, x_n - z \right\rangle \\
&\leqslant \left\| \sum_{i=1}^N A_i^*(I-P_Q)A_i x_n \right\| \|x_n - z\| \\
&= \|F(x_n)\| \|x_n - z\| \to 0.
\end{aligned}
$$

因为 A_i 是线性的, 所以有 $A_i x_{n_k} \rightharpoonup A_i x^\dagger$, 故由次闭原理知

$$
A_i x^\dagger \in Q_i, \quad i \in \Lambda.
$$

因此 $\{x_n\}$ 任意聚点都属于解集 Ω. 应用引理 3.1, 定理得证. □

定理 3.8 若

$$
\|(I-P_C)x_n\| = \left\| \sum_{i=1}^N A_i^*(I-P_{Q_i})A_i x_n \right\| = 0,
$$

则停止迭代; 否则计算下一步迭代:

$$
x_{n+1} = x_n - \tau_n \left[(I-P_C)x_n + \sum_{i=1}^N A_i^*(I-P_{Q_i})A_i x_n \right],
$$

其中步长定义如下

$$
\tau_n = \frac{\varrho_n}{\|(I-P_C)x_n + \sum_{i=1}^N A_i^*(I-P_{Q_i})A_i x_n\|}.
$$

假定数列 $\{\varrho_n\}$ 满足 (3.22), 则迭代序列 $\{x_n\}$ 弱收敛到问题 (2.2) 的一个解.

证明　首先证明数列 $\{\|x_n - z\|\}$ 对任意的 $z \in \Omega$ 都收敛. 记

$$G = (I - P_C) + \sum_{i=1}^{N} A_i^*(I - P_{Q_i})A_i.$$

则有

$$\begin{aligned}\|x_{n+1} - z\|^2 &= \|(x_n - z) - \tau_n G(x_n)\|^2 \\ &= \|x_n - z\|^2 - 2\tau_n\langle G(x_n), x_n - z\rangle + \varrho_n^2.\end{aligned} \tag{3.26}$$

注意到 $G(z) = 0$, G 是单调映射,

$$\langle G(x_n), x_n - z\rangle \geqslant \langle G(z), x_n - z\rangle = 0.$$

将上式代入 (3.26) 式得

$$\|x_{n+1} - z\|^2 \leqslant \|x_n - z\|^2 + \varrho_n^2. \tag{3.27}$$

应用引理 1.10 可知数列 $\{\|x_n - z\|\}$ 收敛.

其次证 $\lim_n G(x_n) = 0$. 由 $I - P_C$ 的反强单调性质,

$$\langle (I - P_C)x_n, x_n - z\rangle \geqslant \|(I - P_C)x_n\|^2.$$

再由 (3.15) 式得

$$\left\langle \sum_{i=1}^{N} A_i^*(I - P_{Q_i})A_i x_n, x_n - z \right\rangle \geqslant \sum_{i=1}^{N} \|(I - P_{Q_i})A_i x_n\|^2.$$

上述两个不等式相加可得

$$\begin{aligned}&\langle x_n - z, G(x_n)\rangle \\ &\geqslant \|(I - P_C)x_n\|^2 + \sum_{i=1}^{N} \|(I - P_{Q_i})A_i x_n\|^2 \\ &\geqslant \frac{1}{1 + \sum_{i=1}^{N}\|A_i\|^2}\left(\|(I - P_C)x_n\| + \sum_{i=1}^{N}\|A_i^*\|\|(I - P_{Q_i})A_i x_n\|\right)^2 \\ &\geqslant \frac{1}{1 + \sum_{i=1}^{N}\|A_i\|^2}\left(\|(I - P_C)x_n\| + \sum_{i=1}^{N}\|A_i^*(I - P_{Q_i})A_i x_n\|\right)^2\end{aligned}$$

$$\geqslant \frac{1}{1+\sum_{i=1}^{N}\|A_i\|^2}\left\|(I-P_C)x_n+\sum_{i=1}^{N}A_i^*(I-P_{Q_i})A_ix_n\right\|^2,$$

因此可得

$$\langle G(x_n), x_n - z\rangle \geqslant \frac{1}{1+\sum_{i=1}^{N}\|A_i\|^2}\|G(x_n)\|^2. \tag{3.28}$$

将上式代入 (3.26) 式得

$$2\varrho_n\|G(x_n)\| \leqslant \left(1+\sum_{i=1}^{N}\|A_i\|^2\right)\left(\|x_n-z\|^2-\|x_{n+1}-z\|^2+\varrho_n^2\right),$$

从而得

$$\begin{aligned}2\sum_{\ell=0}^{n}\varrho_\ell\|Gx_\ell\| &\leqslant \left(1+\sum_{i=1}^{N}\|A_i\|^2\right)\left(\|x_0-z\|^2+\sum_{\ell=0}^{n}\varrho_\ell^2\right)\\ &\leqslant \left(1+\sum_{i=1}^{N}\|A_i\|^2\right)\left(\|x_0-z\|^2+\sum_{\ell=0}^{\infty}\varrho_\ell^2\right).\end{aligned}$$

在上式中令 $n\to\infty$,

$$\sum_{n=0}^{\infty}\varrho_n\|G(x_n)\| < \infty. \tag{3.29}$$

注意到 G 是 $\left(1+\sum_{i=1}^{N}\|A_i\|^2\right)$-利普希茨连续的,

$$\begin{aligned}\|G(x_{n+1})-G(x_n)\| &\leqslant \left(1+\sum_{i=1}^{N}\|A_i\|^2\right)\|x_n-x_{n+1}\|\\ &= \tau_n\left(1+\sum_{i=1}^{N}\|A_i\|^2\right)\|G(x_n)\|\\ &= \left(1+\sum_{i=1}^{N}\|A_i\|^2\right)\varrho_n.\end{aligned}$$

因此由引理 1.13, $\lim_n G(x_n)=0$.

最后, 证明 $\{x_n\}$ 任意弱聚点都属于解集 Ω. 事实上, 根据柯西-施瓦茨不等式与 (3.15) 式可得

$$\|(I-P_C)x_n\|^2+\sum_{i=1}^{N}\|(I-P_{Q_i})A_ix_n\|^2$$

$$
\begin{aligned}
&\leqslant \langle x_n - z, (I - P_C)x_n \rangle + \left\langle \sum_{i=1}^{N} A_i^*(I - P_{Q_i})A_i x_n, x_n - z \right\rangle \\
&= \left\langle x_n - z, (I - P_C)x_n + \sum_{i=1}^{N} A_i^*(I - P_{Q_i})A_i x_n \right\rangle \\
&\leqslant \|x_n - z\| \|G(x_n)\| \to 0.
\end{aligned}
$$

于是

$$
\lim_{n\to\infty} \|(I - P_C)x_n\| = \lim_{n\to\infty} \sum_{i=1}^{N} \|(I - P_{Q_i})A_i x_n\| = 0.
$$

因为投影是非扩张的, 则由次闭原理知序列 $\{x_n\}$ 的任一弱聚点都属于 Ω. 由引理 3.1, 定理得证. □

3.2 强收敛迭代方法

Genel, Lindenstrauss[74] 与 Güler[75] 构造的反例表明, Krasnoselskii-Mann 迭代方法不能保证强收敛性. 然而, 正如 Bauschke 和 Combettes[76] 指出的那样, 在一些诸如在经济学、图像处理、电磁理论、量子物理和控制理论等应用型学科中, 人们更希望产生强收敛而不仅仅是弱收敛的迭代序列. 因此本节主要致力于修正前面的迭代方法使其有强收敛的性质.

3.2.1 Halpern 型方法

1967 年, Halpern[77] 引入了如下迭代方法:

$$
x_{n+1} = \gamma_n u + (1 - \gamma_n)Tx_n, \tag{3.30}
$$

其中 $u \in \mathcal{H}$ 是一个固定元素, $T : \mathcal{H} \to \mathcal{H}$ 是一个非扩张映射,

$$
\gamma_n = \frac{1}{(n+1)^\theta}, \quad 0 < \theta < 1.
$$

如果 T 有不动点, 则 Halpern 迭代 (3.30) 强收敛到 T 的一个不动点. 1977 年, Lions[78] 给出了更一般的收敛条件: $\{\gamma_n\} \subseteq [0, 1]$ 满足

$$
\lim_{n\to\infty} \gamma_n = 0, \quad \sum_{n=0}^{\infty} \gamma_n = \infty, \quad \lim_{n\to\infty} \frac{|\gamma_{n+1} - \gamma_n|}{\gamma_{n+1}^2} = 0.
$$

然而上述第 3 个条件显然排除了常见的数列 $\gamma_n=1/(n+1)$. 1992 年, Wittmann[79] 将 Lions 的第 3 个条件改进为

$$\sum_{n=0}^{\infty}|\gamma_n-\gamma_{n+1}|<\infty; \tag{3.31}$$

2002 年, Xu[22] 给出了另一个改进条件:

$$\lim_{n\to\infty}\frac{|\gamma_{n+1}-\gamma_n|}{\gamma_n}=0, \tag{3.32}$$

并指出条件 (3.31) 和 (3.32) 不存在强弱关系. 1996 年, Bauschke[80] 将上述结果推广到了有限多个非扩张映射的情形. 2000 年, Moudafi[81] 证明了若将固定元素 u 替换为更一般的压缩映射, 则 (3.30) 仍有强收敛性质. 2007 年, Suzuki[82] 证明了对于平均非扩张映射, Lions 的前两个条件就可以保证 (3.30) 的强收敛性质. 值得注意的是, Chidume C E 和 Chidume C O[83] 也得到了相同的结果. 最近, He, Wu, Cho, Rassias[84] 讨论了最优参数的选择策略. Leustean, Lieder[85,86] 给出了收敛率估计. Kohlenbach, Leuştean, 以及 Piatek 在更一般的 CAT(κ) 空间中建立了强收敛性[87-89].

针对平均非扩张映射, 下面建立其 Halpern 迭代的强收敛性定理. 该定理的证明思路主要基于我们关于压缩型邻近点迭代的分析方法[90].

定理 3.9 *对任意的初始迭代点 $x_0\in\mathcal{H}$, 构造迭代序列如下:*

$$x_{n+1}=\gamma_n u+(1-\gamma_n)Tx_n, \tag{3.33}$$

其中 $u\in\mathcal{H}$ 是固定元素, $\{\gamma_n\}\subset(0,1)$. 假设 $T:\mathcal{H}\to\mathcal{H}$ 是 α-平均非扩张映射, 数列 $\{\gamma_n\}$ 满足

$$\lim_{n\to\infty}\gamma_n=0,\quad \sum_{n=0}^{\infty}\gamma_n=\infty. \tag{3.34}$$

若 T 有非空不动点集, 则迭代序列 $\{x_n\}$ 强收敛到 $P_{\mathrm{Fix}(T)}u$.

证明 令 $z=P_{\mathrm{Fix}(T)}u$. 对每个 $n\geqslant 0$, 根据 T 的平均非扩张性,

$$\|Tx_n-z\|^2\leqslant\|x_n-z\|^2-\frac{1-\alpha}{\alpha}\|Tx_n-x_n\|^2. \tag{3.35}$$

特别地, $\|Tx_n-z\|\leqslant\|x_n-z\|$. 接下来, 我们将证明分为四个步骤.

步骤 1. 证明序列 $\{x_n\}$ 有界. 事实上, 由 (3.33) 可得

$$\|x_{n+1}-z\|=\|\gamma_n(u-z)+(1-\gamma_n)(Tx_n-z)\|$$

$$\leqslant \gamma_n\|u-z\| + (1-\gamma_n)\|Tx_n - z\|$$

$$\leqslant \gamma_n\|u-z\| + (1-\gamma_n)\|x_n - z\|$$

$$\leqslant \max\{\|x_n - z\|, \|u-z\|\}.$$

通过归纳, 我们得到

$$\|x_n - z\| \leqslant \max\{\|x_0 - z\|, \|u-z\|\}$$

对所有的 $n \geqslant 0$ 都成立. 因此序列 $\{x_n\}$ 有界.

步骤 2. 证明下列不等式成立:

$$a_{n+1} \leqslant (1-\gamma_n)a_n + \gamma_n b_n, \tag{3.36}$$

其中 $a_n = \|x_n - z\|^2$ 以及

$$b_n = 2\langle u-z, x_{n+1}-z\rangle - \frac{(1-\alpha)(1-\gamma_n)}{\alpha\gamma_n}\|Tx_n - x_n\|^2.$$

事实上, 由不等式 (3.35) 可得

$$\begin{aligned}\|x_{n+1}-z\|^2 &= \|\gamma_n(u-z) + (1-\gamma_n)(Tx_n - z)\|^2 \\ &\leqslant (1-\gamma_n)^2\|Tx_n - z\|^2 + 2\gamma_n\langle u-z, x_{n+1}-z\rangle \\ &\leqslant (1-\gamma_n)\|Tx_n - z\|^2 + 2\gamma_n\langle u-z, x_{n+1}-z\rangle \\ &\leqslant (1-\gamma_n)\|x_n - z\|^2 + 2\gamma_n\langle u-z, x_{n+1}-z\rangle \\ &\quad - (1-\gamma_n)\frac{1-\alpha}{\alpha}\|Tx_n - x_n\|^2.\end{aligned}$$

由数列 b_n 的定义知不等式 (3.36) 成立.

步骤 3. 证明 $\overline{\lim\limits_{n\to\infty}}\, b_n$ 是有限常数. 由于序列 $\{x_n\}$ 有界,

$$\begin{aligned}b_n &\leqslant 2\langle u-z, x_{n+1}-z\rangle \\ &\leqslant 2\|u-z\|\|x_{n+1}-z\|,\end{aligned}$$

因此 $\overline{\lim\limits_{n\to\infty}}\, b_n < +\infty$. 下面用反证法证明 $\overline{\lim\limits_{n\to\infty}}\, b_n \geqslant -1$. 假设 $\overline{\lim\limits_{n\to\infty}}\, b_n < -1$, 则存在正整数 n_0 使得对所有的 $n \geqslant n_0$ 都成立 $b_n \leqslant -1$. 从而由 (3.36) 可得

$$a_{n+1} \leqslant (1-\gamma_n)a_n + \gamma_n b_n$$

$$\leqslant (1-\gamma_n)a_n - \gamma_n$$
$$= a_n - \gamma_n(a_n+1)$$
$$\leqslant a_n - \gamma_n$$

对所有的 $n \geqslant n_0$ 都成立. 由归纳法, 可得

$$a_{n+1} \leqslant a_{n_0} - \sum_{i=n_0}^{n} \gamma_i.$$

在上式中两边同时取上极限可得

$$\overline{\lim_{n\to\infty}}\, a_n \leqslant a_{n_0} - \lim_{n\to\infty} \sum_{i=n_0}^{n} \gamma_i = -\infty,$$

显然上式与数列 $\{a_n\}$ 的非负性质矛盾. 从而必然有

$$\overline{\lim_{n\to\infty}}\, b_n \geqslant -1,$$

因此 $\overline{\lim\limits_{n\to\infty}}\, b_n$ 是有限常数.

步骤 4. 证明 $\{x_n\}$ 强收敛到 z. 因为 $\overline{\lim\limits_{n\to\infty}}\, b_n$ 是有限常数, 所以存在子列 $\{b_{n_k}\}$ 满足

$$\overline{\lim_{n\to\infty}}\, b_n = \lim_{k\to\infty} b_{n_k} = \lim_{k\to\infty} \left[2\langle u-z, x_{n_k+1}-z\rangle - \frac{(1-\alpha)}{\alpha\gamma_{n_k}} \|x_{n_k} - Tx_{n_k}\|^2 \right]. \tag{3.37}$$

注意到数列 $\langle u-z, x_{n_k+1}-z\rangle$ 有界, 不失一般性假定下列极限

$$\lim_{k\to\infty} \langle u-z, x_{n_k+1}-z\rangle$$

存在. 因此, 由 (3.37) 知下列极限

$$\lim_{k\to\infty} \frac{1}{\gamma_{n_k}} \|x_{n_k} - Tx_{n_k}\|^2$$

也存在. 从而由条件 (3.34) 知 $\|x_{n_k} - Tx_{n_k}\| \to 0$. 由次闭原理, 序列 $\{x_{n_k}\}$ 的任意弱聚点都属于 Fix(T). 再根据序列 $\{x_n\}$ 的定义,

$$\|x_{n_k+1} - x_{n_k}\| \leqslant \|x_{n_k+1} - Tx_{n_k}\| + \|Tx_{n_k} - x_{n_k}\|$$

$$= \gamma_{n_k}\|u - Tx_{n_k}\| + \|Tx_{n_k} - x_{n_k}\|.$$

综合 (3.34), 可知 $\|x_{n_k+1} - x_{n_k}\| \to 0$. 因此序列 $\{x_{n_k+1}\}$ 与 $\{x_{n_k}\}$ 具有相同的弱聚点, 从而 $\{x_{n_k+1}\}$ 的弱聚点也是 T 的不动点. 不失一般性假设 $\{x_{n_k+1}\}$ 弱收敛于 $\bar{x} \in \mathrm{Fix}(T)$. 此时再根据 (3.37) 式, 则由投影性质 (1.1) 可得

$$\begin{aligned} \overline{\lim_{n\to\infty}}\, b_n &\leqslant 2 \lim_{k\to\infty} \langle u - z, x_{n_k+1} - z\rangle \\ &\leqslant 2\langle u - z, \bar{x} - z\rangle \\ &= 2\langle u - P_{\mathrm{Fix}(T)}u, \bar{x} - P_{\mathrm{Fix}(T)}u\rangle \leqslant 0. \end{aligned}$$

最后, 应用引理 1.14 于 (3.36), 我们得到 $\|x_n - z\| \to 0$. □

注 3.7 在上述方法中, 如果我们用压缩映射 f 在当前迭代点处的函数值 “$f(x_n)$” 替换 “u”, 不难证明迭代序列强收敛到压缩映射 $P_{\mathrm{Fix}(T)}f$ 的唯一不动点. 值得注意的是, 此时该不动点也是下列变分不等式的唯一解:

$$\langle f(z) - z, x - z\rangle \leqslant 0, \quad \forall x \in \mathrm{Fix}(T).$$

注 3.8 容易检查序列 $\gamma_n = 1/(n+1)^p, 0 < p \leqslant 1$ 满足条件 (3.34). 另外, 从以上证明过程中不难发现 $\overline{\lim}_n b_n = 0$.

作为应用, 我们得到两类求解分裂可行性问题的方法.

定理 3.10 选定 $u \in \mathcal{H}$, 对任意的初始迭代点 $x_0 \in \mathcal{H}$, 构造迭代序列如下:

$$x_{n+1} = \gamma_n u + (1-\gamma_n)P_C\left[x_n - \tau\sum_{i=1}^{N} A_i^*(I - P_{Q_i})A_i x_n\right],$$

其中步长 τ 满足 (3.6), 数列 $\{\gamma_n\}$ 满足 (3.34). 若问题 (2.2) 的解集非空, 则迭代序列 $\{x_n\}$ 强收敛到 $P_\Omega u$.

注 3.9 若将定理 3.10 中的迭代序列更换如下:

$$x_{n+1} = \gamma_n u + (1-\gamma_n)\left[x_n - \tau\sum_{i=0}^{N} A_i^*(I - P_{Q_i})A_i x_n\right],$$

其中 $A_0 = I, Q_0 = C$, 步长 τ 满足 (3.9), 数列 $\{\gamma_n\}$ 满足 (3.34). 则用类似方法可证迭代序列 $\{x_n\}$ 强收敛到 $P_\Omega u$.

结合定理 3.4, 下面考虑构造变步长迭代方法.

定理 3.11 选定 $u \in C$ 与初始迭代点 $x_0 \in \mathcal{H}$. 给定当前迭代点 x_n, 若 $\|\sum_{i=1}^N A_i^*(I - P_{Q_i})A_i x_n\| = 0$, 则停止迭代; 否则更新下一步迭代:

$$x_{n+1} = \gamma_n u + (1-\gamma_n)P_C\left[x_n - \tau_n\sum_{i=1}^{N} A_i^*(I - P_{Q_i})A_i x_n\right], \tag{3.38}$$

其中 $\{\gamma_n\} \subset (0,1)$ 满足 (3.34) 式,

$$\tau_n = \frac{\sum_{i=1}^N \|(I - P_{Q_i})A_i x_n\|^2}{\|\sum_{i=1}^N A_i^*(I - P_{Q_i})A_i x_n\|^2}. \tag{3.39}$$

若问题 (2.2) 的解集非空, 则迭代序列 $\{x_n\}$ 强收敛到 $P_\Omega u$.

证明 令 $z = P_\Omega u$. 对每个 $n \geqslant 0$, 令

$$y_n = P_C\left[x_n - \tau_n \sum_{i=1}^N A_i^*(I - P_{Q_i})A_i x_n\right].$$

与定理 3.5 中的方法类似,

$$\|y_n - z\|^2 \leqslant \|x_n - z\|^2 - \tau_n \sum_{i=1}^N \|(I - P_{Q_i})A_i x_n\|^2. \tag{3.40}$$

特别地, $\|y_n - z\| \leqslant \|x_n - z\|$. 由此不难证明序列 $\{x_n\}$ 有界.

其次, 证明下列不等式成立:

$$a_{n+1} \leqslant (1 - \gamma_n)a_n + \gamma_n b_n, \tag{3.41}$$

其中 $a_n = \|x_n - z\|^2$, 以及

$$b_n = 2\langle u - z, x_{n+1} - z\rangle - \frac{(1 - \gamma_n)\tau_n}{\gamma_n} \sum_{i=1}^N \|(I - P_{Q_i})A_i x_n\|^2.$$

事实上, 由范数不等式及 (3.40) 可得

$$\begin{aligned}
\|x_{n+1} - z\|^2 &= \|\gamma_n(u - z) + (1 - \gamma_n)(y_n - z)\|^2 \\
&\leqslant (1 - \gamma_n)^2\|y_n - z\|^2 + 2\gamma_n\langle u - z, x_{n+1} - z\rangle \\
&\leqslant (1 - \gamma_n)\|y_n - z\|^2 + 2\gamma_n\langle u - z, x_{n+1} - z\rangle \\
&\leqslant (1 - \gamma_n)\|x_n - z\|^2 + 2\gamma_n\langle u - z, x_{n+1} - z\rangle \\
&\quad - (1 - \gamma_n)\tau_n \sum_{i=1}^N \|(I - P_{Q_i})A_i x_n\|^2.
\end{aligned}$$

由数列 b_n 的定义知不等式 (3.41) 成立.

最后, 证明 $\{x_n\}$ 强收敛到 z. 事实上, 用类似方法可证 $\overline{\lim\limits_{n\to\infty}} b_n$ 是有限常数, 所以存在子列 $\{b_{n_k}\}$ 满足

$$\begin{aligned}
&\overline{\lim_{n\to\infty}} b_n = \lim_{k\to\infty} b_{n_k} \\
&= \lim_{k\to\infty}\left[2\langle u-z, x_{n_k+1}-z\rangle - \frac{(1-\gamma_{n_k})\tau_{n_k}}{\gamma_{n_k}}\sum_{i=1}^N \|(I-P_{Q_i})A_i x_{n_k}\|^2\right].
\end{aligned} \tag{3.42}$$

注意到数列 $\langle u-z, x_{n_k+1}-z\rangle$ 有界, 不失一般性假定下列极限

$$\lim_{k\to\infty}\langle u-z, x_{n_k+1}-z\rangle$$

存在. 因此, 由 (3.42) 知下列极限

$$\lim_{k\to\infty}\frac{\tau_{n_k}}{\gamma_{n_k}}\sum_{i=1}^N \|(I-P_{Q_i})A_i x_{n_k}\|^2$$

也存在. 从而由条件 (3.34) 知

$$\lim_{k\to\infty}\tau_{n_k}\sum_{i=1}^N \|(I-P_{Q_i})A_i x_{n_k}\|^2 = 0. \tag{3.43}$$

注意到 $\tau_{n_k}\geqslant 1/\sum_{i=1}^N\|A_i\|^2$. 故有

$$\begin{aligned}
\sum_{i=1}^N \|(I-P_{Q_i})A_i x_{n_k}\|^2 &= \frac{1}{\tau_{n_k}}\left(\tau_{n_k}\sum_{i=1}^N \|(I-P_{Q_i})A_i x_{n_k}\|^2\right) \\
&\leqslant \left(\sum_{i=1}^N\|A_i\|^2\right)\left(\tau_{n_k}\sum_{i=1}^N \|(I-P_{Q_i})A_i x_{n_k}\|^2\right).
\end{aligned}$$

根据 (3.43) 知 $\sum_{i=1}^N\|(I-P_{Q_i})A_i x_{n_k}\|^2\to 0$, 因此序列 $\{x_{n_k}\}$ 的任意弱聚点都属于 $A_i^{-1}(Q_i), \forall i\in\Lambda$. 注意到 $\{x_n\}\subset C$, 故由 C 的弱闭性知, 其任意弱聚点都属于 C. 综上, 序列 $\{x_{n_k}\}$ 的任意弱聚点都属于解集 Ω. 此时再根据序列 $\{x_n\}$ 的定义,

$$\begin{aligned}
\|x_{n_k+1}-x_{n_k}\| &\leqslant \|x_{n_k+1}-y_{n_k}\| + \|y_{n_k}-x_{n_k}\| \\
&\leqslant \gamma_{n_k}\|u-y_{n_k}\| + \tau_{n_k}\left\|\sum_{i=1}^N A_i^*(I-P_{Q_i})A_i x_{n_k}\right\|
\end{aligned}$$

$$= \gamma_{n_k}\|u - y_{n_k}\| + \left(\tau_{n_k}\sum_{i=1}^{N}\|(I - P_{Q_i})A_i x_{n_k}\|^2\right)^{1/2}.$$

综合 (3.34), (3.43) 可知 $\|x_{n_k+1} - x_{n_k}\| \to 0$. 因此序列 $\{x_{n_k+1}\}$ 与 $\{x_{n_k}\}$ 具有相同的弱聚点, 从而 $\{x_{n_k+1}\}$ 的弱聚点也是分裂可行性问题的一个解. 不失一般性假设 $\{x_{n_k+1}\}$ 弱收敛于 $\bar{x} \in \Omega$. 此时由投影性质 (1.1) 可得

$$\begin{aligned}\overline{\lim_{n\to\infty}}\, b_n &\leqslant 2\lim_{k\to\infty}\langle u - z, x_{n_k+1} - z\rangle \\ &= 2\langle u - P_\Omega u, \bar{x} - P_\Omega u\rangle \leqslant 0.\end{aligned}$$

应用引理 1.14 于 (3.41), 我们得到 $\|x_n - z\| \to 0$. □

注 3.10 在上述方法中, 如果我们用压缩映射 f 在当前迭代点处的函数值 “$f(x_n)$” 替换 “u”, 不难证明迭代序列强收敛到压缩映射 $P_\Omega f$ 的唯一不动点.

注 3.11 选定 $u \in \mathcal{H}$ 与初始迭代点 $x_0 \in \mathcal{H}$. 给定当前迭代点 x_n, 若 $\|\sum_{i=0}^N A_i^*(I - P_{Q_i})A_i x_n\| = 0$, 则停止迭代; 否则更新下一步迭代:

$$x_{n+1} = \gamma_n u + (1 - \gamma_n)\left[x_n - \tau_n\sum_{i=0}^{N}A_i^*(I - P_{Q_i})A_i x_n\right],$$

其中

$$\tau_n = \frac{\sum_{i=0}^N \|(I - P_{Q_i})A_i x_n\|^2}{\|\sum_{i=0}^N A_i^*(I - P_{Q_i})A_i x_n\|^2}.$$

则用类似方法可证迭代序列 $\{x_n\}$ 强收敛到 $P_\Omega u$.

受定理 3.7 启发, 可以构造第二个变步长强收敛迭代方法.

定理 3.12 选定 $u \in C$ 与初始迭代点 $x_0 \in \mathcal{H}$. 给定当前迭代点 x_n, 若 $\|\sum_{i=1}^N A_i^*(I - P_{Q_i})A_i x_n\| = 0$, 则停止迭代; 否则更新下一步迭代:

$$x_{n+1} = \gamma_n u + (1 - \gamma_n)P_C\left[x_n - \tau_n\sum_{i=1}^{N}A_i^*(I - P_{Q_i})A_i x_n\right], \tag{3.44}$$

其中 $u \in \mathcal{H}$ 是固定元素, $\{\gamma_n\} \subset (0,1)$,

$$\tau_n = \frac{\varrho_n}{\|\sum_{i=1}^N A_i^*(I - P_{Q_i})A_i x_n\|}.$$

假设数列 $\{\gamma_n\}, \{\varrho_n\}$ 满足

$$\lim_{n\to\infty}\rho_n = 0, \quad \sum_{n=0}^{\infty}\gamma_n = \infty; \tag{3.45}$$

$$\lim_{n\to\infty}\frac{\gamma_n}{\varrho_n}=0, \quad \sum_{n=0}^{\infty}\varrho_n^2<\infty. \tag{3.46}$$

若问题 (2.2) 的解集非空, 则迭代序列 $\{x_n\}$ 强收敛到 $P_\Omega u$.

证明 令 $z=P_\Omega u$, 对每个 $n\geqslant 0$, 设

$$y_n=P_C\left[x_n-\tau_n\sum_{i=1}^{N}A_i^*(I-P_{Q_i})A_ix_n\right].$$

利用类似方法可得

$$\begin{aligned}\|y_n-z\|^2&=\|P_C(x_n-\tau_nu_n)-z\|^2\\&\leqslant\|x_n-\tau_nu_n-z\|^2\\&=\|x_n-z\|^2-2\tau_n\langle u_n,x_n-z\rangle+\|\tau_nu_n\|^2\\&=\|x_n-z\|^2-2\tau_n\langle u_n,x_n-z\rangle+\varrho_n^2,\end{aligned}$$

其中 $u_n=\sum_{i=1}^{N}A_i^*(I-P_{Q_i})A_ix_n$. 注意到由不等式 (3.25), $(\sum_i\|A_i\|^2)\langle u_n,x_n-z\rangle\geqslant\|u_n\|^2$, 从而有

$$\|y_n-z\|^2\leqslant\|x_n-z\|^2-\frac{2\varrho_n}{\sum_{i=1}^{N}\|A_i\|^2}\|u_n\|+\varrho_n^2. \tag{3.47}$$

接下来, 我们将证明分为三个步骤.

步骤 1. 证明序列 $\{x_n\}$ 有界. 由 (3.47) 可得

$$\begin{aligned}\|x_{n+1}-z\|^2&=\|\gamma_n(u-z)+(1-\gamma_n)(y_n-z)\|^2\\&\leqslant\gamma_n\|u-z\|^2+(1-\gamma_n)\|y_n-z\|^2\\&\leqslant\left[\gamma_n\|u-z\|^2+(1-\gamma_n)\|x_n-z\|^2\right]+\varrho_n^2\\&\leqslant\max\left\{\|x_n-z\|^2,\|u-z\|^2\right\}+\varrho_n^2.\end{aligned}$$

通过归纳, 我们得到

$$\|x_n-z\|^2\leqslant\max\left\{\|x_0-z\|^2,\|u-z\|^2\right\}+\sum_{n=0}^{\infty}\varrho_n^2$$

对所有的 $n\geqslant 0$ 都成立. 因此, 由 (3.46) 知, 序列 $\{x_n\}$ 有界.

步骤 2. 证明下列不等式成立:

$$a_{n+1} \leqslant (1-\gamma_n)a_n + \gamma_n b_n + \varrho_n^2, \tag{3.48}$$

其中 $a_n = \|x_n - z\|^2$, 以及

$$b_n = 2\langle u - z, x_{n+1} - z\rangle - \frac{2\varrho_n(1-\gamma_n)}{\gamma_n \sum_{i=1}^N \|A_i\|^2}\|u_n\|.$$

事实上, 根据范数不等式及 (3.47),

$$\begin{aligned}
\|x_{n+1} - z\|^2 &= \|\gamma_n(u-z) + (1-\gamma_n)(y_n - z)\|^2 \\
&\leqslant (1-\gamma_n)^2\|y_n - z\|^2 + 2\gamma_n\langle u - z, x_{n+1} - z\rangle \\
&\leqslant (1-\gamma_n)\|y_n - z\|^2 + 2\gamma_n\langle u - z, x_{n+1} - z\rangle \\
&\leqslant (1-\gamma_n)\|x_n - z\|^2 + 2\gamma_n\langle u - z, x_{n+1} - z\rangle \\
&\quad - \frac{2\varrho_n(1-\gamma_n)}{\sum_{i=1}^N \|A_i\|^2}\|u_n\| + (1-\gamma_n)\varrho_n^2 \\
&\leqslant (1-\gamma_n)\|x_n - z\|^2 + \varrho_n^2 \\
&\quad + \gamma_n\left[2\langle u - z, x_{n+1} - z\rangle - \frac{2\varrho_n(1-\gamma_n)}{\gamma_n \sum_{i=1}^N \|A_i\|^2}\|u_n\|\right].
\end{aligned}$$

因此不等式 (3.48) 成立.

步骤 3. 证明 $\{x_n\}$ 强收敛到 z. 类似可证明 $\varlimsup\limits_{n\to\infty} b_n$ 是有限常数, 所以存在收敛于此上极限的子列 $\{b_{n_k}\}$ 满足

$$\lim_{k\to\infty} b_{n_k} = \lim_{k\to\infty}\left[2\langle u - z, x_{n_k+1} - z\rangle - \frac{2\varrho_{n_k}\|u_{n_k}\|}{\gamma_{n_k}\sum_{i=1}^N \|A_i\|^2}\right]. \tag{3.49}$$

注意到数列 $\langle u - z, x_{n_k+1} - z\rangle$ 有界, 不失一般性假定下列极限

$$\lim_{k\to\infty}\langle u - z, x_{n_k+1} - z\rangle$$

存在. 因此, 由 (3.49) 知下列极限

$$\lim_{k\to\infty}\frac{\varrho_{n_k}}{\gamma_{n_k}}\|u_{n_k}\|$$

也存在. 从而由条件 (3.46) 知 $\|u_{n_k}\| \to 0$, 由此不难得

$$\lim_{k\to\infty}\sum_{i=1}^{N}\|(I-P_{Q_i})A_i x_{n_k}\|=0. \tag{3.50}$$

由 A_i 的线性性质与 P_{Q_i} 的次闭性质, 序列 $\{x_{n_k}\}$ 的任意弱聚点都属于 $A_i^{-1}(Q_i)$, $\forall i\in\Lambda$. 注意到 $\{x_n\}\subset C$, 故由 C 的弱闭性知, 其任意弱聚点都属于 C. 综上, 序列 $\{x_{n_k}\}$ 的任意弱聚点都属于解集 Ω. 此时再根据序列 $\{x_n\}$ 的定义,

$$\begin{aligned}
\|x_{n_k+1}-x_{n_k}\| &= \|\gamma_{n_k}(u-x_{n_k})+(1-\gamma_{n_k})(y_{n_k}-x_{n_k})\|\\
&\leqslant \gamma_{n_k}\|u-x_{n_k}\|+(1-\gamma_{n_k})\|y_{n_k}-x_{n_k}\|\\
&= \gamma_{n_k}\|u-x_{n_k}\|+(1-\gamma_{n_k})\|y_{n_k}-P_C x_{n_k}\|\\
&\leqslant \gamma_{n_k}\|u-x_{n_k}\|+(1-\gamma_{n_k})\tau_{n_k}\|u_{n_k}\|\\
&\leqslant \gamma_{n_k}\|u-x_{n_k}\|+\tau_{n_k}\|u_{n_k}\|\\
&= \gamma_{n_k}\|u-x_{n_k}\|+\varrho_{n_k}\to 0.
\end{aligned}$$

因此序列 $\{x_{n_k+1}\}$ 与 $\{x_{n_k}\}$ 具有相同的弱聚点, 从而 $\{x_{n_k+1}\}$ 的弱聚点也是分裂可行性问题的一个解. 不失一般性假设 $\{x_{n_k+1}\}$ 弱收敛于 $\bar{x}\in\Omega$. 此时再根据 (3.49) 式, 则由投影性质 (1.1) 可得

$$\begin{aligned}
\overline{\lim_{n\to\infty}}\, b_n &\leqslant \lim_{k\to\infty} 2\langle u-z, x_{n_k+1}-z\rangle\\
&= 2\langle u-z, \bar{x}-z\rangle\\
&= 2\langle u-P_\Omega u, \bar{x}-P_\Omega u\rangle \leqslant 0.
\end{aligned}$$

最后, 应用引理 1.14 于 (3.48), 我们得到 $\|x_n-z\|\to 0$. □

注 3.12 设 $1/2<q<p\leqslant 1$, 容易检查序列

$$\gamma_n=\frac{1}{(n+1)^p},\quad \varrho_n=\frac{1}{(n+1)^q}$$

满足条件 (3.46).

注 3.13 选定 $u\in\mathcal{H}$ 与初始迭代点 $x_0\in\mathcal{H}$. 给定当前迭代点 x_n, 若 $\|\sum_{i=0}^{N}A_i^*(I-P_{Q_i})A_i x_n\|=0$, 则停止迭代; 否则更新下一步迭代:

$$x_{n+1}=\gamma_n u+(1-\gamma_n)\left[x_n-\tau_n\sum_{i=0}^{N}A_i^*(I-P_{Q_i})A_i x_n\right],$$

其中

$$\tau_n = \frac{\varrho_n}{\| \sum_{i=0}^{N} A_i^*(I - P_{Q_i})A_i x_n\|^2}.$$

则用类似方法可证明, 迭代序列 $\{x_n\}$ 强收敛到 $P_\Omega u$.

3.2.2 Haugazeau 型方法

1968 年, Haugazeau 在其博士论文 [91] 中提出了如下求解凸可行问题 (2.4) 的迭代方法. 对任意的初始迭代点 $x_0 \in \mathcal{H}$, Haugazeau 构造了如下迭代序列:

$$\begin{cases} z_n = P_{C_{(n \bmod N)+1}}(x_n), \\ I_n = \{u \in \mathcal{H} : \langle z_n - u, z_n - x_n\rangle \leqslant 0\}, \\ J_n = \{u \in \mathcal{H} : \langle x_n - u, x_n - x_0\rangle \leqslant 0\}, \\ x_{n+1} = P_{I_n \cap J_n}(x_0). \end{cases} \tag{3.51}$$

若凸可行问题有解, Haugazeau 证明了上述方法强收敛到凸可行问题的一个解. 2000 年, Solodov 和 Svaiter[92] 将 Haugazeau 迭代推广到了预解式情形. 随后, Bauschke 与 Combettes[76] 考虑了有限多个拟固定非扩张映射的情形. Nakajo 和 Takahashi[93] 讨论了非扩张映射的不动点逼近问题, Kim, Xu[94,95] 进一步推广至渐近非扩张映射等情形.

受 Haugazeau 迭代 (3.51) 的启发, 我们可以基于 (3.5) 式构造第二类强收敛方法. 为证明其收敛性, 我们需要一个关键引理.

引理 3.13 设序列 $\{x_n\}$ 的每个弱聚点都属于非空闭凸集 Ω, 并且满足 $\|x_0 - x_n\| \leqslant \|x_0 - P_\Omega(x_0)\|, \forall n \geqslant 0$. 则有

$$\lim_{n\to\infty} x_n = P_\Omega(x_0).$$

证明 由题设条件可得

$$\begin{aligned} \|x_n - P_\Omega(x_0)\|^2 &= \|(x_n - x_0) + (x_0 - P_\Omega(x_0))\|^2 \\ &= \|x_n - x_0\|^2 + \|x_0 - P_\Omega(x_0)\|^2 + 2\langle x_n - x_0, x_0 - P_\Omega(x_0)\rangle \\ &\leqslant 2\|x_0 - P_\Omega(x_0)\|^2 + 2\langle x_n - x_0, x_0 - P_\Omega(x_0)\rangle \\ &\leqslant 2\langle x_n - P_\Omega(x_0), x_0 - P_\Omega(x_0)\rangle. \end{aligned} \tag{3.52}$$

任取序列 $\{x_n\}$ 的弱聚点 $x^\dagger$, 则存在子列 $\{x_{n_k}\}$ 使得 $x_{n_k} \rightharpoonup x^\dagger$. 显然由已知条件 $x^\dagger \in \Omega$, 在 (3.52) 式中令 $k \to \infty$, 并根据投影的性质可得

$$\overline{\lim_{k\to\infty}} \|x_{n_k} - P_\Omega(x_0)\|^2 \leqslant 2\langle x^\dagger - P_\Omega(x_0), x_0 - P_\Omega(x_0)\rangle \leqslant 0,$$

由此知 $x_{n_k} \to P_\Omega(x_0)$, 故 $x^\dagger = P_\Omega(x_0)$. 由 $x^\dagger$ 的任意性知序列 $\{x_n\}$ 弱收敛到 $P_\Omega(x_0)$. 在 (3.52) 式中令 $n \to \infty$,

$$\overline{\lim_{n\to\infty}} \|x_n - P_\Omega(x_0)\|^2 \leqslant 0,$$

即 $\|x_n - P_\Omega(x_0)\| \to 0, n \to \infty$. □

定理 3.14 对任意的初始迭代点 $x_0 \in \mathcal{H}$, 构造如下迭代序列:

$$\begin{cases} z_n = P_C\left[x_n - \tau \sum_{i=1}^N A_i^*(I - P_{Q_i})A_i x_n\right], \\ I_n = \{u \in \mathcal{H} : \|z_n - u\| \leqslant \|x_n - u\|\}, \\ J_n = \{u \in \mathcal{H} : \langle x_n - u, x_n - x_0\rangle \leqslant 0\}, \\ x_{n+1} = P_{I_n \cap J_n}(x_0). \end{cases} \tag{3.53}$$

若问题 (2.2) 的解集非空, 且步长参数满足

$$0 < \tau < \frac{2}{\sum_{i=1}^N \|A_i\|^2}, \tag{3.54}$$

则迭代序列 $\{x_n\}$ 强收敛到该问题的一个解 $P_\Omega(x_0)$.

证明 首先, 为说明上述方法有意义, 需证明对于每个 $n \geqslant 0, I_n \cap J_n$ 都是非空闭凸集. 显然 J_n 是半空间, 注意到

$$\begin{aligned} I_n &= \{u \in \mathcal{H} : \|z_n - u\| \leqslant \|x_n - u\|\} \\ &= \{u \in \mathcal{H} : \|z_n - u\|^2 \leqslant \|x_n - u\|^2\} \\ &= \{u \in \mathcal{H} : \|z_n\|^2 - 2\langle z_n, u\rangle \leqslant \|x_n\|^2 - 2\langle x_n, u\rangle\} \\ &= \left\{u \in \mathcal{H} : \langle x_n - z_n, u\rangle \leqslant \frac{1}{2}(\|x_n\|^2 - \|z_n\|^2)\right\}, \end{aligned}$$

则 I_n 也是半空间, 因此两个半空间的交集 $I_n \cap J_n$ 显然是闭凸集. 因此为证 $I_n \cap J_n$ 是非空集, 只需证明下列包含关系:

$$I_n \cap J_n \supseteq \Omega \neq \varnothing, \quad n \geqslant 0. \tag{3.55}$$

选取任意的 $z \in \Omega$. 根据步长条件 (3.54), 映射 $I - \tau \sum_{i=1}^N A_i^*(I - P_{Q_i})A_i$ 是非扩张的. 则对任意的 $n \geqslant 0$,

$$\|z_n - z\| = \left\| P_C\left[I - \tau \sum_{i=1}^N A_i^*(I - P_{Q_i})A_i\right] x_n - z \right\|$$

$$\leqslant \left\| \left[I - \tau \sum_{i=1}^{N} A_i^*(I - P_{Q_i})A_i\right]x_n - z \right\|$$
$$\leqslant \|x_n - z\|,$$

故有 $\|z_n - z\| \leqslant \|x_n - z\|$, 此即 $\Omega \subset I_n$. 下面用归纳法证 $\Omega \subset J_n$. 对于 $n = 0$, 有 $J_0 = \mathcal{H}$, 因此 $\Omega \subset J_0$. 假设 $\Omega \subset I_k \cap J_k$ 对于某个 $k > 0$ 成立, 则存在唯一的 x_{k+1}, 使得 $x_{k+1} = P_{I_k \cap J_k}(x_0)$. 根据 (1.1) 和 (3.53) 得出

$$\langle x_{k+1} - z, x_{k+1} - x_0 \rangle \leqslant 0,$$

即 $\Omega \subset J_{k+1}$, 因此 (3.55) 式成立.

其次, 证明下列不等式成立:

$$\|x_n - x_0\| \leqslant \|x_{n+1} - x_0\| \leqslant \|x_0 - P_\Omega(x_0)\|. \tag{3.56}$$

事实上, 因为 $x_{n+1} \in J_n$, 则有

$$\|x_n - x_0\| = \|P_{J_n}(x_0) - x_0\| \leqslant \|x_{n+1} - x_0\|.$$

注意到 $P_\Omega(x_0) \in \Omega \subseteq J_{n+1}$, 从而可知

$$\|x_{n+1} - x_0\| = \|P_{J_{n+1}}(x_0) - x_0\| \leqslant \|P_\Omega(x_0) - x_0\|.$$

最后, 证明 $\omega(x_n) \subseteq \Omega$. 根据次闭原理只需证

$$\lim_{n\to\infty} \left\| x_n - P_C \left[I - \tau \sum_{i=1}^{N} A_i^*(I - P_{Q_i})A_i \right] x_n \right\| = 0. \tag{3.57}$$

由于 $x_{n+1} \in J_n$ 且 $x_n = P_{J_n}(x_0)$, 应用投影性质 (1.1) 可得

$$\|x_{n+1} - x_0\|^2 = \|x_{n+1} - x_n\|^2 + \|x_n - x_0\|^2 + 2\langle x_{n+1} - x_n, x_n - x_0 \rangle$$
$$\geqslant \|x_{n+1} - x_n\|^2 + \|x_n - x_0\|^2.$$

因此, 对任意的 $n \geqslant 0$,

$$\sum_{k=0}^{n} \|x_{k+1} - x_k\|^2 \leqslant \|x_{n+1} - x_0\|^2 \leqslant \|P_\Omega(x_0) - x_0\|^2.$$

令 $n \to \infty$ 可得 $\sum_{n=0}^{\infty} \|x_{n+1} - x_n\|^2 < \infty$, 从而

$$\|x_{n+1} - x_n\| \to 0.$$

注意到 $x_{n+1} \in I_n$, 则由 (3.53) 式, $\|z_n - x_{n+1}\| \leqslant \|x_n - x_{n+1}\| \to 0$. 故有

$$\|z_n - x_n\| \leqslant \|x_n - x_{n+1}\| + \|z_n - x_{n+1}\| \to 0,$$

此即 (3.57) 式. 应用次闭原理, $\omega(x_n) \subseteq \Omega$. 应用引理 3.13,

$$x_n \to P_\Omega(x_0), \quad n \to \infty. \qquad \square$$

注 3.14 值得注意的是, 由于两个半空间交集上的投影有解析表达式, 因此上述迭代方法容易实施[96-97].

设 $A_0 = I, Q_0 = C$, 类似可证明以下结论.

定理 3.15 对任意的初始迭代点 $x_0 \in \mathcal{H}$, 构造如下迭代序列:

$$\begin{cases} z_n = x_n - \tau \sum_{i=0}^{N} A_i^*(I - P_{Q_i})A_i x_n, \\ I_n = \{u \in \mathcal{H} : \|z_n - u\| \leqslant \|x_n - u\|\}, \\ J_n = \{u \in \mathcal{H} : \langle x_n - u, x_n - x_0 \rangle \leqslant 0\}, \\ x_{n+1} = P_{I_n \cap J_n}(x_0). \end{cases} \tag{3.58}$$

若问题 (2.2) 的解集非空, 且步长参数满足

$$0 < \tau \leqslant \frac{2}{\sum_{i=0}^{N} \|A_i\|^2}, \tag{3.59}$$

则迭代序列 $\{x_n\}$ 强收敛到该问题的一个解 $P_\Omega(x_0)$.

下面考虑变步长情形.

定理 3.16 对任意的初始迭代点 $x_0 \in \mathcal{H}$, 构造迭代序列如下:

$$\begin{cases} z_n = x_n - \tau_n \sum_{i=0}^{N} A_i^*(I - P_{Q_i})A_i x_n, \\ I_n = \{u \in \mathcal{H} : \|z_n - u\| \leqslant \|x_n - u\|\}, \\ J_n = \{u \in \mathcal{H} : \langle x_n - u, x_n - x_0 \rangle \leqslant 0\}, \\ x_{n+1} = P_{I_n \cap J_n}(x_0), \end{cases} \tag{3.60}$$

其中步长定义如下: 若 $\|\sum_{i=0}^{N} A_i^*(I - P_{Q_i})A_i x_n\| = 0$, 则 $\tau_n = 0$; 否则

$$\tau_n = \frac{\varrho \sum_{i=0}^{N} \|(I - P_{Q_i})A_i x_n\|^2}{\|\sum_{i=0}^{N} A_i^*(I - P_{Q_i})A_i x_n\|^2} \quad (\varrho \in (0, 2]).$$

若问题 (2.2) 的解集非空, 则迭代序列 $\{x_n\}$ 强收敛到 $P_\Omega(x_0)$.

证明 首先, 为说明上述方法有意义, 需证明对于每个 $n \geqslant 0, I_n \cap J_n$ 都是非空闭凸集. 显然 J_n 是半空间, 注意到 I_n 也是半空间, 因此两个半空间的交集 $I_n \cap J_n$ 显然是闭凸集. 因此为证 $I_n \cap J_n$ 是非空集, 只需证明下列包含关系:

$$I_n \cap J_n \supseteq \Omega \neq \varnothing, \quad n \geqslant 0. \tag{3.61}$$

选取任意的 $z \in \Omega$. 则对任意的 $n \geqslant 0$, 不难证明

$$\begin{aligned}
\|z_n - z\|^2 &= \left\|x_n - \tau_n \sum_{i=0}^{N} A_i^*(I - P_{Q_i})A_i x_n - z\right\|^2 \\
&= \|x_n - z\|^2 + \tau_n^2 \left\|\sum_{i=0}^{N} A_i^*(I - P_{Q_i})A_i x_n\right\|^2 \\
&\quad - 2\tau_n \sum_{i=0}^{N} \langle A_i^*(I - P_{Q_i})A_i x_n, x_n - z\rangle \\
&\leqslant \|x_n - z\|^2 + \tau_n^2 \left\|\sum_{i=0}^{N} A_i^*(I - P_{Q_i})A_i x_n\right\|^2 \\
&\quad - 2\tau_n \sum_{i=0}^{N} \|(I - P_{Q_i})A_i x_n\|^2 \\
&\leqslant \|x_n - z\|^2 + \varrho\tau_n \sum_{i=0}^{N} \|(I - P_{Q_i})A_i x_n\|^2 \\
&\quad - 2\tau_n \sum_{i=0}^{N} \|(I - P_{Q_i})A_i x_n\|^2 \\
&= \|x_n - z\|^2 - (2 - \varrho)\tau_n \sum_{i=0}^{N} \|(I - P_{Q_i})A_i x_n\|^2.
\end{aligned}$$

由条件 $\varrho \in (0, 2]$, 有 $\|z_n - z\| \leqslant \|x_n - z\|$, 此即 $\Omega \subset I_n$. 类似地, 用归纳法可以证 $\Omega \subset J_n$, 故 (3.61) 式成立, 因此上述迭代方法有意义.

其次, 因为 $P_\Omega(x_0) \in \Omega \subseteq Q_{n+1}$, 则显然有 $\|x_{n+1} - x_0\| \leqslant \|P_\Omega(x_0) - x_0\|, \forall n \geqslant 0$. 因此由引理 3.13, 只需验证 $\omega(x_n) \subseteq \Omega$. 由于 $x_{n+1} \in J_n$ 且 $x_n = P_{J_n}(x_0)$, 应用投影性质 (1.1) 类似可得

$$\sum_{n=0}^{\infty} \|x_{n+1} - x_n\|^2 < \infty.$$

从而 $\|x_{n+1}-x_n\|\to 0$. 注意到 $x_{n+1}\in I_n$, 则有

$$
\begin{aligned}
\|z_n-x_n\| &\leqslant \|x_n-x_{n+1}\|+\|z_n-x_{n+1}\| \\
&\leqslant \|x_n-x_{n+1}\|+\|x_n-x_{n+1}\| \\
&= 2\|x_n-x_{n+1}\|\to 0.
\end{aligned}
$$

任取 $z\in\Omega$, 则由投影的性质可得

$$
\begin{aligned}
&\varrho\sum_{i=0}^{N}\|(I-P_{Q_i})A_ix_n\|^2 \\
&\leqslant \tau_n\left(\sum_{i=0}^{N}\|A_i\|^2\right)\sum_{i=0}^{N}\|(I-P_{Q_i})A_ix_n\|^2 \\
&\leqslant \tau_n\left(\sum_{i=0}^{N}\|A_i\|^2\right)\sum_{i=0}^{N}\langle(I-P_{Q_i})A_ix_n, A_ix_n-A_iz\rangle \\
&= \tau_n\left(\sum_{i=0}^{N}\|A_i\|^2\right)\sum_{i=0}^{N}\langle A_i^*(I-P_{Q_i})A_ix_n, x_n-z\rangle \\
&= \left(\sum_{i=0}^{N}\|A_i\|^2\right)\left\langle\tau_n\sum_{i=0}^{N}A_i^*(I-P_{Q_i})A_ix_n, x_n-z\right\rangle \\
&= \left(\sum_{i=0}^{N}\|A_i\|^2\right)\langle x_n-z_n, x_n-z\rangle.
\end{aligned}
$$

令 $M=\sup_{n\geqslant 0}\left\{(\sum_{i=0}^{N}\|A_i\|^2)\|x_n-z\|\right\}$. 从而

$$
\sum_{i=0}^{N}\|(I-P_{Q_i})A_ix_n\|^2\leqslant M\|x_n-z_n\|\to 0.
$$

应用次闭原理, $\omega(x_n)\subseteq\Omega$, 于是定理得证. □

注 3.15 和弱收敛定理中参数 ϱ 的取值范围 $(0,2)$ 不同, 上述定理中参数 ϱ 可以取到上界 2.

3.3 不精确迭代方法

在实际应用中, 精确求解每一步迭代基本是不可能的或者代价太大. 这一节我们将研究不精确迭代方法, 并在合适的条件下证明它们的收敛性.

3.3.1 Picard 型不精确迭代

2006 年, Yang, Zhao[98] 在有限维空间中考虑了 Krasnoselskii-Mann 迭代的不精确版本, Xu[99] 进一步将其推广至无穷维巴拿赫空间. 本节我们给出平均非扩张映射关于 Picard 迭代的第一个不精确迭代定理.

设 $0<\alpha<1$, 以下假设 $T:\mathcal{H}\to\mathcal{H}$ 是 α-平均非扩张映射.

定理 3.17 对任意的初始迭代点 x_0, 定义迭代序列:

$$x_{n+1}=Tx_n+e_n, \tag{3.62}$$

其中误差序列 $\{e_n\}$ 满足以下条件:

$$\|e_n\|\leqslant\epsilon_n,\quad \sum_{n=0}^{\infty}\epsilon_n<\infty. \tag{3.63}$$

若 $\mathrm{Fix}(T)$ 非空, 则 $\{x_n\}$ 弱收敛到 T 的一个不动点.

证明 任取 $z\in\mathrm{Fix}(T)$. 显然由假设知 T 是非扩张映射,

$$\begin{aligned}\|x_{n+1}-z\|&=\|Tx_n-z+e_n\|\\&\leqslant\|Tx_n-z\|+\|e_n\|\\&\leqslant\|x_n-z\|+\epsilon_n.\end{aligned}$$

利用引理 1.10 可知, 数列 $\{\|x_n-z\|\}$ 的极限存在. 从而序列 $\{x_n\}$ 有界.

下证序列 $\{x_n\}$ 的任一弱聚点都属于 $\mathrm{Fix}(T)$. 由平均非扩张的性质,

$$\begin{aligned}\|x_{n+1}-z\|^2&=\|Tx_n-z+e_n\|^2\\&=\|Tx_n-z\|^2+\|e_n\|^2+2\langle Tx_n-z,e_n\rangle\\&\leqslant\|Tx_n-z\|^2+\|e_n\|^2+2\|Tx_n-z\|\|e_n\|\\&\leqslant\|Tx_n-z\|^2+\|e_n\|(\|e_n\|+2\|Tx_n-z\|)\\&\leqslant\|Tx_n-z\|^2+2(\epsilon_n+\|x_n-z\|)\epsilon_n\\&\leqslant\|Tx_n-z\|^2+M\epsilon_n\\&\leqslant\|x_n-z\|^2-(\alpha^{-1}-1)\|Tx_n-x_n\|^2+M\epsilon_n,\end{aligned}$$

其中

$$M=2\sup_{n\geqslant 0}\left\{\|x_n-z\|+\epsilon_n\right\}.$$

从而由归纳法可得

$$\begin{aligned}\sum_{k=0}^{n}\|Tx_k-x_k\|^2 &\leqslant \frac{\alpha}{1-\alpha}\left(\|x_0-z\|^2-\|x_{n+1}-z\|^2+M\sum_{k=0}^{n}\epsilon_k\right)\\ &\leqslant \frac{\alpha}{1-\alpha}\left(\|x_0-z\|^2+M\sum_{k=0}^{n}\epsilon_k\right)\\ &\leqslant \frac{\alpha}{1-\alpha}\left(\|x_0-z\|^2+M\sum_{k=0}^{\infty}\epsilon_k\right).\end{aligned}$$

上式中令 $n\to\infty$, 则有

$$\sum_{n=0}^{\infty}\|Tx_n-x_n\|^2<\infty.$$

应用次闭原理与引理 3.1, 定理得证. □

下面基于邻近点迭代的误差标准[100–103] 给出第二类不精确迭代.

定理 3.18 对任意的初始迭代点 x_0, 定义迭代序列:

$$x_{n+1}=Tx_n+e_n, \tag{3.64}$$

其中误差序列 $\{e_n\}$ 满足以下条件:

$$\|e_n\|\leqslant \epsilon_n\|Tx_n-x_n\|,\quad \sum_{n=0}^{\infty}\epsilon_n^2<\infty. \tag{3.65}$$

若 $\mathrm{Fix}(T)$ 非空, 则 $\{x_n\}$ 弱收敛到 T 的一个不动点.

证明 任取 $z\in\mathrm{Fix}(T)$. 利用柯西-施瓦茨不等式可得

$$\begin{aligned}2\langle Tx_n-z,e_n\rangle &\leqslant 2\|Tx_n-z\|\cdot\|e_n\|\\ &\leqslant \frac{2\alpha\epsilon_n^2}{1-\alpha}\|Tx_n-z\|^2+\frac{(1-\alpha)}{2\alpha\epsilon_n^2}\|e_n\|^2.\end{aligned}$$

由平均非扩张的性质,

$$\begin{aligned}&\|x_{n+1}-z\|^2=\|Tx_n-z+e_n\|^2\\ &=\|Tx_n-z\|^2+\|e_n\|^2+2\langle Tx_n-z,e_n\rangle\\ &\leqslant \|Tx_n-z\|^2+\|e_n\|^2\end{aligned}$$

$$
\begin{aligned}
&+\frac{2\alpha\epsilon_n^2}{1-\alpha}\|Tx_n-z\|^2+\frac{1-\alpha}{2\alpha\epsilon_n^2}\|e_n\|^2 \\
&=\left(1+\frac{2\alpha\epsilon_n^2}{1-\alpha}\right)\|Tx_n-z\|^2+\left(1+\frac{1-\alpha}{2\alpha\epsilon_n^2}\right)\|e_n\|^2 \\
&\leqslant\left(1+\frac{2\alpha\epsilon_n^2}{1-\alpha}\right)\left(\|x_n-z\|^2-\frac{1-\alpha}{\alpha}\|Tx_n-x_n\|^2\right) \\
&\quad+\left(\epsilon_n^2+\frac{1-\alpha}{2\alpha}\right)\|Tx_n-x_n\|^2 \\
&=\left(1+\frac{2\alpha\epsilon_n^2}{1-\alpha}\right)\|x_n-z\|^2-\left(\frac{1-\alpha}{2\alpha}+\epsilon_n^2\right)\|Tx_n-x_n\|^2,
\end{aligned}
$$

由此可得

$$
\|x_{n+1}-z\|^2\leqslant\left(1+\frac{2\alpha\epsilon_n^2}{1-\alpha}\right)\|x_n-z\|^2-\frac{1-\alpha}{2\alpha}\|Tx_n-x_n\|^2. \tag{3.66}
$$

利用引理 1.11 可知, 数列 $\{\|x_n-z\|\}$ 的极限存在. 从而序列 $\{x_n\}$ 有界.

下证序列 $\{x_n\}$ 的任一弱聚点都属于 $\mathrm{Fix}(T)$. 事实上, 由不等式 (3.66) 并结合归纳法可得

$$
\begin{aligned}
\sum_{k=0}^{n}\|Tx_k-x_k\|^2&\leqslant\frac{2\alpha}{1-\alpha}\left(\|x_0-z\|^2-\|x_{n+1}-z\|^2+\frac{2\alpha}{1-\alpha}\sum_{k=0}^{n}\epsilon_k^2\|x_k-z\|^2\right) \\
&\leqslant\frac{2\alpha}{1-\alpha}\left(\|x_0-z\|^2+\frac{2\alpha}{1-\alpha}\sum_{k=0}^{n}\epsilon_k^2\|x_k-z\|^2\right) \\
&\leqslant\frac{2\alpha}{1-\alpha}\left(\|x_0-z\|^2+M\sum_{k=0}^{n}\epsilon_k^2\right) \\
&\leqslant\frac{2\alpha}{1-\alpha}\left(\|x_0-z\|^2+M\sum_{k=0}^{\infty}\epsilon_k^2\right),
\end{aligned}
$$

其中

$$
M=\sup_{k\geqslant 0}\left\{\frac{2\alpha}{1-\alpha}\|x_k-z\|^2\right\}.
$$

上式中令 $n\to\infty$, 则有

$$
\sum_{n=0}^{\infty}\|Tx_n-x_n\|^2<\infty.
$$

应用次闭原理与引理 3.1, 定理得证. □

作为应用, 我们得到关于求解分裂可行性问题的不精确迭代.

定理 3.19 对任意的初始迭代点 x_0, 定义如下迭代序列:

$$x_{n+1} = P_C \left[x_n - \tau \sum_{i=1}^{N} A_i^* (I - P_{Q_i}) A_i x_n \right] + e_n,$$

其中步长参数 τ 满足 (3.6), 误差序列 $\{e_n\}$ 或者满足 (3.63); 或者满足 $\sum_{n=0}^{\infty} \epsilon_n^2 < \infty$,

$$\|e_n\| \leqslant \epsilon_n \left\| P_C \left[x_n - \tau \sum_{i=1}^{N} A_i^* (I - P_{Q_i}) A_i x_n \right] - x_n \right\|.$$

若分裂可行性问题 (2.2) 的解集非空, 则迭代序列 $\{x_n\}$ 弱收敛到该问题的一个解.

定理 3.20 对任意的初始迭代点 x_0, 定义如下迭代序列:

$$x_{n+1} = x_n - \tau \sum_{i=0}^{N} A_i^* (I - P_{Q_i}) A_i x_n + e_n,$$

其中步长参数 τ 满足 (3.6), 误差序列 $\{e_n\}$ 或者满足 (3.63); 或者满足 $\sum_{n=0}^{\infty} \epsilon_n^2 < \infty$,

$$\|e_n\| \leqslant \epsilon_n \left\| \sum_{i=0}^{N} A_i^* (I - P_{Q_i}) A_i x_n - x_n \right\|.$$

若分裂可行性问题 (2.2) 的解集非空, 则迭代序列 $\{x_n\}$ 弱收敛到该问题的一个解.

3.3.2 Halpern 型不精确迭代

本小节研究不精确 Halpern 迭代格式的收敛性. 以下假设 $T : \mathcal{H} \to \mathcal{H}$ 是 α-平均非扩张映射 $(0 < \alpha < 1)$. 结合 3.3.1 节的误差标准, 对于 Halpern 迭代我们可以构造四种不精确的迭代格式[18,19,90].

定理 3.21 对任意的初始迭代点 $x_0 \in \mathcal{H}$, 构造迭代序列如下:

$$x_{n+1} = \gamma_n u + (1 - \gamma_n)(T x_n + e_n), \tag{3.67}$$

其中 $u \in \mathcal{H}$ 是固定元素, 误差序列 $\{e_n\}$ 满足 (3.63), 数列 $\{\gamma_n\} \subset (0, 1)$ 满足 (3.34). 若 T 有非空不动点集, 则迭代序列 $\{x_n\}$ 强收敛到 $P_{\mathrm{Fix}(T)} u$.

证明 令 $z = P_{\mathrm{Fix}(T)} u$. 接下来, 我们将证明分为四个步骤.

步骤 1. 证明序列 $\{x_n\}$ 有界. 事实上, 令 $y_n = \gamma_n u + (1 - \gamma_n) T x_n$, 则由 (3.67) 可得

$$\|x_{n+1} - z\| = \|\gamma_n (u - z) + (1 - \gamma_n)(T x_n - z + e_n)\|$$

$$\leqslant \gamma_n\|u-z\| + (1-\gamma_n)\|Tx_n - z\| + \|e_n\|$$

$$\leqslant \gamma_n\|u-z\| + (1-\gamma_n)\|x_n - z\| + \epsilon_n$$

$$\leqslant \max\{\|x_n - z\|, \|u-z\|\} + \epsilon_n.$$

通过归纳, 我们得到

$$\|x_n - z\| \leqslant \max\{\|x_0 - z\|, \|u-z\|\} + \sum_{k=0}^{n-1}\epsilon_k$$

对所有的 $n \geqslant 0$ 都成立. 因此由 (3.63) 知序列 $\{x_n\}$ 有界, 从而序列 $\{y_n\}$ 也有界.

步骤 2. 证明下列不等式成立:

$$a_{n+1} \leqslant (1-\gamma_n)a_n + \gamma_n b_n + M\epsilon_n, \tag{3.68}$$

其中 $a_n = \|x_n - z\|^2$, M 是充分大的正数, 以及

$$b_n = 2\langle u-z, y_n - z\rangle - \frac{(1-\gamma_n)(1-\alpha)}{\alpha\gamma_n}\|Tx_n - x_n\|^2.$$

事实上, 由 (3.67) 式以及范数不等式可得

$$\begin{aligned}
\|x_{n+1} - z\|^2 &= \|\gamma_n(u-z) + (1-\gamma_n)(Tx_n - z) + (1-\gamma_n)e_n\|^2 \\
&\leqslant \|\gamma_n(u-z) + (1-\gamma_n)(Tx_n - z)\|^2 + 2(1-\gamma_n)\langle e_n, x_{n+1} - z\rangle \\
&\leqslant \|\gamma_n(u-z) + (1-\gamma_n)(Tx_n - z)\|^2 + M\|e_n\| \\
&\leqslant (1-\gamma_n)^2\|Tx_n - z\|^2 + 2\gamma_n\langle u-z, y_n - z\rangle + M\|e_n\| \\
&\leqslant (1-\gamma_n)\|Tx_n - z\|^2 + 2\gamma_n\langle u-z, y_n - z\rangle + M\|e_n\| \\
&\leqslant (1-\gamma_n)\|x_n - z\|^2 + 2\gamma_n\langle u-z, y_n - z\rangle \\
&\quad - (1-\gamma_n)(1-\alpha)\|Tx_n - x_n\|^2/\alpha + M\epsilon_n.
\end{aligned}$$

由数列 b_n 的定义知不等式 (3.68) 成立.

步骤 3. 证明 $\varlimsup_{n\to\infty} b_n$ 是有限常数. 由于序列 $\{x_n\}$ 有界, 因此 $\varlimsup_{n\to\infty} b_n < +\infty$. 下面用反证法证明 $\varlimsup_{n\to\infty} b_n \geqslant -1$. 假设 $\varlimsup_{n\to\infty} b_n < -1$, 则存在正整数 n_0 使得对所有的 $n \geqslant n_0$ 都成立 $b_n \leqslant -1$. 从而由 (3.68) 可得

$$a_{n+1} \leqslant (1-\gamma_n)a_n + \gamma_n b_n + M\epsilon_n$$

$$
\begin{aligned}
&\leqslant (1-\gamma_n)a_n - \gamma_n + M\epsilon_n \\
&= a_n - \gamma_n(a_n+1) + M\epsilon_n \\
&\leqslant a_n - \gamma_n + M\epsilon_n
\end{aligned}
$$

对所有的 $n \geqslant n_0$ 都成立. 由归纳法, 可得

$$
a_{n+1} \leqslant a_{n_0} - \sum_{i=n_0}^{n} \gamma_i + M \sum_{i=n_0}^{n} \epsilon_i.
$$

在上式中两边同时取上极限可得

$$
\overline{\lim_{n\to\infty}}\, a_n \leqslant a_{n_0} - \lim_{n\to\infty} \sum_{i=n_0}^{n} \gamma_i + \sum_{i=n_0}^{\infty} \epsilon_i = -\infty,
$$

显然这与数列 $\{a_n\}$ 的非负性质矛盾. 从而必然有

$$
\overline{\lim_{n\to\infty}}\, b_n \geqslant -1,
$$

因此 $\overline{\lim\limits_{n\to\infty}}\, b_n$ 是有限常数.

步骤 4. 证明 $\{x_n\}$ 强收敛到 z. 因为 $\overline{\lim\limits_{n\to\infty}}\, b_n$ 是有限常数, 所以存在收敛到该上极限的子列 $\{b_{n_k}\}$ 满足

$$
\lim_{k\to\infty} b_{n_k} = \lim_{k\to\infty} \left[2\langle u-z, y_{n_k}-z\rangle - \frac{(1-\gamma_{n_k})(1-\alpha)}{\alpha\gamma_{n_k}} \|x_{n_k} - Tx_{n_k}\|^2 \right]. \tag{3.69}
$$

注意到数列 $\langle u-z, y_{n_k}-z\rangle$ 有界, 不失一般性假定下列极限

$$
\lim_{k\to\infty} \langle u-z, y_{n_k}-z\rangle
$$

存在. 因此, 由 (3.69) 知下列极限

$$
\lim_{k\to\infty} \frac{1}{\gamma_{n_k}} \|x_{n_k} - Tx_{n_k}\|^2
$$

也存在. 从而由条件 (3.34) 知 $\|x_{n_k} - Tx_{n_k}\| \to 0$, 由次闭原理, 序列 $\{x_{n_k}\}$ 的任意弱聚点都属于 $\mathrm{Fix}(T)$. 再根据序列 $\{x_n\}$ 的定义,

$$
\|y_{n_k} - x_{n_k}\| = \|\gamma_{n_k}(u - x_{n_k}) + (1-\gamma_{n_k})(Tx_{n_k} - x_{n_k})\|
$$

$$\leqslant \gamma_{n_k}\|u - Tx_{n_k}\| + \|x_{n_k} - Tx_{n_k}\|.$$

根据条件 (3.34) 可知 $\|y_{n_k} - x_{n_k}\| \to 0$. 因此序列 $\{y_{n_k}\}$ 与 $\{x_{n_k}\}$ 具有相同的弱聚点, 从而 $\{y_{n_k}\}$ 的弱聚点也是 T 的不动点. 不失一般性假设 $\{y_{n_k}\}$ 弱收敛于 $\bar{x} \in \mathrm{Fix}(T)$. 此时再根据 (3.69) 式, 则由投影性质 (1.1) 可得

$$\begin{aligned}\overline{\lim_{n\to\infty}} b_n &\leqslant 2 \lim_{k\to\infty} \langle u - z, y_{n_k} - z\rangle \\ &= 2\langle u - P_{\mathrm{Fix}(T)}u, \bar{x} - P_{\mathrm{Fix}(T)}u\rangle \leqslant 0.\end{aligned}$$

最后, 应用引理 1.14 于 (3.68), 我们得到 $\|x_n - z\| \to 0$. □

定理 3.22 对任意的初始迭代点 $x_0 \in \mathcal{H}$, 构造迭代序列如下:

$$x_{n+1} = \gamma_n u + (1-\gamma_n)(Tx_n + e_n), \tag{3.70}$$

其中 $u \in \mathcal{H}$ 是固定元素, 数列 $\{\gamma_n\} \subset (0,1)$ 满足 (3.34), 误差序列 $\{e_n\}$ 满足

$$\|e_n\| \leqslant \epsilon_n, \quad \lim_{n\to\infty} \frac{\epsilon_n}{\gamma_n} = 0. \tag{3.71}$$

若 T 有非空不动点集, 则迭代序列 $\{x_n\}$ 强收敛到 $P_{\mathrm{Fix}(T)}u$.

证明 令 $z = P_{\mathrm{Fix}(T)}u$. 接下来, 我们将证明分为三个步骤.

步骤 1. 证明序列 $\{x_n\}$ 有界. 事实上, 不失一般性由 (3.71) 可假设 $\epsilon_n \leqslant \gamma_n (n \geqslant 0)$. 令 $y_n = \gamma_n u + (1-\gamma_n)Tx_n$, 则由 (3.70) 得

$$\begin{aligned}\|x_{n+1} - z\| &= \|\gamma_n(u-z) + (1-\gamma_n)(Tx_n - z + e_n)\| \\ &\leqslant \gamma_n\|u-z\| + (1-\gamma_n)\|Tx_n - z\| + \|e_n\| \\ &\leqslant \gamma_n\|u-z\| + (1-\gamma_n)\|x_n - z\| + \epsilon_n \\ &\leqslant \gamma_n\|u-z\| + (1-\gamma_n)\|x_n - z\| + \gamma_n \\ &= \gamma_n(\|u-z\|+1) + (1-\gamma_n)\|x_n - z\| \\ &\leqslant \max\big\{\|x_n - z\|, \|u-z\|+1\big\}.\end{aligned}$$

通过归纳, 我们得到

$$\|x_n - z\| \leqslant \max\big\{\|x_0 - z\|, \|u-z\|+1\big\}$$

对所有 $n \geqslant 0$ 都成立. 因此序列 $\{x_n\}$ 有界.

步骤 2. 证明下列不等式成立:

$$a_{n+1} \leqslant (1-\gamma_n)a_n + \gamma_n b_n, \tag{3.72}$$

其中 $a_n = \|x_n - z\|^2$, M 是充分大的正数, 以及

$$b_n = 2\langle u - z, x_{n+1} - z\rangle - \frac{(1-\gamma_n)(1-\alpha)}{\alpha\gamma_n}\|Tx_n - x_n\|^2 + M\frac{\epsilon_n}{\gamma_n}.$$

事实上, 由 (3.70) 式以及范数不等式可得

$$\begin{aligned}
\|x_{n+1} - z\|^2 &= \|\gamma_n(u-z) + (1-\gamma_n)(Tx_n - z) + (1-\gamma_n)e_n\|^2 \\
&\leqslant \|\gamma_n(u-z) + (1-\gamma_n)(Tx_n - z)\|^2 + 2(1-\gamma_n)\langle e_n, x_{n+1} - z\rangle \\
&\leqslant \|\gamma_n(u-z) + (1-\gamma_n)(Tx_n - z)\|^2 + M\|e_n\| \\
&\leqslant (1-\gamma_n)^2\|Tx_n - z\|^2 + 2\gamma_n\langle u - z, y_n - z\rangle + M\|e_n\| \\
&\leqslant (1-\gamma_n)\|Tx_n - z\|^2 + 2\gamma_n\langle u - z, y_n - z\rangle + M\|e_n\| \\
&\leqslant (1-\gamma_n)\|x_n - z\|^2 + 2\gamma_n\langle u - z, y_n - z\rangle \\
&\quad - (1-\gamma_n)(1-\alpha)\|Tx_n - x_n\|^2/\alpha + M\epsilon_n.
\end{aligned}$$

由数列 b_n 的定义知不等式 (3.72) 成立.

步骤 3. 证明 $\{x_n\}$ 强收敛到 z. 类似可证 $\overline{\lim\limits_{n\to\infty}}\, b_n$ 是有限常数, 所以存在收敛到该上极限的子列 $\{b_{n_k}\}$ 满足

$$\begin{aligned}
\lim_{k\to\infty} b_{n_k} &= \lim_{k\to\infty}\left[2\langle u - z, y_{n_k} - z\rangle - \frac{(1-\gamma_{n_k})(1-\alpha)}{\alpha\gamma_{n_k}}\|x_{n_k} - Tx_{n_k}\|^2 + M\frac{\epsilon_{n_k}}{\gamma_{n_k}}\right] \\
&= \lim_{k\to\infty}\left[2\langle u - z, y_{n_k} - z\rangle - \frac{(1-\gamma_{n_k})(1-\alpha)}{\alpha\gamma_{n_k}}\|x_{n_k} - Tx_{n_k}\|^2\right],
\end{aligned}$$

其中第二个等式用到了 (3.71). 剩余证明与前一个定理相同. □

下面考虑另外两种类型误差下迭代方法的收敛性.

定理 3.23 对任意的初始迭代点 $x_0 \in \mathcal{H}$, 构造迭代序列如下:

$$x_{n+1} = \gamma_n u + (1-\gamma_n)(Tx_n + e_n), \tag{3.73}$$

其中 $u \in \mathcal{H}$ 是固定元素, 误差序列 $\{e_n\}$ 满足 (3.65), 数列 $\{\gamma_n\} \subset (0,1)$ 满足 (3.34). 若 T 有非空不动点集, 则迭代序列 $\{x_n\}$ 强收敛到 $P_{\mathrm{Fix}(T)}u$.

证明 令 $z = P_{\text{Fix}(T)}u$. 设 $y_n = Tx_n + e_n$, $\tau_n = 2\alpha\epsilon_n^2/(1-\alpha)$, 则由 (3.66) 可得

$$\|y_n - z\|^2 \leqslant (1+\tau_n)\|x_n - z\|^2 - \frac{1-\alpha}{2\alpha}\|Tx_n - x_n\|^2. \tag{3.74}$$

首先, 证明序列 $\{x_n\}$ 有界. 事实上, 由 (3.74) 可得

$$\begin{aligned}
\|x_{n+1} - z\|^2 &= \|\gamma_n(u-z) + (1-\gamma_n)(y_n - z)\|^2 \\
&\leqslant \gamma_n\|u-z\|^2 + (1-\gamma_n)\|y_n - z\|^2 \\
&\leqslant \gamma_n\|u-z\|^2 + (1-\gamma_n)(1+\tau_n)\|x_n - z\|^2 \\
&\leqslant (1+\tau_n)(\gamma_n\|u-z\|^2 + (1-\gamma_n)\|x_n - z\|^2) \\
&\leqslant (1+\tau_n)\max\left\{\|x_n - z\|^2, \|u-z\|^2\right\}.
\end{aligned}$$

通过归纳, 我们得到

$$\begin{aligned}
\|x_n - z\|^2 &\leqslant \prod_{k=0}^{n-1}(1+\tau_k)\max\left\{\|x_0 - z\|^2, \|u-z\|^2\right\} \\
&\leqslant \exp\left(\sum_{k=0}^{n-1}\tau_k\right)\max\left\{\|x_0 - z\|^2, \|u-z\|^2\right\} \\
&\leqslant \exp\left(\sum_{k=0}^{\infty}\tau_k\right)\max\left\{\|x_0 - z\|^2, \|u-z\|^2\right\}
\end{aligned}$$

对所有的 $n \geqslant 0$ 都成立. 因此由 (3.65) 知序列 $\{x_n\}$ 有界.

其次, 证明下列不等式成立:

$$a_{n+1} \leqslant (1-\gamma_n)a_n + \gamma_n b_n + M\tau_n, \tag{3.75}$$

其中 $a_n = \|x_n - z\|^2$, M 是充分大的正数, 以及

$$b_n = 2\langle u - z, x_{n+1} - z\rangle - \frac{(1-\gamma_n)(1-\alpha)}{2\alpha\gamma_n}\|Tx_n - x_n\|^2.$$

事实上, 由 (3.73) 式以及范数不等式可得

$$\begin{aligned}
\|x_{n+1} - z\|^2 &= \|\gamma_n(u-z) + (1-\gamma_n)(y_n - z)\|^2 \\
&\leqslant (1-\gamma_n)^2\|y_n - z\|^2 + 2\gamma_n\langle u - z, x_{n+1} - z\rangle
\end{aligned}$$

$$
\begin{aligned}
&\leqslant (1-\gamma_n)\|y_n - z\|^2 + 2\gamma_n\langle u - z, x_{n+1} - z\rangle \\
&\leqslant (1-\gamma_n)\left((1+\tau_n)\|x_n - z\|^2 - \frac{1-\alpha}{2\alpha}\|Tx_n - x_n\|^2\right) \\
&\quad + 2\gamma_n\langle u - z, x_{n+1} - z\rangle \\
&\leqslant (1-\gamma_n)(1+\tau_n)\|x_n - z\|^2 - \frac{1-\alpha}{2\alpha}(1-\gamma_n)\|Tx_n - x_n\|^2 \\
&\quad + 2\gamma_n\langle u - z, x_{n+1} - z\rangle \\
&= (1-\gamma_n)\|x_n - z\|^2 - \frac{1-\alpha}{2\alpha}(1-\gamma_n)\|Tx_n - x_n\|^2 \\
&\quad + 2\gamma_n\langle u - z, x_{n+1} - z\rangle + \tau_n(1-\gamma_n)\|x_n - z\|^2 \\
&\leqslant (1-\gamma_n)\|x_n - z\|^2 - \frac{1-\alpha}{2\alpha}(1-\gamma_n)\|Tx_n - x_n\|^2 \\
&\quad + 2\gamma_n\langle u - z, x_{n+1} - z\rangle + M\tau_n,
\end{aligned}
$$

其中 $M = \{\sup_{n\geqslant 0}\|x_n - z\|^2\}$. 剩余证明与定理 3.21 类似. □

定理 3.24 对任意的初始迭代点 $x_0 \in \mathcal{H}$, 构造迭代序列如下:

$$x_{n+1} = \gamma_n u + (1-\gamma_n)(Tx_n + e_n), \tag{3.76}$$

其中 $u \in \mathcal{H}$ 是固定元素, 数列 $\{\gamma_n\} \subset (0,1)$ 满足 (3.34), 误差序列 $\{e_n\}$ 满足

$$\|e_n\| \leqslant \epsilon_n\|Tx_n - x_n\|, \quad \lim_{n\to\infty}\frac{\epsilon_n^2}{\gamma_n} = 0. \tag{3.77}$$

若 T 有非空不动点集, 则迭代序列 $\{x_n\}$ 强收敛到 $P_{\mathrm{Fix}(T)}u$.

证明 令 $z = P_{\mathrm{Fix}(T)}u$. 设 $y_n = Tx_n + e_n$, $\tau_n = 2\alpha\epsilon_n^2/(1-\alpha)$. 则由 (3.77) 可得 $(\tau_n/\gamma_n) \to 0$, 因此不失一般性可假设 $2\tau_n \leqslant \gamma_n, \forall n \geqslant 0$. 故由 (3.66) 可得

$$\|y_n - z\|^2 \leqslant (1+\tau_n)\|x_n - z\|^2 - \frac{1-\alpha}{2\alpha}\|Tx_n - x_n\|^2. \tag{3.78}$$

首先证明序列 $\{x_n\}$ 有界. 事实上, 由 (3.78) 可得

$$
\begin{aligned}
\|x_{n+1} - z\|^2 &= \|\gamma_n(u - z) + (1-\gamma_n)(y_n - z)\|^2 \\
&\leqslant \gamma_n\|u - z\|^2 + (1-\gamma_n)\|y_n - z\|^2 \\
&\leqslant \gamma_n\|u - z\|^2 + (1-\gamma_n)(1+\tau_n)\|x_n - z\|^2
\end{aligned}
$$

$$
\begin{aligned}
&\leqslant \gamma_n\|u-z\|^2+(1-\gamma_n)\|x_n-z\|^2+\tau_n\|x_n-z\|^2\\
&=\frac{\gamma_n}{2}(2\|u-z\|^2)+(1-\gamma_n)\|x_n-z\|^2+\frac{\gamma_n}{2}\cdot\left(\frac{2\tau_n}{\gamma_n}\|x_n-z\|^2\right)\\
&\leqslant \frac{\gamma_n}{2}(2\|u-z\|^2)+(1-\gamma_n)\|x_n-z\|^2+\frac{\gamma_n}{2}\|x_n-z\|^2\\
&=\frac{\gamma_n}{2}(2\|u-z\|^2)+\left(1-\frac{\gamma_n}{2}\right)\|x_n-z\|^2\\
&\leqslant \max\left\{\|x_n-z\|^2,2\|u-z\|^2\right\}.
\end{aligned}
$$

通过归纳, 我们得到

$$
\|x_n-z\|\leqslant \max\left\{\|x_0-z\|,\sqrt{2}\|u-z\|\right\}
$$

对所有的 $n\geqslant 0$ 都成立. 因此序列 $\{x_n\}$ 有界.

其次, 用类似方法可以证明下列不等式:

$$
a_{n+1}\leqslant (1-\gamma_n)a_n+\gamma_n b_n+M\tau_n, \tag{3.79}
$$

其中 $a_n=\|x_n-z\|^2$, M 是充分大的正数, 以及

$$
b_n=2\langle u-z,x_{n+1}-z\rangle-\frac{(1-\gamma_n)(1-\alpha)}{2\alpha\gamma_n}\|Tx_n-x_n\|^2.
$$

类似可证 $\overline{\lim\limits_{n\to\infty}}\, b_n\leqslant 0$, 从而有

$$
\overline{\lim_{n\to\infty}}\left(b_n+M\frac{\tau_n}{\gamma_n}\right)\leqslant 0.
$$

因此根据 (3.79), 对下列不等式

$$
a_{n+1}\leqslant (1-\gamma_n)a_n+\gamma_n\left(b_n+M\frac{\tau_n}{\gamma_n}\right),
$$

应用引理 1.14 可得 $\|x_n-z\|\to 0$. □

下面给出上述结果在分裂可行性问题中的应用.

定理 3.25 对任意的初始迭代点 $x_0\in\mathcal{H}$, 构造迭代序列如下:

$$
x_{n+1}=\gamma_n u+(1-\gamma_n)\left[P_C\left(x_n-\tau\sum_{i=1}^{N}A_i^*(I-P_{Q_i})A_ix_n\right)+e_n\right],
$$

其中 $u \in \mathcal{H}$ 是固定元素, 步长参数 τ 满足 (3.6), 数列 $\{\gamma_n\} \subset (0,1)$ 满足 (3.34), 误差序列 $\{e_n\}$ 满足 $\|e_n\| \leqslant \epsilon_n$,

$$\sum_{n=1}^{\infty} \epsilon_n < \infty \quad \text{或} \quad \lim_{n\to\infty} \frac{\epsilon_n}{\gamma_n} = 0.$$

若分裂可行性问题 (2.2) 的解集非空, 则迭代序列 $\{x_n\}$ 强收敛到 $P_\Omega u$.

定理 3.26　对任意的初始迭代点 $x_0 \in \mathcal{H}$, 构造迭代序列如下:

$$x_{n+1} = \gamma_n u + (1-\gamma_n)\left[P_C\left(x_n - \tau \sum_{i=1}^{N} A_i^*(I - P_{Q_i})A_i x_n\right) + e_n\right],$$

其中 $u \in \mathcal{H}$ 是固定元素, 步长参数 τ 满足 (3.6), 数列 $\{\gamma_n\} \subset (0,1)$ 满足 (3.34), 误差序列 $\{e_n\}$ 满足 $\|e_n\| \leqslant \epsilon_n \|P_C(x_n - \tau \sum_{i=1}^{N} A_i^*(I - P_{Q_i})A_i x_n) - x_n\|$,

$$\sum_{n=1}^{\infty} \epsilon_n^2 < \infty \quad \text{或} \quad \lim_{n\to\infty} \frac{\epsilon_n^2}{\gamma_n} = 0.$$

若分裂可行性问题 (2.2) 的解集非空, 则迭代序列 $\{x_n\}$ 强收敛到 $P_\Omega u$.

注 3.16　若上述两个定理中的迭代序列更换如下形式:

$$x_{n+1} = \gamma_n u + (1-\gamma_n)\left[\left(x_n - \tau_n \sum_{i=0}^{N} A_i^*(I - P_{Q_i})A_i x_n\right) + e_n\right],$$

则不难证明迭代序列 $\{x_n\}$ 也强收敛到 $P_\Omega u$.

3.3.3 Haugazeau 型不精确迭代

结合前面的误差标准, 本小节我们考虑 Haugazeau 型不精确迭代的收敛性. 以下我们仅假设 $T: \mathcal{H} \to \mathcal{H}$ 是非扩张映射.

定理 3.27　对任意的初始迭代点 $x_0 \in \mathcal{H}$, 构造下列迭代序列:

$$\begin{cases} z_n = T(x_n + e_n), \\ I_n = \{u \in \mathcal{H} : \|z_n - u\| \leqslant \|x_n - u + e_n\|\}, \\ J_n = \{u \in \mathcal{H} : \langle x_n - u, x_n - x_0 \rangle \leqslant 0\}, \\ x_{n+1} = P_{I_n \cap J_n}(x_0), \end{cases} \tag{3.80}$$

其中误差序列 $\{e_n\}$ 满足

$$\lim_{n\to\infty} \|e_n\| = 0. \tag{3.81}$$

若 T 有非空的不动点集, 则迭代序列 $\{x_n\}$ 强收敛到 $P_{\mathrm{Fix}(T)}(x_0)$.

证明 首先, 为说明上述方法有意义, 需证明对于每个 $n \geqslant 0, I_n \cap J_n$ 都是非空闭凸集. 显然 J_n 是半空间, 注意到

$$
\begin{aligned}
I_n &= \left\{u \in \mathcal{H} : \|z_n - u\| \leqslant \|(x_n + e_n) - u\|\right\} \\
&= \left\{u \in \mathcal{H} : \|z_n - u\|^2 \leqslant \|(x_n + e_n) - u\|^2\right\} \\
&= \left\{u \in \mathcal{H} : \|z_n\|^2 - 2\langle z_n, u\rangle \leqslant \|x_n + e_n\|^2 - 2\langle x_n + e_n, u\rangle\right\} \\
&= \left\{u \in \mathcal{H} : \langle 2(x_n + e_n - z_n), u\rangle \leqslant \|x_n + e_n\|^2 - \|z_n\|^2\right\},
\end{aligned}
$$

则 I_n 也是半空间, 因此两个半空间的交集 $I_n \cap J_n$ 显然是闭凸集. 因此为证 $I_n \cap J_n$ 是非空集, 只需证明下列包含关系:

$$
I_n \cap J_n \supseteq \operatorname{Fix}(T) \neq \varnothing, \quad n \geqslant 0. \tag{3.82}
$$

选取任意的 $z \in \operatorname{Fix}(T)$, 根据 T 的非扩张性,

$$
\begin{aligned}
\|z_n - z\| &= \|T(x_n + e_n) - Tz\| \\
&\leqslant \|x_n - z + e_n\|,
\end{aligned}
$$

此即 $\operatorname{Fix}(T) \subset I_n$. 用归纳法证不难证明 $\operatorname{Fix}(T) \subset J_n$, 因此 (3.82) 式成立.

类似可证 $\{\|x_n - x_0\|\}$ 单调递增且满足

$$
\|x_0 - x_n\| \leqslant \|x_0 - P_\Omega(x_0)\|, \quad \forall n \geqslant 0,
$$

以及 $\|z_n - x_n\| \to 0$. 故有

$$
\begin{aligned}
\varlimsup_{n\to\infty} \|Tx_n - x_n\| &= \varlimsup_{n\to\infty} \|Tx_n - z_n\| \\
&= \varlimsup_{n\to\infty} \|Tx_n - T(x_n + e_n)\| \\
&\leqslant \varlimsup_{n\to\infty} \|e_n\| \\
&= 0.
\end{aligned}
$$

由次闭原理, 因此 $\omega(x_n) \subseteq \operatorname{Fix}(T)$. 应用引理 3.13, 定理得证. □

作为应用, 我们得到如下求解分裂可行性问题的不精确迭代.

定理 3.28 对任意的初始迭代点 $x_0 \in \mathcal{H}$, 构造如下迭代序列:

$$\begin{cases} z_n = P_C\left[x_n - \tau \sum_{i=1}^{N} A_i^*(I - P_{Q_i})A_i x_n\right] + e_n, \\ I_n = \{u \in \mathcal{H} : \|z_n - u\| \leqslant \|x_n - u\| + \|e_n\|\}, \\ J_n = \{u \in \mathcal{H} : \langle x_n - u, x_n - x_0 \rangle \leqslant 0\}, \\ x_{n+1} = P_{I_n \cap J_n}(x_0). \end{cases}$$

假设误差序列满足 (3.81), 步长参数满足 (3.54). 若分裂可行性问题 (2.2) 的解集非空, 则迭代序列 $\{x_n\}$ 强收敛到该问题的一个解 $P_\Omega(x_0)$.

定理 3.29 对任意的初始迭代点 $x_0 \in \mathcal{H}$, 构造如下迭代序列:

$$\begin{cases} z_n = x_n - \tau \sum_{i=0}^{N} A_i^*(I - P_{Q_i})A_i x_n + e_n, \\ I_n = \{u \in \mathcal{H} : \|z_n - u\| \leqslant \|x_n - u\| + \|e_n\|\}, \\ J_n = \{u \in \mathcal{H} : \langle x_n - u, x_n - x_0 \rangle \leqslant 0\}, \\ x_{n+1} = P_{I_n \cap J_n}(x_0). \end{cases}$$

假设误差序列满足 (3.81), 步长参数满足 (3.59). 若分裂可行性问题 (2.2) 的解集非空, 则迭代序列 $\{x_n\}$ 强收敛到该问题的一个解 $P_\Omega(x_0)$.

第 4 章 不动点集

本章考虑一类复杂凸集即非线性映射的不动点集的情形. 给定正整数 $N > 1$, 考虑以下类型的分裂可行性问题: 求 $x^\dagger \in \mathcal{H}$ 使得

$$x^\dagger \in \mathrm{Fix}(U) \cap \left(\bigcap_{i=1}^{N} A_i^{-1}(\mathrm{Fix}(T_i)) \right), \tag{4.1}$$

其中 $U : \mathcal{H} \to \mathcal{H}, T_i : \mathcal{H}_i \to \mathcal{H}_i$ 为非线性映射, $A_i \in \mathcal{B}(\mathcal{H}, \mathcal{H}_i), i \in \Lambda$. 设 Ω 为问题 (4.1) 的解集. 当 $N = 1$ 时, 问题 (4.1) 又称为分裂不动点问题, 即求 $x^\dagger \in \mathcal{H}$ 使得

$$x^\dagger \in \mathrm{Fix}(U) \cap A^{-1}(\mathrm{Fix}(T)). \tag{4.2}$$

分裂不动点问题最早由 Censor, Segal[104] 提出, 他们讨论了拟固定非扩张的情形. 随后, 这些结果被进一步推广至拟非扩张映射[105–107]、严格伪压缩映射[108–111]、极大单调映射的预解式[112]、拟伪压缩映射[113] 等一般情形.

4.1 严格伪压缩映射

4.1.1 严格伪压缩映射定义

以下假设 T 是定义在空间 $\mathcal{H}$ 上的自映射, 实数 $\kappa \in (0, 1), \kappa_i \in (0, 1), i \in \Lambda_0$. Maruster, Popirlan[114] 研究了严格伪压缩映射的一些重要性质.

定义 4.1 若 T 对任意的 $x, y \in \mathcal{H}$ 都满足下列不等式:

$$\|Tx - Ty\|^2 \leqslant \|x - y\|^2 + \kappa \|(x - Tx) - (y - Ty)\|^2,$$

则称 T 为 κ-严格伪压缩映射.

定义 4.2 设 T 有非空的不动点集. 若对任意的 $(x, z) \in \mathcal{H} \times \mathrm{Fix}(T)$ 都成立

$$\|Tx - z\|^2 \leqslant \|x - z\|^2 + \kappa \|x - Tx\|^2,$$

则称 T 为 κ-拟严格伪压缩映射. 若对任意的 $(x, z) \in \mathcal{H} \times \mathrm{Fix}(T)$ 都有

$$\|Tx - z\| \leqslant \|x - z\|,$$

则称 T 为拟非扩张映射. 若 T 对任意的 $(x, z) \in \mathcal{H} \times \mathrm{Fix}(T)$ 都满足

$$\|Tx - z\|^2 \leqslant \|x - z\|^2 - \|x - Tx\|^2,$$

则称 T 为拟固定非扩张映射.

拟严格伪压缩映射是一类广泛的非线性映射族. 事实上, 在不动点集非空的前提下, 拟严格伪压缩映射显然包含了严格伪压缩映射与拟非扩张映射. 然而, 从下面的例子可以看出, 相反的包含关系并不成立.

例子 4.1 定义 $T:[0,1]\to[0,1]$ 如下:

$$Tx=\begin{cases}\dfrac{1}{4}, & 0\leqslant x\leqslant\dfrac{1}{3},\\ 0, & \dfrac{1}{3}<x\leqslant 1.\end{cases} \tag{4.3}$$

则不难验证 T 是 $\frac{1}{2}$-拟严格伪压缩的, 且有唯一的不动点 $\frac{1}{4}$. 然而 T 却不是拟非扩张映射. 事实上, 令 $x=\frac{2}{5}, y=\frac{1}{4}$, 则有

$$\|Tx-y\|=\frac{1}{4}>\frac{3}{20}=\|x-y\|.$$

因此 T 是拟严格伪压缩映射, 但不是拟非扩张映射.

例子 4.2 定义 $T:\mathcal{H}\to\mathcal{H}$ 如下:

$$Tx=\begin{cases}\dfrac{1}{2}x, & \|x\|>1,\\ -3x, & \|x\|\leqslant 1.\end{cases} \tag{4.4}$$

显然 T 有唯一的不动点 0, 且不连续, 因此不是严格伪压缩映射. 然而 T 是 $\frac{1}{2}$-拟严格伪压缩的. 事实上, 若 $\|x\|>1$, 则有

$$\|Tx\|^2=\frac{1}{4}\|x\|^2\leqslant\|x\|^2+\frac{1}{2}\|x-Tx\|^2;$$

若 $\|x\|\leqslant 1$, 则有

$$\|Tx\|^2=\|3x\|^2\leqslant\|x\|^2+\frac{1}{2}\|x-Tx\|^2.$$

因此 T 是拟严格伪压缩映射, 但不是严格伪压缩映射.

4.1.2 严格伪压缩映射性质

下面研究严格伪压缩映射的一些重要性质. 对任意的实数 $\lambda>0$, 映射 T 的 λ 松弛定义为: $T_\lambda=\lambda I+(1-\lambda)T$.

性质 4.1 若 T 是 κ-拟严格伪压缩映射, 则对任意的 $(x,z)\in\mathcal{H}\times\mathrm{Fix}(T)$,

$$\|T_\lambda x-z\|^2\leqslant\|x-z\|^2-(1-\lambda)(\lambda-\kappa)\|x-Tx\|^2.$$

若 T 是 κ-严格伪压缩映射, 则对任意的 $x,y\in\mathcal{H}$,

$$\|T_\lambda x-T_\lambda y\|^2\leqslant\|x-y\|^2-(1-\lambda)(\lambda-\kappa)\|(x-Tx)-(y-Ty)\|^2.$$

证明 由拟严格伪压缩映射的定义,

$$\begin{aligned}\|T_\lambda x-z\|^2&=\|\lambda(x-z)+(1-\lambda)(Tx-z)\|^2\\&=\lambda\|x-z\|^2+(1-\lambda)\|Tx-z\|^2-\lambda(1-\lambda)\|x-Tx\|^2\\&\leqslant\lambda\|x-z\|^2+(1-\lambda)\|x-z\|^2+(1-\lambda)\kappa\|x-Tx\|^2\\&\quad-\lambda(1-\lambda)\|x-Tx\|^2\\&=\|x-z\|^2-(1-\lambda)(\lambda-\kappa)\|x-Tx\|^2.\end{aligned}$$

对于严格伪压缩的情形, 用类似方法可得所证不等式. □

一般地, 拟严格伪压缩映射不满足次闭原理与利普希茨连续性, 这两条性质为严格伪压缩映射所独有[68].

性质 4.2 (次闭原理) 严格伪压缩映射满足次闭原理.

证明 设 T 是 κ-严格伪压缩映射, $\mathcal{H}$ 中的序列 $\{x_n\}$ 满足 $x_n\rightharpoonup x^\dagger, x_n-Tx_n\to 0$. 以下用反证法证明 $x^\dagger=Tx^\dagger$. 假定 $x^\dagger\neq Tx^\dagger$, 则

$$\begin{aligned}&T_\kappa x^\dagger-x^\dagger=(1-\kappa)(Tx^\dagger-x^\dagger)\neq 0,\\&T_\kappa x_n-x_n=(1-\kappa)(Tx_n-x_n)\to 0.\end{aligned}$$

由性质 4.1 与 Opial 性质,

$$\begin{aligned}\varliminf_{n\to\infty}\|x_n-x^\dagger\|&<\varliminf_{n\to\infty}\|x_n-T_\kappa x^\dagger\|\\&=\varliminf_{n\to\infty}\|T_\kappa x_n-T_\kappa x^\dagger\|\\&\leqslant\varliminf_{n\to\infty}\|x_n-x^\dagger\|.\end{aligned}$$

矛盾! 因此必有 $x^\dagger=Tx^\dagger$, 从而结论得证. □

性质 4.3 严格伪压缩映射满足利普希茨连续性.

证明 设 T 是 κ-严格伪压缩映射, 则由范数不等式得

$$
\begin{aligned}
\|Tx - Ty\| &\leqslant (\|x-y\|^2 + \kappa\|(x-Tx)-(y-Ty)\|^2)^{1/2} \\
&\leqslant \|x-y\| + \sqrt{\kappa}\|(x-Tx)-(y-Ty)\| \\
&\leqslant \|x-y\| + \sqrt{\kappa}(\|x-y\| + \|Tx-Ty\|) \\
&= (1+\sqrt{\kappa})\|x-y\| + \sqrt{\kappa}\|Tx-Ty\|,
\end{aligned}
$$

由此可得

$$
\|Tx - Ty\| \leqslant \frac{1+\sqrt{\kappa}}{1-\sqrt{\kappa}}\|x-y\|.
$$

因此 T 是利普希茨连续映射. □

性质 4.4 *拟严格伪压缩映射的不动点集为闭凸集. 特别地, 严格伪压缩映射不动点集也是闭凸集.*

证明 设 T 是 κ-拟严格伪压缩映射. 首先证明 $\mathrm{Fix}(T)$ 为闭集, 为此设 $\{x_n\}$ 是 $\mathrm{Fix}(T)$ 中的序列且满足 $x_n \to x^\dagger$. 由性质 4.1 知 T_κ 为拟非扩张映射, 且满足

$$
\begin{aligned}
T_\kappa x_n &= \kappa x_n + (1-\kappa)Tx_n \\
&= \kappa x_n + (1-\kappa)x_n = x_n,
\end{aligned}
$$

故有 $x_n \in \mathrm{Fix}(T_\kappa)$. 由拟非扩张映射的性质,

$$
\begin{aligned}
\|Tx^\dagger - x^\dagger\| &= \lim_{n\to\infty} \|Tx^\dagger - x_n\| \\
&= \frac{1}{1-\kappa}\lim_{n\to\infty} \|T_\kappa x^\dagger - x_n\| \\
&\leqslant \frac{1}{1-\kappa}\lim_{n\to\infty} \|x^\dagger - x_n\| = 0.
\end{aligned}
$$

故有 $x^\dagger \in \mathrm{Fix}(T)$, 从而 $\mathrm{Fix}(T)$ 为闭集.

下证 $\mathrm{Fix}(T)$ 的凸性. 设 $\omega_1, \omega_2 \in (0,1)$ 满足 $\omega_1 + \omega_2 = 1$. 对任意的 $x_1, x_2 \in \mathrm{Fix}(T)$. 记 $x_\omega = \omega_1 x_1 + \omega_2 x_2$, 则由范数基本性质得

$$
\begin{aligned}
\|Tx_\omega - x_\omega\|^2 &= \|\omega_1(Tx_\omega - x_1) + \omega_2(Tx_\omega - x_2)\|^2 \\
&= \omega_1\|Tx_\omega - x_1\|^2 + \omega_2\|Tx_\omega - x_2\|^2 - \omega_1\omega_2\|x_1 - x_2\|^2 \\
&\leqslant \omega_1\|x_\omega - x_1\|^2 + \omega_1\kappa\|x_\omega - Tx_\omega\|^2 \\
&\quad + \omega_2\|x_\omega - x_2\|^2 + \omega_2\kappa\|x_\omega - Tx_\omega\|^2 - \omega_1\omega_2\|x_1 - x_2\|^2
\end{aligned}
$$

$$= \kappa\|x_\omega - Tx_\omega\|^2,$$

由此得

$$(1-\kappa)\|x_\omega - Tx_\omega\|^2 \leqslant 0,$$

因此 $x_\omega \in \mathrm{Fix}(T)$, 故 $\mathrm{Fix}(T)$ 是凸集. □

与非扩张映射类似, 严格伪压缩与反强单调映射也存在等价关系. 事实上, T 是 κ-严格伪压缩的当且仅当 $I-T$ 是 $(1-\kappa)/2$-反强单调的.

性质 4.5 *T 是 κ-拟严格伪压缩的当且仅当对任意的 $(x,z) \in \mathcal{H} \times \mathrm{Fix}(T)$,*

$$2\langle x - Tx, x - z\rangle \geqslant (1-\kappa)\|x - Tx\|^2. \tag{4.5}$$

T 是 κ-严格伪压缩的当且仅当对任意的 $x, y \in \mathcal{H}$,

$$2\langle (x-Tx)-(y-Ty), x-y\rangle \geqslant (1-\kappa)\|(x-Tx)-(y-Ty)\|^2.$$

证明 若 T 是 κ-拟严格伪压缩的, 则有

$$\begin{aligned} 2\langle (x-Tx), x-z\rangle &= \|x-z\|^2 - \|Tx-z\|^2 + \|x-Tx\|^2 \\ &\geqslant -\kappa\|x-Tx\|^2 + \|x-Tx\|^2 \\ &= (1-\kappa)\|x-Tx\|^2, \end{aligned}$$

故不等式 (4.5) 成立. 另一方面, 若 (4.5) 式成立, 则有

$$\begin{aligned} \|Tx-z\|^2 &= \|x-z\|^2 + \|x-Tx\|^2 - 2\langle x-Tx, x-z\rangle \\ &\leqslant \|x-z\|^2 + \|x-Tx\|^2 - (1-\kappa)\|x-Tx\|^2 \\ &= \|x-z\|^2 + \kappa\|x-Tx\|^2. \end{aligned}$$

故 T 是拟严格伪压缩的. 严格伪压缩的情形用类似方法显然可得. □

性质 4.6 *T 是 κ-拟严格伪压缩的当且仅当存在拟非扩张映射 R 使得*

$$T = \frac{1}{1-\kappa}R - \frac{\kappa}{1-k}I. \tag{4.6}$$

若 T 是 κ-严格伪压缩映射, 则存在非扩张映射 R 使得上式也成立.

证明 "$\Rightarrow$". 假设 T 是 κ-拟严格伪压缩的. 令 $R = \kappa I + (1-\kappa)T$. 显然 R 满足 (4.6), 且由性质 4.1 知, R 是拟非扩张映射.

"$\Leftarrow$". 假设存在拟非扩张映射 R 满足 (4.6) 式. 令 $x \in \mathcal{H}, z \in \mathrm{Fix}(T)$. 则由范数的基本性质得

$$\|Tx-z\|^2 = \left\|\frac{1}{1-\kappa}(Rx-z) - \frac{\kappa}{1-\kappa}(x-z)\right\|^2$$

$$
\begin{aligned}
&= \frac{1}{1-\kappa}\|Rx-z\|^2 - \frac{\kappa}{1-\kappa}\|x-z\|^2 + \frac{\kappa}{(1-\kappa)^2}\|x-Rx\|^2 \\
&\leqslant \frac{1}{1-\kappa}\|x-z\|^2 - \frac{\kappa}{1-\kappa}\|x-z\|^2 + \frac{\kappa}{(1-\kappa)^2}\|x-Rx\|^2 \\
&= \|x-z\|^2 + \kappa\|x-Tx\|^2.
\end{aligned}
$$

因此 T 是拟严格伪压缩的. 严格伪压缩情形用类似方法可得. □

性质 4.7　对每个 $i \in \Lambda$, 设 $0 < \omega_i < 1, \sum_{i=1}^N \omega_i = 1$, T_i 是 κ_i-拟严格伪压缩映射. 若 $\bigcap_{i=1}^N \operatorname{Fix}(T_i)$ 非空, 则有

$$
\operatorname{Fix}\left(\sum_{i=1}^N \omega_i T_i\right) = \bigcap_{i=1}^N \operatorname{Fix}(T_i). \tag{4.7}
$$

特别地, 若 T_i 是 κ_i-严格伪压缩映射, 则 (4.7) 式也成立.

证明　显然 $\bigcap_{i=1}^N \operatorname{Fix}(T_i) \subseteq \operatorname{Fix}(\sum_{i=1}^N \omega_i T_i)$. 为证相反的包含关系, 任取 $z \in \bigcap_{i=1}^N \operatorname{Fix}(T_i)$, $x \in \operatorname{Fix}(\sum_{i=1}^N \omega_i T_i)$. 根据性质 4.5,

$$
\begin{aligned}
\sum_{i=1}^N \omega_i(1-\kappa_i)\|x-T_ix\|^2 &\leqslant 2\sum_{i=1}^N \omega_i\langle x-T_ix, x-z\rangle \\
&= 2\left\langle x-\sum_{i=1}^N \omega_iT_ix, x-z\right\rangle.
\end{aligned}
$$

由假设知 $\sum_{i=1}^N \omega_i(1-k_i)\|x-T_ix\|^2 = 0$. 因为 $\omega_i(1-\kappa_i) > 0$, 所以 $\|x-T_ix\| = 0, i \in \Lambda$. 考虑到 x 的任意性, $\operatorname{Fix}(\sum_{i=1}^N \omega_iT_i) \subseteq \bigcap_{i=1}^N \operatorname{Fix}(T_i)$. □

性质 4.8　对每个 $i \in \Lambda$, 设 $0 < \omega_i < 1, \sum_{i=1}^N \omega_i = 1$, T_i 是 κ_i-拟严格伪压缩映射. 则 $\sum_{i=1}^N \omega_iT_i$ 是 κ-拟严格伪压缩映射, 其中

$$
\kappa = 1 - \frac{1}{\sum_{i=1}^N \omega_i(1-\kappa_i)^{-1}}. \tag{4.8}
$$

特别地, 若 T_i 是 κ_i-严格伪压缩映射, 则上述结论也成立.

证明　由性质 4.6, 对每个 $i \in \Lambda$, 都存在拟非扩张映射 R_i 使得 $T_i = (1-\kappa_i)^{-1}R_i - \kappa_i(1-\kappa_i)^{-1}I$. 对于由 (4.8) 式定义的常数 κ, 定义映射 R 如下:

$$
R = \sum_{i=1}^N \frac{(1-\kappa)\omega_i}{1-\kappa_i}R_i. \tag{4.9}
$$

根据 (4.8) 式,

$$\begin{aligned}\sum_{i=1}^{N}\omega_iT_i &= \sum_{i=1}^{N}\frac{\omega_i}{1-\kappa_i}R_i - \sum_{i=1}^{N}\frac{\omega_i\kappa_i}{1-\kappa_i}I \\ &= \frac{1}{1-\kappa}\sum_{i=1}^{N}\frac{(1-\kappa)\omega_i}{1-\kappa_i}R_i - \frac{\kappa}{1-\kappa}I \\ &= \frac{1}{1-\kappa}R - \frac{\kappa}{1-\kappa}I.\end{aligned}$$

由性质 4.6, 只需验证 R 是拟非扩张的. 为此令 $x \in \mathcal{H}, z \in \mathrm{Fix}(R)$. 则显然有 $z \in \bigcap_{i=1}^{N}\mathrm{Fix}(R_i)$. 注意到 $\sum_{i=1}^{N}\dfrac{(1-\kappa)\omega_i}{1-\kappa_i} = 1$, 则性质 4.7 蕴含 $z \in \bigcap \mathrm{Fix}(R_i)$. 因为

$$1-\kappa = \frac{1}{\sum_{i=1}^{N}\omega_i(1-\kappa_i)^{-1}},$$

所以

$$\begin{aligned}\|Rx - z\| &= (1-\kappa)\left\|\sum_{i=1}^{N}\frac{\omega_i}{1-\kappa_i}R_ix - \sum_{i=1}^{N}\frac{\omega_i}{1-\kappa_i}z\right\| \\ &= \left\|\sum_{i=1}^{N}\frac{\omega_i(1-\kappa_i)^{-1}}{\sum_{i=1}^{N}\omega_i(1-\kappa_i)^{-1}}(R_ix - z)\right\| \\ &\leqslant \sum_{i=1}^{N}\frac{\omega_i(1-\kappa_i)^{-1}}{\sum_{i=1}^{N}\omega_i(1-\kappa_i)^{-1}}\|R_ix - z\| \\ &\leqslant \sum_{i=1}^{N}\frac{\omega_i(1-\kappa_i)^{-1}}{\sum_{i=1}^{N}\omega_i(1-\kappa_i)^{-1}}\|x - z\| \\ &= \|x - z\|.\end{aligned}$$

由此知 R 是拟非扩张映射. □

性质 4.9 设 $T = \sum_{i=1}^{N}A_i^*(I-T_i)A_i$, 其中 $A_i \in \mathcal{B}(\mathcal{H}, \mathcal{H}_i)$, $T_i : \mathcal{H}_i \to \mathcal{H}_i$ 是 κ_i-严格伪压缩映射, $i \in \Lambda$. 则对任意的 $x, y \in \mathcal{H}$,

$$2\langle Tx - Ty, x - y\rangle \geqslant \left(\sum_{i=1}^{N}\frac{\|A_i\|^2}{1-\kappa_i}\right)^{-1}\|Tx - Ty\|^2;$$

$$\|(I-T)x-(I-T)y\|^2 \leqslant \|x-y\|^2 + \left(1-\left(\sum_{i=1}^{N}\frac{\|A_i\|^2}{1-\kappa_i}\right)^{-1}\right)\|Tx-Ty\|^2.$$

证明 一方面, 根据性质 4.5 可得

$$\begin{aligned}
2\langle Tx-Ty, x-y\rangle &= 2\left\langle \sum_{i=1}^{N} A_i^*(I-T_i)A_ix - \sum_{i=1}^{N} A_i^*(I-T_i)A_iy, x-y\right\rangle \\
&= 2\sum_{i=1}^{N}\langle A_i^*(I-T_i)A_ix - A_i^*(I-T_i)A_iy, x-y\rangle \\
&= 2\sum_{i=1}^{N}\langle (I-T_i)A_ix-(I-T_i)A_iy, A_ix-A_iy\rangle \\
&\geqslant \sum_{i=1}^{N}(1-\kappa_i)\|(I-T_i)A_ix-(I-T_i)A_iy\|^2.
\end{aligned}$$

另一方面, 由柯西-施瓦茨不等式,

$$\begin{aligned}
\|Tx-Ty\|^2 &= \left\|\sum_{i=1}^{N} A_i^*((I-T_i)A_ix-(I-T_i)A_iy)\right\|^2 \\
&\leqslant \left(\sum_{i=1}^{N}\|A_i^*\|\|(I-T_i)A_ix-(I-T_i)A_iy\|\right)^2 \\
&\leqslant \left(\sum_{i=1}^{N}\frac{\|A_i^*\|^2}{1-\kappa_i}\right)\sum_{i=1}^{N}(1-\kappa_i)\|(I-T_i)A_ix-(I-T_i)A_iy\|^2.
\end{aligned}$$

合并上述两个不等式即得第一个不等式.

下证第二个不等式. 事实上, 由第一个不等式,

$$\begin{aligned}
&\|(I-T)x-(I-T)y\|^2\| = \|(x-y)-(Tx-Ty)\|^2 \\
&= \|x-y\|^2 - 2\langle x-y, Tx-Ty\rangle + \|Tx-Ty\|^2 \\
&\leqslant \|x-y\|^2 - \left(\sum_{i=1}^{N}\frac{\|A_i\|^2}{1-\kappa_i}\right)^{-1}\|Tx-Ty\|^2 + \|Tx-Ty\|^2 \\
&= \|x-y\|^2 + \left(1-\left(\sum_{i=1}^{N}\frac{\|A_i\|^2}{1-\kappa_i}\right)^{-1}\right)\|Tx-Ty\|^2.
\end{aligned}$$

于是第二个不等式得证. □

4.1.3 固定步长迭代方法

首先, 我们构造求解问题 (4.1) 的第一个迭代方法.

定理 4.1 对任意的初始迭代点 $x_0 \in \mathcal{H}$, 根据递归公式生成如下迭代:

$$x_{n+1} = U_\lambda \left[x_n - \tau \sum_{i=1}^{N} A_i^*(I - T_i)A_i x_n \right]. \tag{4.10}$$

假设 U 是 κ_0-拟严格伪压缩映射, 且满足次闭原理; T_i 是 κ_i-拟严格伪压缩映射, 且满足次闭原理, $i \in \Lambda$. 设参数满足下列条件:

$$0 < \tau < \frac{\min_{1\leqslant i\leqslant N}(1-\kappa_i)}{\sum_{i=1}^{N}\|A_i\|^2}, \quad \kappa_0 < \lambda < 1. \tag{4.11}$$

若问题 (4.1) 的解集非空, 则迭代序列 $\{x_n\}$ 弱收敛到该问题的一个解.

证明 令 $z \in \Omega$. 首先, 证明数列 $\{\|x_n - z\|\}$ 收敛. 为此记 $\kappa = \min_{1\leqslant i\leqslant N}(1-\kappa_i)$, $\varepsilon = \min[\tau(\kappa - \tau\sum_{i=1}^{N}\|A_i\|^2), (1-\lambda)(\lambda-\kappa_0)]$. 由条件 (4.11), 显然 $\varepsilon > 0$. 则对任意的 $i \in \Lambda$, 由性质 4.5 可得

$$\begin{aligned}
&2\langle x_n - z, A_i^*(I-T_i)A_i x_n\rangle = 2\langle A_i x_n - A_i z, (I-T_i)A_i x_n\rangle \\
\geqslant\ &(1-\kappa_i)\|(I-T_i)A_i x_n\|^2 \geqslant \kappa\|(I-T_i)A_i x_n\|^2.
\end{aligned}$$

由柯西-施瓦茨不等式,

$$\begin{aligned}
\left\|\sum_{i=1}^{N} A_i^*(I-T_i)A_i x_n\right\|^2 &\leqslant \left(\sum_{i=1}^{N}\|A_i\|\|(I-T_i)A_i x_n\|\right)^2 \\
&\leqslant \left(\sum_{i=1}^{N}\|A_i\|^2\right)\sum_{i=1}^{N}\|(I-T_i)A_i x_n\|^2.
\end{aligned}$$

令 $y_n = x_n - \tau\sum_{i=1}^{N} A_i^*(I-T_i)A_i x_n$, 则有

$$\begin{aligned}
\|y_n - z\|^2 &= \left\|(x_n - z) - \tau\sum_{i=1}^{N} A_i^*(I-T_i)A_i x_n\right\|^2 \\
&= \|x_n - z\|^2 + \tau^2\left\|\sum_{i=1}^{N} A_i^*(I-T_i)A_i x_n\right\|^2
\end{aligned}$$

$$
\begin{aligned}
&-2\tau\sum_{i=1}^{N}\langle x_n-z,A_i^*(I-T_i)A_ix_n\rangle\\
&\leqslant\|x_n-z\|^2-\tau\left(\kappa-\tau\sum_{i=1}^{N}\|A_i\|^2\right)\sum_{i=1}^{N}\|(I-T_i)A_ix_n\|^2.
\end{aligned}
$$

另一方面, 由性质 4.1 知

$$\|U_\lambda y_n-z\|^2\leqslant\|y_n-z\|^2-(1-\lambda)(\lambda-\kappa_0)\|(I-U)y_n\|^2,$$

故由 ε 的定义可得

$$\|x_{n+1}-z\|^2\leqslant\|x_n-z\|^2-\varepsilon\left[\|(I-U)y_n\|^2+\sum_{i=1}^{N}\|(I-T_i)A_ix_n\|^2\right].\tag{4.12}$$

特别地, $\|x_{n+1}-z\|\leqslant\|x_n-z\|$. 因此数列 $\{\|x_n-z\|\}$ 收敛.

下证序列 $\{x_n\}$ 的任意弱聚点都属于解集 Ω. 为此设 $x^\dagger$ 是 $\{x_n\}$ 的一个弱聚点, 则存在弱收敛于该点的子列 $\{x_{n_k}\}$. 由不等式 (4.12) 可得

$$\varepsilon\left[\|(I-U)y_n\|^2+\sum_{i=1}^{N}\|(I-T_i)A_ix_n\|^2\right]\leqslant\|x_n-z\|^2-\|x_{n+1}-z\|^2.$$

通过归纳法不难证明

$$\sum_{n=0}^{\infty}\left[\|(I-U)y_n\|^2+\sum_{i=1}^{N}\|(I-T_i)A_ix_n\|^2\right]<\infty.$$

特别地,

$$\lim_{n\to\infty}\|(I-U)y_n\|=\lim_{n\to\infty}\sum_{i=1}^{N}\|(I-T_i)A_ix_n\|=0.\tag{4.13}$$

注意到 A_i 是线性映射, 因此 $\{A_ix_{n_k}\}$ 弱收敛于 $A_ix^\dagger$. 结合映射 T_i 的次闭性假设, 由 (4.13) 知 $A_ix^\dagger\in\mathrm{Fix}(T_i),\forall i\in\Lambda$. 另一方面, 由柯西-施瓦茨不等式得

$$
\begin{aligned}
\|y_n-x_n\|&=\left\|\tau\sum_{i=1}^{N}A_i^*(I-T_i)A_ix_n\right\|\\
&\leqslant\frac{\kappa}{\sum_{i=1}^{N}\|A_i\|^2}\sum_{i=1}^{N}\left\|A_i^*(I-T_i)A_ix_n\right\|\\
&\leqslant\frac{\kappa}{\sum_{i=1}^{N}\|A_i\|^2}\sum_{i=1}^{N}\|A_i\|\|(I-T_i)A_ix_n\|
\end{aligned}
$$

$$\leqslant \frac{\kappa}{\sum_{i=1}^{N}\|A_i\|^2}\left(\sum_{i=1}^{N}\|A_i\|^2\right)^{1/2}\left(\sum_{i=1}^{N}\|(I-T_i)A_ix_n\|^2\right)^{1/2}$$

$$= \frac{\kappa}{\sqrt{\sum_{i=1}^{N}\|A_i\|^2}}\left(\sum_{i=1}^{N}\|(I-T_i)A_ix_n\|^2\right)^{1/2}$$

$$\leqslant \frac{\kappa}{\sqrt{\sum_{i=1}^{N}\|A_i\|^2}}\sum_{i=1}^{N}\|(I-T_i)A_ix_n\|.$$

此时 (4.13) 式蕴含 $\|y_n - x_n\| \to 0$, 故 $y_{n_k} \rightharpoonup x^\dagger, k\to\infty$. 由于 U 满足次闭原理, 因此 $x^\dagger \in \mathrm{Fix}(U)$, 从而有 $x^\dagger \in \Omega$.

最后, 应用引理 3.1 知, 序列 $\{x_n\}$ 弱收敛到问题 (4.1) 的一个解. □

推论 4.1 假设 U 是 κ_0-严格伪压缩映射, T_i 是 κ_i-严格伪压缩映射, $i\in\Lambda$, 参数 τ,λ 满足条件 (4.11). 若问题 (4.1) 的解集非空, 则由 (4.10) 生成的序列 $\{x_n\}$ 弱收敛到该问题的一个解.

注 4.1 对于非扩张映射, 条件 (4.11) 退化为

$$0<\tau<\frac{1}{\sum_{i=1}^{N}\|A_i\|^2},\quad 0<\lambda<1.$$

进而, 对于固定非扩张映射, 条件 (4.11) 退化为

$$0<\tau<\frac{2}{\sum_{i=1}^{N}\|A_i\|^2},\quad -1<\lambda<1.$$

下面构造另一种固定步长迭代方法. 为简便起见, 以下记 $A_0=I$, $T_0=U$.

定理 4.2 对任意的初始迭代点 $x_0\in\mathcal{H}$, 按照下列公式更新迭代序列:

$$x_{n+1}=x_n-\tau\sum_{i=0}^{N}A_i^*(I-T_i)A_ix_n. \tag{4.14}$$

假设 U 是 κ_0-拟严格伪压缩映射且满足次闭原理; T_i 是 κ_i-拟严格伪压缩映射且满足次闭原理, $i\in\Lambda$. 设参数 τ 满足下列条件:

$$0<\tau<\frac{\min_{0\leqslant i\leqslant N}(1-\kappa_i)}{1+\sum_{i=1}^{N}\|A_i\|^2}.$$

若问题 (4.1)的解集非空, 则序列 $\{x_n\}$ 弱收敛到该问题的一个解.

证明 注意到 $\|A_0\|=1$, 此时应用定理 4.1 可知, $\{x_n\}$ 弱收敛到问题 (4.1) 的一个解. □

上述步长条件显然可以推广到更一般的情形:

$$\varliminf_{n\to\infty} \tau_n \left(\frac{\min_{0\leqslant i\leqslant N}(1-\kappa_i)}{1+\sum_{i=1}^N \|A_i\|^2} - \tau_n \right) > 0. \tag{4.15}$$

对于严格伪压缩映射, 条件 (4.15) 可以进一步放宽.

定理 4.3 假设 U 是 κ_0-严格伪压缩映射; T_i 是 κ_i-严格伪压缩映射, $i \in \Lambda$, τ_n 满足下列条件:

$$\sum_{n=0}^{\infty} \tau_n \left(\left(\sum_{i=0}^N \frac{\|A_i\|^2}{1-\kappa_i} \right)^{-1} - \tau_n \right) = \infty. \tag{4.16}$$

若问题 (4.1) 的解集非空, 则由 (4.14) 生成的序列 $\{x_n\}$ 弱收敛到该问题的一个解.

证明 令 $z \in \Omega$. 首先证明数列 $\{\|x_n - z\|\}$ 收敛. 为简便起见, 设 $T = \sum_{i=0}^N A_i^*(I - T_i)A_i$, 则 (4.14) 式可写成如下形式:

$$x_{n+1} = x_n - \tau_n T x_n. \tag{4.17}$$

根据性质 4.9, 可得下列不等式

$$\begin{aligned}
\|x_{n+1} - z\|^2 &= \|x_n - z - \tau_n T x_n\|^2 \\
&= \|x_n - z\|^2 - 2\tau_n \langle T x_n, x_n - z \rangle + \tau_n^2 \|T x_n\|^2 \\
&\leqslant \|x_n - z\|^2 - \tau_n \left(\sum_{i=0}^N \frac{\|A_i\|^2}{1-\kappa_i} \right)^{-1} \|T x_n\|^2 + \tau_n^2 \|T x_n\|^2.
\end{aligned}$$

记

$$\kappa = \left(\sum_{i=0}^N \frac{\|A_i\|^2}{1-\kappa_i} \right)^{-1}.$$

则显然有

$$\|x_{n+1} - z\|^2 \leqslant \|x_n - z\|^2 - \tau_n(\kappa - \tau_n)\|T x_n\|^2. \tag{4.18}$$

特别地, $\|x_{n+1} - z\| \leqslant \|x_n - z\|, \forall z \in \Omega$. 因此数列 $\{\|x_n - z\|\}$ 收敛.

其次, 证明下列极限成立:

$$\lim_{n\to\infty} \left\| \sum_{i=0}^N A_i^*(I - T_i)A_i x_n \right\| = 0. \tag{4.19}$$

事实上, 由不等式 (4.18) 可得

$$\tau_n(\kappa-\tau_n)\|Tx_n\|^2 \leqslant \|x_n-z\|^2-\|x_{n+1}-z\|^2.$$

通过归纳法不难证明

$$\sum_{n=0}^{\infty}\tau_n(\kappa-\tau_n)\|Tx_n\|^2<\infty,$$

则由 (4.16) 可知

$$\varliminf_{n\to\infty}\|Tx_n\|=0. \tag{4.20}$$

注意到由 (4.17) 式,

$$\begin{aligned}
&\langle Tx_n,(I-T)x_n-(I-T)x_{n+1}\rangle\\
&=\langle Tx_n,x_n-x_{n+1}\rangle+\langle Tx_n,Tx_{n+1}-Tx_n\rangle\\
&=(\tau_n-1)\|Tx_n\|^2+\langle Tx_n,Tx_{n+1}\rangle;
\end{aligned}$$

再根据性质 4.9,

$$\begin{aligned}
&\|(I-T)x_n-(I-T)x_{n+1}\|^2\\
&\leqslant \|x_n-x_{n+1}\|^2+(1-\kappa)\|Tx_n-Tx_{n+1}\|^2\\
&=\tau_n^2\|Tx_n\|^2+(1-\kappa)(\|Tx_n\|^2+\|Tx_{n+1}\|^2-2\langle Tx_n,Tx_{n+1}\rangle)\\
&=(\tau_n^2+1-\kappa)\|Tx_n\|^2+(1-\kappa)\|Tx_{n+1}\|^2-2(1-\kappa)\langle Tx_n,Tx_{n+1}\rangle.
\end{aligned}$$

综合以上两个式子, 故有

$$\begin{aligned}
\|Tx_{n+1}\|^2&=\|x_{n+1}-(I-T)x_{n+1}\|^2\\
&=\|x_n-\tau_nTx_n-(I-T)x_{n+1}\|^2\\
&=\|(1-\tau_n)Tx_n+((I-T)x_n-(I-T)x_{n+1})\|^2\\
&=(1-\tau_n)^2\|Tx_n\|^2+\|(I-T)x_n-(I-T)x_{n+1}\|^2\\
&\quad+2(1-\tau_n)\langle Tx_n,(I-T)x_n-(I-T)x_{n+1}\rangle\\
&\leqslant(1-\tau_n)^2\|Tx_n\|^2+(\tau_n^2+1-\kappa)\|Tx_n\|^2\\
&\quad+(1-\kappa)\|Tx_{n+1}\|^2-2(1-\kappa)\langle Tx_n,Tx_{n+1}\rangle\\
&\quad+2(1-\tau_n)((\tau_n-1)\|Tx_n\|^2+\langle Tx_n,Tx_{n+1}\rangle)
\end{aligned}$$

$$
\begin{aligned}
&= (2\tau_n - \kappa)\|Tx_n\|^2 + (1-\kappa)\|Tx_{n+1}\|^2 \\
&\quad + 2(\kappa - \tau_n)\langle Tx_n, Tx_{n+1}\rangle \\
&\leqslant (2\tau_n - k)\|Tx_n\|^2 + (1-\kappa)\|Tx_{n+1}\|^2 \\
&\quad + (\kappa - \tau_n)(\|Tx_n\|^2 + \|Tx_{n+1}\|^2) \\
&= \tau_n\|Tx_n\|^2 + (1-\tau_n)\|Tx_{n+1}\|^2.
\end{aligned}
$$

故有 $\|Tx_{n+1}\| \leqslant \|Tx_n\|$, 即 $\{\|Tx_n\|\}$ 为单调有界数列, 因此数列 $\{\|Tx_n\|\}$ 的极限存在. 结合 (4.20) 知 (4.19) 式成立.

最后, 证明 $\{x_n\}$ 的任意弱聚点都属于解集 Ω. 事实上, 根据性质 4.5 得

$$
\begin{aligned}
&\sum_{i=0}^{N}(1-\kappa_i)\|(I-T_i)A_ix_n\|^2 \\
&\leqslant 2\sum_{i=0}^{N}\langle (I-T_i)A_ix_n, A_ix_n - A_iz\rangle \\
&= 2\sum_{i=0}^{N}\langle A_i^*(I-T_i)A_ix_n, x_n - z\rangle \\
&= 2\left\langle \sum_{i=0}^{N} A_i^*(I-T_i)A_ix_n, x_n - z\right\rangle \\
&\leqslant 2\|Tx_n\|\|x_n - z\| \to 0.
\end{aligned}
$$

由于 T_i 为严格伪压缩的, 因此满足次闭原理, 由此可得 $\{x_n\}$ 的任意弱聚点都属于解集. 应用引理 3.1 可知, $\{x_n\}$ 弱收敛到问题 (4.1) 的一个解. □

4.1.4 变步长迭代方法

注意到前述步长选择需要事先知道 $\sum_{i=1}^{N}\|A_i\|^2$ 的确切值, 而这在实际问题中通常是非常困难的. 受简单凸集情形的启发, 我们可以构造变步长策略, 使其选择与 $\sum_{i=1}^{N}\|A_i\|^2$ 的值无关.

对任意的初始迭代点 $x_0 \in \mathcal{H}$, 构造如下迭代序列:

$$
x_{n+1} = U_\lambda\left[x_n - \tau_n\sum_{i=1}^{N} A_i^*(I-T_i)A_ix_n\right], \tag{4.21}
$$

其中 $\tau_n = 0$ 若 $\|\sum_{i=1}^{N} A_i^*(I-T_i)A_ix_n\| = 0$; 否则

$$
\tau_n = \frac{\min_{1\leqslant i\leqslant N}(1-\kappa_i)\sum_{i=1}^{N}\|(I-T_i)A_ix_n\|^2}{2\|\sum_{i=1}^{N} A_i^*(I-T_i)A_ix_n\|^2}. \tag{4.22}
$$

定理 4.4 假设 U 是 κ_0-拟严格伪压缩映射且满足次闭原理; T_i 是 κ_i-拟严格伪压缩映射且满足次闭原理, $i \in \Lambda$. 若问题 (4.1) 的解集非空, 则由 (4.21)-(4.22) 生成的序列 $\{x_n\}$ 弱收敛到该问题的一个解.

证明 令 $z \in \Omega$. 首先证明数列 $\{\|x_n - z\|\}$ 收敛. 记

$$\kappa = \min_{1 \leqslant i \leqslant N}(1 - \kappa_i), \quad \varepsilon = (1-\lambda)(\lambda - \kappa_0),$$

$$y_n = x_n - \tau_n \sum_{i=1}^{N} A_i^*(I - T_i)A_i x_n.$$

若 $\|\sum_{i=1}^{N} A_i^*(I - T_i)A_i x_n\| \neq 0$, 则利用类似方法可得

$$\begin{aligned}
\|y_n - z\|^2 &= \left\|(x_n - z) - \tau_n \sum_{i=1}^{N} A_i^*(I - T_i)A_i x_n\right\|^2 \\
&= \|x_n - z\|^2 + \tau_n^2 \left\|\sum_{i=1}^{N} A_i^*(I - T_i)A_i x_n\right\|^2 \\
&\quad - 2\tau_n \sum_{i=1}^{N} \langle x_n - z, A_i^*(I - T_i)A_i x_n\rangle \\
&\leqslant \|x_n - z\|^2 - \kappa\tau_n \sum_{i=1}^{N} \|(I - T_i)A_i x_n\|^2 \\
&\quad + \tau_n^2 \left\|\sum_{i=1}^{N} A_i^*(I - T_i)A_i x_n\right\|^2,
\end{aligned}$$

由 τ_n 的定义可得

$$\|y_n - z\|^2 \leqslant \|x_n - z\|^2 - \frac{\kappa\tau_n}{2} \sum_{i=1}^{N} \|(I - T_i)A_i x_n\|^2. \tag{4.23}$$

显然若 $\|\sum_{i=1}^{N} A_i^*(I - T_i)A_i x_n\| = 0$, 则上述不等式也成立. 综合不等式 (4.23) 与性质 4.1 可得

$$\begin{aligned}
&\|x_{n+1} - z\|^2 = \|U_\lambda y_n - z\|^2 \\
&\leqslant \|y_n - z\|^2 - \varepsilon\|(I - U)y_n\|^2 \\
&\leqslant \|x_n - z\|^2 - \varepsilon\|(I - U)y_n\|^2 - \frac{\kappa\tau_n}{2} \sum_{i=1}^{N} \|(I - T_i)A_i x_n\|^2.
\end{aligned} \tag{4.24}$$

特别地, $\|x_{n+1}-z\| \leqslant \|x_n - z\|$. 因此数列 $\{\|x_n - z\|\}$ 收敛.

下证序列 $\{x_n\}$ 的任意弱聚点都属于解集 Ω. 为此设 $x^\dagger$ 是 $\{x_n\}$ 的一个弱聚点, 则存在弱收敛于该点的子列 $\{x_{n_k}\}$. 由不等式 (4.24) 可得

$$\lim_{n\to\infty}\|(I-U)y_n\| = \lim_{n\to\infty}\tau_n\sum_{i=1}^N\|(I-T_i)A_ix_n\|^2 = 0. \tag{4.25}$$

由条件 (4.22) 及柯西-施瓦茨不等式得

$$\begin{aligned}\tau_n &= \frac{\kappa\sum_{i=1}^N\|(I-T_i)A_ix_n\|^2}{2\|\sum_{i=1}^N A_i^*(I-T_i)A_ix_n\|^2}\\ &\geqslant \frac{\kappa\sum_{i=1}^N\|(I-T_i)A_ix_n\|^2}{2(\sum_{i=1}^N\|A_i^*(I-T_i)A_ix_n\|)^2}\\ &\geqslant \frac{\kappa\sum_{i=1}^N\|(I-T_i)A_ix_n\|^2}{2(\sum_{i=1}^N\|A_i^*\|\|(I-T_i)A_ix_n\|)^2}\\ &\geqslant \frac{\kappa\sum_{i=1}^N\|(I-T_i)A_ix_n\|^2}{2(\sum_{i=1}^N\|A_i\|^2)(\sum_{i=1}^N\|(I-T_i)A_ix_n\|^2)}\\ &= \frac{\kappa}{2\sum_{i=1}^N\|A_i\|^2} > 0,\end{aligned}$$

结合 (4.25) 式可得

$$\lim_{n\to\infty}\sum_{i=1}^N\|(I-T_i)A_ix_n\| = 0. \tag{4.26}$$

注意到 $A_ix_{n_k} \rightharpoonup A_ix^\dagger$ 且 T_i 满足次闭原理, 则 $A_ix^\dagger \in \mathrm{Fix}(T_i), \forall i\in\Lambda$. 另一方面, 根据 (4.22) 式可得

$$\begin{aligned}\|y_n - x_n\| &= \left\|\tau_n\sum_{i=1}^N A_i^*(I-T_i)A_ix_n\right\|\\ &= \left(\frac{\kappa}{2}\tau_n\sum_{i=1}^N\|(I-T_i)A_ix_n\|^2\right)^{1/2}.\end{aligned}$$

因此由 (4.25) 式可得 $\|y_n - x_n\| \to 0$, 从而 $y_{n_k} \rightharpoonup x^\dagger, k\to\infty$. 再由映射 U 的次闭性假设, $x^\dagger \in \mathrm{Fix}(U)$. 因此 $x^\dagger \in \Omega$.

最后, 应用引理 3.1 知序列 $\{x_n\}$ 弱收敛到问题 (4.1) 的一个解. □

注 4.2　显然上述步长不需要任何关于 $\sum_{i=1}^N\|A_i\|^2$ 的信息.

推论 4.2 假设 U 是 κ_0-严格伪压缩映射, T_i 是 κ_i-严格伪压缩映射, $i \in \Lambda$. 若问题 (4.1) 的解集非空, 则由 (4.21)-(4.22) 生成的序列 $\{x_n\}$ 弱收敛到该问题的一个解.

受定理 3.8 中变步长策略的启发, 下面构造第二类变步长迭代方法. 注意该定理中迭代序列的收敛性用到了利普希茨连续性, 因此我们需要增加相关非线性映射的条件.

对任意的初始迭代点 $x_0 \in \mathcal{H}$, 选择合适的数列 $\{\varrho_n\}$. 给定当前迭代点 x_n, 若

$$\left\|(I-U)x_n + \sum_{i=1}^{N} A_i^*(I-T_i)A_i x_n\right\| = 0, \tag{4.27}$$

则停止迭代; 否则按照下列公式更新迭代序列:

$$x_{n+1} = x_n - \tau_n\left[(I-U)x_n + \sum_{i=1}^{N} A_i^*(I-T_i)A_i x_n\right], \tag{4.28}$$

其中步长参数满足

$$\tau_n = \frac{\varrho_n}{\|(I-U)x_n + \sum_{i=1}^{N} A_i^*(I-T_i)A_i x_n\|}. \tag{4.29}$$

定理 4.5 假设 U 是 κ_0-严格伪压缩映射, T_i 是 κ_i-严格伪压缩映射, $i \in \Lambda$; 数列 $\{\varrho_n\}$ 满足以下条件:

$$\sum_{n=0}^{\infty} \varrho_n = \infty, \quad \sum_{n=0}^{\infty} \varrho_n^2 < \infty. \tag{4.30}$$

若问题(4.1)的解集非空, 则由 (4.28)-(4.29) 生成的序列 $\{x_n\}$ 弱收敛到该问题的一个解.

证明 令 $z \in \Omega$, 首先证明数列 $\{\|x_n - z\|\}$ 收敛. 为简便起见, 记 $A_0 = I$, $T_0 = U$. 则 (4.28) 式可写成如下紧凑形式:

$$x_{n+1} = x_n - \tau_n \sum_{i=0}^{N} A_i^*(I-T_i)A_i x_n.$$

事实上, 令 $u_n = \sum_{i=0}^{N} A_i^*(I-T_i)A_i x_n$,

$$\tau = \min_{0 \leqslant i \leqslant N} \frac{1-\kappa_i}{(N+1)\|A_i\|^2}.$$

根据严格伪压缩映射的性质,

$$2\left\langle \sum_{i=0}^{N} A_i^*(I-T_i)A_i x_n, x_n - z \right\rangle$$

$$
\begin{aligned}
&= 2\sum_{i=0}^{N}\langle (I-T_i)A_i x_n, A_i x_n - A_i z\rangle \\
&\geqslant \sum_{i=0}^{N}(1-\kappa_i)\|(I-T_i)A_i x_n\|^2 \\
&\geqslant \sum_{i=0}^{N}\frac{1-\kappa_i}{\|A_i\|^2}\|A_i^*(I-T_i)A_i x_n\|^2 \\
&\geqslant (N+1)\tau\sum_{i=0}^{N}\|A_i^*(I-T_i)A_i x_n\|^2. \qquad (4.31)
\end{aligned}
$$

再由范数的凸性可得

$$
2\langle u_n, x_n - z\rangle \geqslant \tau\left(\sum_{i=0}^{N}\|A_i^*(I-T_i)A_i x_n\|\right)^2 \qquad (4.32)
$$

$$
\geqslant \tau\left\|\sum_{i=0}^{N}A_i^*(I-T_i)A_i x_n\right\|^2. \qquad (4.33)
$$

综合 (4.33) 式与 (4.29) 式,

$$
\begin{aligned}
\|x_{n+1}-z\|^2 &= \|x_n - z\|^2 - 2\tau_n\langle u_n, x_n - z\rangle + \tau_n^2\|u_n\|^2 \\
&\leqslant \|x_n - z\|^2 - \tau\varrho_n\|u_n\| + \varrho_n^2. \qquad (4.34)
\end{aligned}
$$

特别地, $\|x_{n+1}-z\|^2 \leqslant \|x_n - z\|^2 + \varrho_n^2$. 因此数列 $\{\|x_n - z\|\}$ 收敛.

下证序列 $\{x_n\}$ 的任意弱聚点都是问题 (4.1) 的一个解. 事实上, 根据 (4.34) 式, 由递推关系可得

$$
\sum_{n=0}^{\infty}\varrho_n\|u_n\| < \infty. \qquad (4.35)
$$

另一方面, 由性质 4.3 可得

$$
\begin{aligned}
\big|\|u_{n+1}\| - \|u_n\|\big| &\leqslant \|u_{n+1} - u_n\| \\
&= \left\|\sum_{i=0}^{N}A_i^*(I-T_i)A_i(x_n - x_{n+1})\right\| \\
&\leqslant \sum_{i=0}^{N}\|A_i^*(I-T_i)A_i(x_n - x_{n+1})\|
\end{aligned}
$$

$$\leqslant \sum_{i=0}^{N} \|A_i^*\| \|(I - T_i)A_i(x_n - x_{n+1})\|$$

$$\leqslant \sum_{i=0}^{N} \frac{2\|A_i\|}{1 - \sqrt{\kappa_i}} \|A_i(x_n - x_{n+1})\|$$

$$\leqslant \sum_{i=0}^{N} \frac{2\|A_i\|^2}{1 - \sqrt{\kappa_i}} \|x_n - x_{n+1}\|$$

$$= \left(\sum_{i=0}^{N} \frac{2\|A_i\|^2}{1 - \sqrt{\kappa_i}} \right) \varrho_n.$$

因此由引理 1.13 得 $\lim_n \|u_n\| = 0$. 注意到 (4.31) 式蕴含

$$\sum_{i=0}^{N} (1 - \kappa_i) \|(I - T_i)A_i x_n\|^2 \leqslant 2\|u_n\| \|x_n - z\| \to 0.$$

由假设知 $\{T_i\}_{i=0}^N$ 均满足次闭原理, 由此可得 $\{x_n\}$ 的任意弱聚点都属于解集.

最后, 应用引理 3.1 可知, $\{x_n\}$ 弱收敛到问题 (4.1) 的一个解. □

注 4.3 显然序列 $\varrho_n = 1/(n+1)^p, \dfrac{1}{2} < p \leqslant 1$ 满足条件 (4.30).

注 4.4 若 (4.27) 式成立, 当前迭代点 x_n 即为问题 (4.1) 的一个解. 事实上, 由 (4.31) 式可得

$$\sum_{i=0}^{N} (1 - \kappa_i) \|(I - T_i)A_i x_n\|^2$$

$$\leqslant 2 \left\| \sum_{i=0}^{N} A_i^*(I - T_i)A_i x_n \right\| \|x_n - z\| = 0.$$

从而有 $\sum_{i=0}^N \|(I - T_i)A_i x_n\| = 0 \Longrightarrow A_i x_n \in \bigcap_i \mathrm{Fix}(T_i)$, 即 $x_n \in \Omega$.

注 4.5 一个自然的问题是关于严格伪压缩的假设能否减弱为拟严格伪压缩映射. 事实上, 由以上证明过程可以看出, 利普希茨连续性在收敛性分析中起了关键作用, 而拟严格伪压缩映射一般是不连续的.

4.2 伪压缩映射

4.2.1 伪压缩映射的定义

本节考虑伪压缩映射的不动点集. 下面给出拟伪压缩映射与伪压缩映射的定义, 以下设 U 是定义在空间 $\mathcal{H}$ 上的自映射.

定义 4.3 若对任意的 $x, y \in \mathcal{H}$ 都满足下列不等式:

$$\|Ux - Uy\|^2 \leqslant \|x - y\|^2 + \|(I - U)x - (I - U)y\|^2,$$

则称 U 为伪压缩映射.

定义 4.4 设 U 有非空的不动点集. 若对任意的 $(x, z) \in \mathcal{H} \times \mathrm{Fix}(U)$ 都成立

$$\|Ux - z\|^2 \leqslant \|x - z\|^2 + \|x - Ux\|^2,$$

则称 U 为拟伪压缩映射.

拟伪压缩映射是一类更广泛的非线性映射族. 事实上, 拟伪压缩映射显然包含了拟严格伪压缩映射与拟非扩张映射, 而伪压缩映射显然包含了严格伪压缩映射及非扩张映射. 然而, 从下面的例子可以看出, 相反的包含关系并不成立.

例子 4.3 定义 $\mathbb{R}$ 上的映射 $U : [0, 1] \to [0, 1]$ 如下:

$$Ux = \begin{cases} \dfrac{1}{2}, & 0 \leqslant x \leqslant \dfrac{1}{2}, \\ 0, & \dfrac{1}{2} < x \leqslant 1. \end{cases} \tag{4.36}$$

则显然 U 是拟伪压缩的, 并且有唯一的不动点 $z = \dfrac{1}{2}$. 然而 U 却不是拟严格伪压缩映射. 事实上, 令 $0 < \kappa < 1$, 则对任意的 $x \in \left(\dfrac{1}{2}, (\kappa + 1)^{-1}\right)$, 成立

$$\|Ux - z\|^2 = \frac{1}{4},$$

而

$$\|x - z\|^2 + \kappa\|x - Ux\|^2 < \frac{1}{4}.$$

因此 U 是拟伪压缩映射, 但不是拟严格伪压缩映射.

4.2.2 伪压缩映射的性质

下面我们给出伪压缩映射的一些基本性质[115]. 与严格伪压缩映射类似, 伪压缩映射与单调映射也存在等价关系. 事实上, U 是伪压缩的当且仅当 $I - U$ 是单调的.

性质 4.10 映射 $U : \mathcal{H} \to \mathcal{H}$ 是拟伪压缩的当且仅当

$$\langle (I - U)x, x - z \rangle \geqslant 0, \quad \forall x \in \mathcal{H}, z \in \mathrm{Fix}(U).$$

U 是伪压缩的当且仅当

$$\langle (I - U)x - (I - U)y, x - y \rangle \geqslant 0, \quad \forall x, y \in \mathcal{H}.$$

证明 下面仅验证拟伪压缩的情形. 若 U 是拟伪压缩的, 则由其定义可得

$$2\langle (I-U)x, x-z\rangle = \|x-z\|^2 - \|Ux-z\|^2 + \|x-Ux\|^2 \geqslant 0,$$

故所证不等式成立. 另一方面, 若已知不等式成立, 则有

$$\begin{aligned}\|Ux-z\|^2 &= \|x-z\|^2 + \|x-Ux\|^2 - 2\langle (I-U)x, x-z\rangle \\ &\leqslant \|x-z\|^2 + \|x-Ux\|^2,\end{aligned}$$

故 U 是拟伪压缩的. 伪压缩的情形用类似方法可得. □

性质 4.11 若 $U:\mathcal{H}\to\mathcal{H}$ 是拟伪压缩映射, 则 $\mathrm{Fix}(U)$ 是闭凸集.

证明 由性质 4.10, 容易验证

$$\begin{aligned}\mathrm{Fix}(U) &= \bigcap_{x\in\mathcal{H}} \{z\in\mathcal{H} : \langle x-Ux, x-z\rangle \geqslant 0\} \\ &= \bigcap_{x\in\mathcal{H}} \{z\in\mathcal{H} : \langle x-Ux, z\rangle \leqslant \langle x-Ux, x\rangle\}.\end{aligned}$$

注意到 $\{z\in\mathcal{H} : \langle x-Ux, z\rangle \leqslant \langle x-Ux, x\rangle\}$ 为半空间. 作为无穷多个闭凸集的交, $\mathrm{Fix}(U)$ 显然也是 $\mathcal{H}$ 中的闭凸集. □

性质 4.12 对每个 $i\in\Lambda$, 设 $0<\omega_i<1, \sum_{i=1}^N \omega_i = 1$. 若每个 $U_i:\mathcal{H}\to\mathcal{H}$ 都是拟伪压缩映射, 且满足

$$\mathrm{Fix}\left(\sum_{i=1}^N \omega_i U_i\right) = \bigcap_{i=1}^N \mathrm{Fix}(U_i) \neq \varnothing, \tag{4.37}$$

则 $\sum_{i=1}^N \omega_i U_i$ 也是拟伪压缩映射. 特别地, 若每个 U_i 是伪压缩映射, 则 $\sum_{i=1}^N \omega_i U_i$ 也是伪压缩映射.

证明 设 $x\in\mathcal{H}, z\in\mathrm{Fix}(\sum_{i=1}^N \omega_i U_i)$. 由 (4.37) 式, $z\in\bigcap_i \mathrm{Fix}(U_i)$. 故由性质 4.10, 对每个 $i\in\Lambda$, 都有

$$\langle (I-U_i)x, x-z\rangle \geqslant 0.$$

注意到 $\sum_{i=1}^N \omega_i = 1$. 应用性质 4.10 得

$$\left\langle \left(I-\sum_{i=1}^N \omega_i U_i\right)x, x-z\right\rangle = \sum_{i=1}^N \omega_i \langle (I-U_i)x, x-z\rangle \geqslant 0.$$

由性质 4.10, $\sum_{i=1}^N \omega_i U_i$ 是拟伪压缩映射. □

设 $U:\mathcal{H}\to\mathcal{H}, T_i:\mathcal{H}_i\to\mathcal{H}_i, A_i\in\mathcal{B}(\mathcal{H},\mathcal{H}_i), i\in\Lambda$. 对任意的实数 $\lambda>0$, 定义映射如下:

$$T_\lambda = I-\lambda\sum_{i=1}^N A_i^*(I-T_i)A_i, \tag{4.38}$$

$$\mathcal{T}_\lambda = I-\lambda\sum_{i=1}^N A_i^*(I-T_i)A_iT_\lambda. \tag{4.39}$$

定义线性映射 $\mathcal{A}:\mathcal{H}\to\mathcal{H}_1\times\mathcal{H}_2\cdots\mathcal{H}_N$ 如下

$$\mathcal{A}x=(A_1x,A_2x,\cdots,A_Nx),\quad \forall x\in\mathcal{H}, \tag{4.40}$$

不难验证其共轭映射 $\mathcal{A}^*:\mathcal{H}_1\times\mathcal{H}_2\cdots\mathcal{H}_N\to\mathcal{H}$ 如下:

$$\mathcal{A}^*y=\sum_{i=1}^N A_i^*y_i,\quad \forall y\in\mathcal{H}_1\cdots\mathcal{H}_N. \tag{4.41}$$

性质 4.13 设 $\mathcal{A}^*$ 是单射, 对每个 $i\in\Lambda$, T_i 是 L_i-利普希茨连续拟伪压缩映射, 且有 $\bigcap_{i=1}^N A_i^{-1}(\mathrm{Fix}(T_i))\neq\varnothing$. 若 $0<\lambda\sum_{i=1}^N(1+L_i)\|A_i\|^2<1$, 则

$$\mathrm{Fix}(T_\lambda)=\mathrm{Fix}(\mathcal{T}_\lambda)=\bigcap_{i=1}^N A_i^{-1}(\mathrm{Fix}(T_i)).$$

证明 显然有 $\bigcap_{i=1}^N A_i^{-1}(\mathrm{Fix}(T_i))\subset\mathrm{Fix}(T_\lambda)\subset\mathrm{Fix}(\mathcal{T}_\lambda)$. 为证相反的包含关系, 令 $z\in\mathrm{Fix}(\mathcal{T}_\lambda)$, 即 $z=\mathcal{T}_\lambda z$. 则由利普希茨连续性,

$$\begin{aligned}
&\|T_\lambda z-z\|=\|T_\lambda z-\mathcal{T}_\lambda z\|\\
&=\lambda\left\|\sum_{i=1}^N A_i^*((I-T_i)A_iz-(I-T_i)A_iT_\lambda z)\right\|\\
&\leqslant\lambda\sum_{i=1}^N\|A_i^*\|\|(I-T_i)A_iz-(I-T_i)A_iT_\lambda z\|\\
&\leqslant\lambda\sum_{i=1}^N(1+L_i)\|A_i\|\|A_iz-A_iT_\lambda z\|\\
&\leqslant\lambda\sum_{i=1}^N(1+L_i)\|A_i\|^2\|z-T_\lambda z\|\\
&=\left(\lambda\sum_{i=1}^N(1+L_i)\|A_i\|^2\right)\|z-T_\lambda z\|,
\end{aligned}$$

故有

$$\left(1-\lambda\sum_{i=1}^{N}(1+L_i)\|A_i\|^2\right)\|T_\lambda z-z\|\leqslant 0.$$

注意到 $\lambda\sum_{i=1}^{N}(1+L_i)\|A_i\|^2<1$, 则有 $\|T_\lambda z-z\|=0$, 即 $z\in \mathrm{Fix}(T_\lambda)$. 因此 $\mathrm{Fix}(\mathcal{T}_\lambda)\subset \mathrm{Fix}(T_\lambda)$.

下证 $\mathrm{Fix}(T_\lambda)\subset\bigcap_{i=1}^{N}A_i^{-1}(\mathrm{Fix}(T_i))$. 任取 $x\in\mathrm{Fix}(T_\lambda)$, 则

$$\sum_{i=1}^{N}A_i^*(I-T_i)A_ix=0.$$

设 $\mathcal{A}$ 是由 (4.40) 式定义的线性映射, 记 $\mathbf{x}=((I-T_1)A_1x,(I-T_2)A_2x,\cdots,(I-T_N)A_Nx)$, 则有 $\mathcal{A}^*\mathbf{x}=0$. 由于 $\mathcal{A}^*$ 是单射, $\mathbf{x}=0$, 此即 $T_i(A_ix)=A_ix, i\in\Lambda$. 从而有 $\mathrm{Fix}(T_\lambda)\subset\bigcap A_i^{-1}(\mathrm{Fix}(T_i))$. □

性质 4.14 对每个 $i\in\Lambda$, 设 T_i 是 L_i-利普希茨连续拟伪压缩映射. 则对任意的 $(x,z)\in\mathcal{H}\times\bigcap_{i=1}^{N}A_i^{-1}(\mathrm{Fix}(T_i))$, 都有

$$\|\mathcal{T}_\lambda x-z\|^2\leqslant\|x-z\|^2+\left[\lambda^2\left(\sum_{i=1}^{N}(1+L_i)\|A_i\|^2\right)^2-1\right]\|x-T_\lambda x\|^2.$$

证明 注意到对每个 $i\in\Lambda$, 都有 $A_iz\in\mathrm{Fix}(T_i)$, 则由性质 4.10,

$$\begin{aligned}
&\langle x-z,A_i^*(I-T_i)A_iT_\lambda x\rangle\\
&=\langle x-T_\lambda x,A_i^*(I-T_i)A_iT_\lambda x\rangle+\langle T_\lambda x-z,A_i^*(I-T_i)A_iT_\lambda x\rangle\\
&=\langle A_ix-A_iT_\lambda x,(I-T_i)A_iT_\lambda x\rangle+\langle A_iT_\lambda x-A_iz,(I-T_i)A_iT_\lambda x\rangle\\
&\geqslant\langle A_ix-A_iT_\lambda x,(I-T_i)A_iT_\lambda x\rangle\\
&=\langle x-T_\lambda x,A_i^*(I-T_i)A_iT_\lambda x\rangle,
\end{aligned}$$

由此可得

$$\begin{aligned}
&-2\lambda\left\langle x-z,\sum_{i=1}^{N}A_i^*(I-T_i)A_iT_\lambda x\right\rangle\\
&=-2\lambda\sum_{i=1}^{N}\langle x-z,A_i^*(I-T_i)A_iT_\lambda x\rangle\\
&\leqslant-2\lambda\sum_{i=1}^{N}\langle x-T_\lambda x,A_i^*(I-T_i)A_iT_\lambda x\rangle
\end{aligned}$$

$$
\begin{aligned}
&= -2\left\langle x - T_\lambda x, \lambda \sum_{i=1}^{N} A_i^*(I - T_i)A_i T_\lambda x \right\rangle \\
&= -2\left\langle x - T_\lambda x, x - \mathcal{T}_\lambda x \right\rangle \\
&= \|T_\lambda x - \mathcal{T}_\lambda x\|^2 - \|x - T_\lambda x\|^2 - \|x - \mathcal{T}_\lambda x\|^2.
\end{aligned}
$$

利用 T_i 的利普希茨连续性,

$$
\begin{aligned}
\|T_\lambda x - \mathcal{T}_\lambda x\| &= \lambda \left\| \sum_{i=1}^{N} A_i^*((I - T_i)A_i x - (I - T_i)A_i T_\lambda x) \right\| \\
&\leqslant \lambda \sum_{i=1}^{N} \|A_i^*\| \|(I - T_i)A_i x - (I - T_i)A_i T_\lambda x\| \\
&\leqslant \lambda \sum_{i=1}^{N} \|A_i^*\|(1 + L_i)\|A_i x - A_i T_\lambda x\|,
\end{aligned}
$$

因此

$$
\|T_\lambda x - \mathcal{T}_\lambda x\| \leqslant \lambda \sum_{i=1}^{N} (1 + L_i)\|A_i\|^2 \|x - T_\lambda x\|. \tag{4.42}
$$

综合以上两个不等式,

$$
\begin{aligned}
&-2\lambda \left\langle x - z, \sum_{i=1}^{N} A_i^*(I - T_i)A_i T_\lambda x \right\rangle \\
\leqslant &\left[\lambda^2 \left(\sum_{i=1}^{N} (1 + L_i)\|A_i\|^2 \right)^2 - 1 \right] \|x - T_\lambda x\|^2 - \|x - \mathcal{T}_\lambda x\|^2,
\end{aligned}
$$

由此可得

$$
\begin{aligned}
\|\mathcal{T}_\lambda x - z\|^2 &= \left\| (x - z) - \lambda \sum_{i=1}^{N} A_i^*(I - T_i)A_i T_\lambda x \right\|^2 \\
&= \|x - z\|^2 - 2\lambda \left\langle x - z, \sum_{i=1}^{N} A_i^*(I - T_i)A_i T_\lambda x \right\rangle + \|x - \mathcal{T}_\lambda x\|^2 \\
&\leqslant \|x - z\|^2 + \left[\lambda^2 \left(\sum_{i=1}^{N} (1 + L_i)\|A_i\|^2 \right)^2 - 1 \right] \|x - T_\lambda x\|^2.
\end{aligned}
$$

因此结论得证. □

性质 4.15 对每个 $i\in\Lambda$, 设 $0<\lambda\sum_{i=1}^{N}(1+L_i)\|A_i\|^2<1$, T_i 是 L_i-利普希茨连续拟伪压缩映射, $\mathcal{A}^*$ 是单射. 若 T_i 满足次闭原理, 则 T_λ, $\mathcal{T}_\lambda$ 均满足次闭原理.

证明 首先证映射 T_λ 满足次闭原理. 为此设 $\{x_n\}\subset\mathcal{H}$ 满足 $x_n\rightharpoonup\tilde{x}$, $x_n-T_\lambda x_n\to 0$. 应用性质 4.13, $\mathrm{Fix}(T_\lambda)=\bigcap_{i=1}^{N}A_i^{-1}(\mathrm{Fix}(T_i))$, 因此下面只需验证 $\tilde{x}\in\bigcap_{i=1}^{N}A_i^{-1}(\mathrm{Fix}(T_i))$. 事实上, 由 T_λ 的定义,

$$\lambda\sum_{i=1}^{N}A_i^*(I-T_i)A_ix_n=x_n-T_\lambda x_n\to 0.$$

设 $\mathcal{A}$ 是由 (4.40) 式定义的线性映射, 记 $\mathbf{x}_n=((I-T_1)A_1x_n,(I-T_2)A_2x_n,\cdots,(I-T_N)A_Nx_n)$, 则有 $\mathcal{A}^*\mathbf{x}_n\to 0$. 由于 $\mathcal{A}^*$ 是单射, 根据逆映射定理, $\mathcal{A}^*$ 存在线性有界逆映射 $(\mathcal{A}^*)^{-1}$, 因此

$$\|\mathbf{x}_n\|=\|(\mathcal{A}^*)^{-1}\mathcal{A}^*\mathbf{x}_n\|\leqslant\|(\mathcal{A}^*)^{-1}\|\|\mathcal{A}^*\mathbf{x}_n\|\to 0,$$

故 $\|\mathbf{x}_n\|\to 0$, 即 $(I-T_i)A_ix_n\to 0, i\in\Lambda$. 注意到 A_i 的线性性质蕴含 $A_ix_n\rightharpoonup A_i\tilde{x}$, 则根据 T_i 的次闭性有 $A_i\tilde{x}=T_i(A_i\tilde{x})$. 故 $\tilde{x}\in\bigcap_{i=1}^{N}A_i^{-1}(\mathrm{Fix}(T_i))$.

下证映射 $\mathcal{T}_\lambda$ 的次闭性. 令序列 $\{x_n\}$ 满足 $x_n\rightharpoonup\tilde{x}$, 以及 $x_n-\mathcal{T}_\lambda x_n\to 0$. 应用性质 4.13, $\mathrm{Fix}(T_\lambda)=\mathrm{Fix}(\mathcal{T}_\lambda)$, 因此只需验证 $\tilde{x}\in\mathrm{Fix}(T_\lambda)$. 由不等式 (4.42),

$$\begin{aligned}\|x_n-T_\lambda x_n\|&\leqslant\|x_n-\mathcal{T}_\lambda x_n\|+\|T_\lambda x_n-\mathcal{T}_\lambda x_n\|\\&\leqslant\|x_n-\mathcal{T}_\lambda x_n\|+\lambda\sum_{i=1}^{N}(1+L_i)\|A_i\|^2\|x_n-T_\lambda x_n\|,\end{aligned}$$

从而有

$$\|x_n-T_\lambda x_n\|\leqslant\frac{\|x_n-\mathcal{T}_\lambda x_n\|}{1-\lambda\sum_{i=1}^{N}(1+L_i)\|A_i\|^2}\to 0.$$

由于前面已证 T_λ 满足次闭原理, 则有 $\tilde{x}\in\mathrm{Fix}(T_\lambda)$. □

特别地, 若 $N=1$, 则有如下推论.

推论 4.3 设 $U_\lambda=I-\lambda(I-U)$, $\mathcal{U}_\lambda=I-\lambda(I-U)U_\lambda$, $U:\mathcal{H}\to\mathcal{H}$ 是 L-利普希茨连续拟伪压缩映射. 若 $0<\lambda(1+L)<1$, 则以下结论成立.

(1) $\mathrm{Fix}(U)=\mathrm{Fix}(U_\lambda)=\mathrm{Fix}(\mathcal{U}_\lambda)$;

(2) 若 U 满足次闭原理, 则 U_λ 与 $\mathcal{U}_\lambda$ 也满足次闭原理;

(3) 对任意的 $(x,z)\in\mathcal{H}\times\mathrm{Fix}(U)$, 下列不等式成立:

$$\|\mathcal{U}_\lambda x-z\|^2\leqslant\|x-z\|^2-\left[1-\lambda^2(1+L)^2\right]\|x-U_\lambda x\|^2.$$

最后, 证明伪压缩映射的一个重要性质, 即次闭原理.

性质 4.16　若 $U:\mathcal{H}\to\mathcal{H}$ 是连续伪压缩映射, 则 U 满足次闭原理.

证明　设 $\{x_n\}\subset\mathcal{H}$ 满足 $x_n\rightharpoonup\tilde{x}$, $x_n-Ux_n\to 0$, 下面只需验证 $\tilde{x}\in\mathrm{Fix}(U)$. 因为 U 是伪压缩映射, $I-U$ 为单调映射, 所以对 $\forall z\in\mathcal{H}$ 有

$$\langle(x_n-Ux_n)-(z-Uz),x_n-z\rangle\geqslant 0.$$

令 $n\to\infty$, $\langle z-Uz,\tilde{x}-z\rangle\leqslant 0$. 令

$$z_n=\tilde{x}+\frac{1}{n}(U\tilde{x}-\tilde{x}).$$

在上式中令 $z=z_n$ 得

$$\langle z_n-Uz_n,\tilde{x}-U\tilde{x}\rangle\leqslant 0.$$

注意到 $z_n\to\tilde{x}$, 则 U 的连续性蕴含 $Uz_n\to U\tilde{x}$. 在上式中令 $n\to\infty$, 则有 $\|\tilde{x}-U\tilde{x}\|^2\leqslant 0$, 即 $\tilde{x}\in\mathrm{Fix}(U)$. □

4.2.3　外梯度投影方法

变分不等式是现代优化理论和非线性分析的重要研究内容, 被广泛应用于线性与非线性规划、最优化理论与控制、经济与金融等领域, 是解决这些领域中实际问题的重要理论基础[116–120]. 单调变分不等式要求在非空闭凸集 C 中找到一个点 x^* 使其满足

$$\langle f(x^*),x-x^*\rangle\geqslant 0,\quad\forall x\in C,$$

其中 $f:\mathcal{H}\to\mathcal{H}$ 是一个单调映射. Korpelevich 提出的外梯度方法[121] 是求解变分不等式问题的经典方法之一. 对任意的初始迭代点 x_0, 外梯度方法按照如下递推公式生成迭代序列:

$$\begin{cases}y_n=P_C\left(x_n-\tau f\left(x_n\right)\right),\\ x_{n+1}=P_C\left(x_n-\tau f\left(y_n\right)\right).\end{cases}$$

在 f 满足 L-利普希茨连续性的假设下, 若步长参数满足 $0<\tau<1/L$, 则上述外梯度方法弱收敛到变分不等式问题的一个解. 关于单调变分不等式的解法, 还包括 Popov 的外梯度方法[122]、Censor 基于次梯度的外梯度方法[123]、Tseng 的前向-倒向算子分裂法[124], 以及 Malitsky 的投影反射梯度法[125].

考虑到伪压缩映射与单调映射之间的等价关系, 基于 Korpelevich 外梯度方法的思想可以构造求解问题 (4.1) 的迭代方法. 给定两个参数 $\tau>0,\lambda>0$, 以下记

$$\begin{aligned}&U_\lambda=I-\lambda(I-U),\\ &T_\tau=I-\tau\sum_{i=1}^{N}A_i^*(I-T_i)A_i.\end{aligned}\tag{4.43}$$

定理 4.6 对任意的初始迭代点 x_0, 构造如下迭代序列 x_n:

$$\begin{cases} y_n = x_n - \tau \sum_{i=1}^{N} A_i^*(I - T_i)A_i T_\tau x_n, \\ x_{n+1} = y_n - \lambda(I - U)U_\lambda y_n, \end{cases} \tag{4.44}$$

假设 U 是 L_0-利普希茨连续拟伪压缩映射且满足次闭原理, $T_i, i \in \Lambda$ 是 L_i-利普希茨连续拟伪压缩映射且满足次闭原理, $\mathcal{A}^*$ 是单射, 参数满足下列条件:

$$0 < \lambda(1 + L_0) < 1, \quad 0 < \tau \sum_{i=1}^{N} (1 + L_i)\|A_i\|^2 < 1. \tag{4.45}$$

若问题 (4.1) 的解集非空, 则迭代序列 $\{x_n\}$ 弱收敛到该问题的一个解.

证明 令 $z \in \Omega$. 首先证明数列 $\{\|x_n - z\|\}$ 收敛. 令

$$\epsilon = \min\left(1 - \lambda^2(1 + L_0)^2, 1 - \tau^2\left(\sum_{i=1}^{N}(1 + L_i)\|A_i\|^2\right)^2\right).$$

则由性质 4.14 与推论 4.3 得

$$\|y_n - z\|^2 \leqslant \|x_n - z\|^2 - \left[1 - \tau^2\left(\sum_{i=1}^{N}(1 + L_i)\|A_i\|^2\right)^2\right]\|x_n - T_\tau x_n\|^2,$$

$$\|x_{n+1} - z\|^2 \leqslant \|y_n - z\|^2 - \left[1 - \lambda^2(1 + L_0)^2\right]\|y_n - U_\lambda y_n\|^2.$$

由 ϵ 的定义, 综合上述两个不等式,

$$\|x_{n+1} - z\|^2 \leqslant \|x_n - z\|^2 - \epsilon\left(\|y_n - U_\lambda y_n\|^2 + \|x_n - T_\tau x_n\|^2\right). \tag{4.46}$$

特别地, $\|x_{n+1} - z\| \leqslant \|x_n - z\|$. 因此数列 $\{\|x_n - z\|\}$ 收敛.

下证序列 $\{x_n\}$ 的任一弱聚点都是问题 (4.1) 的一个解. 事实上, 再由不等式 (4.46) 可得

$$\epsilon\left(\|y_n - U_\lambda y_n\|^2 + \|x_n - T_\tau x_n\|^2\right) \leqslant \|x_n - z\|^2 - \|x_{n+1} - z\|^2.$$

通过归纳法不难证明

$$\sum_{n=0}^{\infty}\left(\|(I - U_\lambda)y_n\|^2 + \|x_n - T_\tau x_n\|^2\right) < \infty.$$

特别地,

$$\lim_{n\to\infty}\|(I - U_\lambda)y_n\| = \lim_{n\to\infty}\|x_n - T_\tau x_n\| = 0. \tag{4.47}$$

由 (4.44), (4.43) 与 (4.47) 式可得

$$
\begin{aligned}
\|y_n - T_\tau x_n\| &= \tau \left\| \sum_{i=1}^N A_i^*(I-T_i)A_iT_\tau x_n - \sum_{i=1}^N A_i^*(I-T_i)A_ix_n \right\| \\
&\leqslant \tau \sum_{i=1}^N \|A_i^*\| \|(I-T_i)A_iT_\tau x_n - (I-T_i)A_ix_n\| \\
&\leqslant \tau \sum_{i=1}^N (1+L_i)\|A_i\|^2 \|T_\tau x_n - x_n\| \\
&\leqslant \|T_\tau x_n - x_n\|.
\end{aligned}
$$

由此不等式与 (4.47) 式得

$$
\begin{aligned}
\varlimsup_{n\to\infty} \|y_n - x_n\| &\leqslant \varlimsup_{n\to\infty} (\|y_n - T_\tau x_n\| + \|x_n - T_\tau x_n\|) \\
&\leqslant 2 \varlimsup_{n\to\infty} \|x_n - T_\tau x_n\| = 0.
\end{aligned} \tag{4.48}
$$

设 $\tilde{x}$ 是序列 $\{x_n\}$ 的任一弱聚点, 则存在子列 $\{x_{n_k}\}$ 使得 $x_{n_k} \rightharpoonup \tilde{x}, k\to\infty$. 注意到此时 (4.48) 式蕴含 $y_{n_k} \rightharpoonup \tilde{x}$, 同时由于

$$
\lambda\|y_n - Uy_n\| = \|U_\lambda y_n - y_n\| \to 0,
$$

故由 U 的次闭性知 $\tilde{x} \in \mathrm{Fix}(U)$. 另一方面, 注意到由 (4.43) 知

$$
\tau \left\| \sum_{i=1}^N A_i^*(I-T_i)A_ix_n \right\| = \|T_\tau x_n - x_n\| \to 0.
$$

类似地, 不难验证 $(I-T_i)A_ix_n \to 0, i\in\Lambda$. 注意到 $A_ix_n \rightharpoonup A_i\tilde{x}$, 则根据 T_i 的次闭性, $A_i\tilde{x} = T_i(A_i\tilde{x})$, 即 $\tilde{x} \in A_i^{-1}(\mathrm{Fix}(T_i)), i\in\Lambda$. 综上可知 $\tilde{x}\in\Omega$.

最后, 应用引理 3.1 可知 $\{x_n\}$ 弱收敛到问题 (4.1)的一个解. □

注 4.6 与现有方法[113] 相比, 我们允许步长参数有更大的选择范围. 事实上, 我们将 τ 的上界从 $1/(1+\sqrt{1+L_1^2})\|A\|^2$ 改进为 $1/(1+L_1)\|A\|^2$, 将 λ 的上界从 $1/(1+\sqrt{1+L_0^2})$ 改进为 $1/(1+L_0)$.

注 4.7 根据 Popov 的外梯度方法, 基于次梯度的外梯度方法、前向-倒向算子分裂法, 以及投影反射梯度法, 我们可以构造新的迭代方法求解问题 (4.1).

根据性质 4.16, 连续伪压缩映射满足次闭原理, 由此可得如下推论.

推论 4.4 假设 U 是 L_0-利普希茨连续伪压缩映射, $T_i, i\in\Lambda$ 是 L_i-利普希茨连续伪压缩映射, $\mathcal{A}^*$ 是单射, τ,λ 满足条件 (4.45). 若问题 (4.1) 的解集非空, 则由 (4.44) 生成的序列 $\{x_n\}$ 弱收敛到该问题的一个解.

以下令 $T_0=U, A_0=I$,

$$T_\tau=I-\tau\sum_{i=0}^{N}A_i^*(I-T_i)A_i.$$

下面考虑构造第二种求解问题 (4.1) 的迭代方法.

定理 4.7 对任意的初始迭代点 x_0, 构造如下迭代序列:

$$x_{n+1}=x_n-\tau\sum_{i=0}^{N}A_i^*(I-T_i)A_iT_\tau x_n. \tag{4.49}$$

假设 U 是 L_0-利普希茨连续拟伪压缩映射且满足次闭原理, $T_i, i\in\Lambda$ 是 L_i-利普希茨连续拟伪压缩映射且满足次闭原理, $\mathcal{A}^*$ 是单射,

$$0<\tau<\frac{1}{\sum_{i=0}^{N}(1+L_i)\|A_i\|^2}. \tag{4.50}$$

若问题 (4.1) 的解集非空, 则迭代序列 $\{x_n\}$ 弱收敛到该问题的一个解.

证明 令 $z\in\Omega$. 首先证明数列 $\{\|x_n-z\|\}$ 收敛. 令

$$\epsilon=1-\tau^2\left(\sum_{i=0}^{N}(1+L_i)\|A_i\|^2\right)^2.$$

则由性质 4.14 得

$$\|x_{n+1}-z\|^2\leqslant\|x_n-z\|^2-\left[1-\tau^2\left(\sum_{i=0}^{N}(1+L_i)\|A_i\|^2\right)^2\right]\|x_n-T_\tau x_n\|^2;$$

条件 (4.50) 蕴含 $\epsilon>0$, 故由其定义可得

$$\|x_{n+1}-z\|^2\leqslant\|x_n-z\|^2-\epsilon\|x_n-T_\tau x_n\|^2. \tag{4.51}$$

特别地, $\|x_{n+1}-z\|\leqslant\|x_n-z\|$. 从而数列 $\{\|x_n-z\|\}$ 收敛.

下证序列 $\{x_n\}$ 的任一弱聚点都是问题 (4.1) 的一个解. 事实上, 结合不等式 (4.51), 利用归纳法不难证明 $\sum_{n=0}^{\infty}\|x_n-T_\tau x_n\|^2<\infty$. 特别地,

$$\lim_{n\to\infty}\|x_n-T_\tau x_n\|=0. \tag{4.52}$$

根据性质 4.15, T_τ 满足次闭原理, 因此序列 $\{x_n\}$ 的任一弱聚点 $\tilde{x}$ 都是其不动点. 从而应用性质 4.13 知

$$\tilde{x}\in\operatorname{Fix}(T_\tau)=\bigcap_{i=0}^{N}A_i^{-1}(\operatorname{Fix}(T_i))=\Omega.$$

应用引理 3.1 可知 $\{x_n\}$ 弱收敛到问题 (4.1) 的一个解. □

推论 4.5　假设 U 是 L_0-利普希茨连续伪压缩映射, $T_i, i \in \Lambda$ 是 L_i-利普希茨连续伪压缩映射, $\mathcal{A}^*$ 是单射, τ 满足条件 (4.50). 若问题 (4.1) 的解集非空, 则由 (4.49) 生成的序列 $\{x_n\}$ 弱收敛到该问题的一个解.

在前面构造的迭代方法中, 需要 $\mathcal{A}^*$ 是单射的假设, 因而制约了其应用范围. 另一方面, 注意到由推论 4.3, 映射 $\mathcal{U}_\lambda$ 是拟非扩张的, 且与映射 U 有共同的不动点集. 根据这一特性, 可以利用处理拟严格伪压缩映射的思想来求解问题 (4.1), 此时不需要对线性映射增加任何额外条件.

设 $\tau_i(i \in \Lambda_0)$ 是适当选择的参数, 以下记

$$U_{\tau_0} = I - \tau_0(I - U), \quad T_{\tau_i} = I - \tau_i(I - T_i),$$

$$\mathcal{U}_{\tau_0} = I - \tau_0(I - U)U_{\tau_0}, \quad \mathcal{T}_{\tau_i} = I - \tau_i(I - T_i)T_{\tau_i}.$$

定理 4.8　对任意的初始迭代点 x_0, 构造如下迭代序列:

$$x_{n+1} = \mathcal{U}_{\tau_0}\left[x_n - \tau \sum_{i=1}^{N} A_i^*(I - \mathcal{T}_{\tau_i})A_i x_n\right]. \tag{4.53}$$

假设 U 是 L_0-利普希茨连续拟伪压缩映射且满足次闭原理, $T_i, i \in \Lambda$ 是 L_i-利普希茨连续拟伪压缩映射且满足次闭原理,

$$0 < \tau \leqslant \frac{1}{\sum_{i=1}^{N} \|A_i\|^2}, \quad 0 < \tau_i < \frac{1}{1 + L_i}, \quad i \in \Lambda_0. \tag{4.54}$$

若问题 (4.1) 的解集非空, 则迭代序列 $\{x_n\}$ 弱收敛到该问题的一个解.

证明　令 $z \in \Omega$. 首先证明数列 $\{\|x_n - z\|\}$ 收敛. 令 $y_n = x_n - \tau \sum_{i=1}^{N} A_i^*(I - \mathcal{T}_{\tau_i})A_i x_n$. 由推论 4.3 可得

$$\|\mathcal{U}_{\tau_0} y_n - z\|^2 \leqslant \|y_n - z\|^2 - \left[1 - \tau_0^2(1 + L_0)^2\right]\|y_n - U_{\tau_0} y_n\|^2, \tag{4.55}$$

$$\|\mathcal{T}_{\tau_i} A_i x_n - A_i z\|^2 \leqslant \|A_i x_n - A_i z\|^2 - \left[1 - \tau_i^2(1 + L_i)^2\right]\|A_i x_n - T_{\tau_i}(A_i x_n)\|^2. \tag{4.56}$$

注意到上面第二个不等式蕴含

$$\begin{aligned}
&2\langle (I - \mathcal{T}_{\tau_i})A_i x_n, A_i x_n - A_i z\rangle \\
&= \|(I - \mathcal{T}_{\tau_i})A_i x_n\|^2 + \|A_i x_n - A_i z\|^2 - \|\mathcal{T}_{\tau_i}(A_i x_n) - A_i z\|^2 \\
&\geqslant \|(I - \mathcal{T}_{\tau_i})A_i x_n\|^2 + \left[1 - \tau_i^2(1 + L_i)^2\right]\|A_i x_n - T_{\tau_i}(A_i x_n)\|^2
\end{aligned}$$

$$\geqslant \left[1+\frac{1}{\tau_i^2}-(1+L_i)^2\right]\|(I-\mathcal{T}_{\tau_i})A_ix_n\|^2,$$

故由柯西-施瓦茨不等式可得

$$\begin{aligned}\|y_n-z\|^2 &= \left\|(x_n-z)-\tau\sum_{i=1}^N A_i^*(I-\mathcal{T}_{\tau_i})A_ix_n\right\|^2\\ &= \|x_n-z\|^2-2\tau\sum_{i=1}^N\langle(I-\mathcal{T}_{\tau_i})A_ix_n, A_ix_n-A_iz\rangle\\ &\quad+\left\|\tau\sum_{i=1}^N A_i^*(I-\mathcal{T}_{\tau_i})A_ix_n\right\|^2\\ &\leqslant \|x_n-z\|^2-\tau\sum_{i=1}^N\left[1+\frac{1}{\tau_i^2}-(1+L_i)^2\right]\|(I-\mathcal{T}_{\tau_i})A_ix_n\|^2\\ &\quad+\tau^2\left(\sum_{i=1}^N\|A_i\|^2\right)\sum_{i=1}^N\|(I-\mathcal{T}_{\tau_i})A_ix_n\|^2.\end{aligned}$$

利用不等式 (4.55) 得

$$\begin{aligned}\|x_{n+1}-z\|^2 \leqslant \|x_n-z\|^2 &- \left(1-\tau_0^2(1+L_0)^2\right)\|y_n-U_{\tau_0}y_n\|^2\\ &-\tau\left(1-\tau\sum_{i=1}^N\|A_i\|^2+\min_{1\leqslant i\leqslant N}\left(\frac{1}{\tau_i^2}-(1+L_i)^2\right)\right)\\ &\times\sum_{i=1}^N\|(I-\mathcal{T}_{\tau_i})A_ix_n\|^2.\end{aligned}\tag{4.57}$$

根据条件 (4.54), $\|x_{n+1}-z\|\leqslant\|x_n-z\|$, 故数列 $\{\|x_n-z\|\}$ 收敛.

下证 $\{x_n\}$ 的任一弱聚点都是问题 (4.1) 的解. 事实上, 结合不等式 (4.57), 利用归纳法不难证明

$$\lim_{n\to\infty}\|y_n-U_{\tau_0}y_n\|=\lim_{n\to\infty}\sum_{i=1}^N\|(I-\mathcal{T}_{\tau_i})A_ix_n\|=0.\tag{4.58}$$

再次应用柯西-施瓦茨不等式,

$$\|y_n-x_n\|^2=\tau^2\left\|\sum_{i=1}^N A_i^*(I-\mathcal{T}_{\tau_i})A_ix_n\right\|^2$$

$$\leqslant \tau^2 \left(\sum_{i=1}^{N} \|A_i\|^2 \right) \sum_{i=1}^{N} \|(I - \mathcal{T}_{\tau_i}) A_i x_n\|^2.$$

由 (4.58)式, $\|y_n - x_n\| \to 0$, 因此序列 $\{x_n\}$ 与 $\{y_n\}$ 有相同的弱聚点. 根据性质 4.15 与性质 4.13, $U_{\tau_0}, \mathcal{T}_{\tau_i}$ 满足次闭原理, 并且 $\mathrm{Fix}(U_{\tau_0}) = \mathrm{Fix}(U), \mathrm{Fix}(\mathcal{T}_{\tau_i}) = \mathrm{Fix}(T_i)$. 因此序列 $\{x_n\}$ 的任一弱聚点都属于解集 Ω. 应用引理 3.1 可知 $\{x_n\}$ 弱收敛到问题 (4.1) 的一个解. □

注 4.8 上述收敛性没有用到 $\mathcal{A}^*$ 是单射的假设. 注意到上述算法中步长参数可以达到其上界, 而此时的收敛性仍然能保证, 这是因为 $\mathcal{T}_{\tau_i}$ 具有比拟非扩张更强的性质.

推论 4.6 假设 U 是 L_0-利普希茨连续伪压缩映射, $T_i, i \in \Lambda$ 是 L_i-利普希茨连续伪压缩映射, τ, τ_i 满足条件 (4.54). 若问题 (4.1) 的解集非空, 则由 (4.53) 生成的序列 $\{x_n\}$ 弱收敛到该问题的一个解.

考虑构造另一种迭代方法. 对每个 $i \in \Lambda_0$, 定义

$$T_{\tau_i} = I - \tau_i(I - T_i), \quad \mathcal{T}_{\tau_i} = I - \tau_i(I - T_i) T_{\tau_i}.$$

则由类似方法, 不难证明如下收敛性定理.

定理 4.9 对任意的初始迭代点 x_0, 构造如下迭代序列:

$$x_{n+1} = x_n - \tau \sum_{i=0}^{N} A_i^* (I - T_i) A_i \mathcal{T}_{\tau_i} x_n. \tag{4.59}$$

假设 U 是 L_0-利普希茨连续拟伪压缩映射且满足次闭原理, T_i 是 L_i-利普希茨连续拟伪压缩映射且满足次闭原理,

$$0 < \tau \leqslant \frac{1}{1 + \sum_{i=1}^{N} \|A_i\|^2}, \quad 0 < \tau_i < \frac{1}{1 + L_i}, \quad i \in \Lambda_0. \tag{4.60}$$

若问题 (4.1) 的解集非空, 则迭代序列 $\{x_n\}$ 弱收敛到该问题的一个解.

推论 4.7 假设 U 是 L_0-利普希茨连续伪压缩映射, $T_i, i \in \Lambda$ 是 L_i-利普希茨连续伪压缩映射, $\tau, \tau_i, i \in \Lambda$ 满足条件 (4.60). 若问题 (4.1) 的解集非空, 则由 (4.59) 生成的序列 $\{x_n\}$ 弱收敛到该问题的一个解.

第 5 章 水平子集

本章考虑另一类复杂凸集, 即凸函数的水平集情形. 设 $f \in \Gamma_0(\mathcal{H})$, 记

$$\mathrm{lev}_{\leqslant 0} f = \{x \in \mathcal{H} : f(x) \leqslant 0\}$$

为泛函 f 的水平集. 考虑经典分裂可行问题 (2.1) 中的凸集是水平集的情形:

$$(\mathrm{lev}_{\leqslant 0} c) \cap A^{-1}\big(\mathrm{lev}_{\leqslant 0} q\big), \tag{5.1}$$

其中 $c \in \Gamma_0(\mathcal{H}), q \in \Gamma_0(\mathcal{H}_1), A \in \mathcal{B}(\mathcal{H}, \mathcal{H}_1)$. 因为计算水平集上的投影是非常困难的, 所以应用 CQ 方法求解此问题无疑需要耗费大量的计算时间. 为克服此困难, 一般需要借助于松弛投影方法来求解此类问题.

基于 Fukushima 的松弛投影思想[126], Yang[127] 引入了松弛 CQ 迭代方法以求解经典问题 (5.1). 对于任意的初始迭代点 x_0, Yang 构造了如下迭代序列:

$$x_{n+1} = P_{C_n}\big[x_n - \tau A^*(I - P_{Q_n})Ax_n\big], \tag{5.2}$$

这里 C_n 和 Q_n 定义如下:

$$C_n = \big\{x \in \mathcal{H} : c(x_n) + \langle \xi_n, x - x_n\rangle \leqslant 0\big\};$$

$$Q_n = \big\{y \in \mathcal{H}_1 : q(Ax_n) + \langle \zeta_n, y - Ax_n\rangle \leqslant 0\big\},$$

其中 $\xi_n \in \partial c(x_n); \zeta_n \in \partial q(Ax_n)$. 显然, 对于任意的 $n \geqslant 0$,

$$\mathrm{lev}_{\leqslant 0} c \subset C_n, \quad \mathrm{lev}_{\leqslant 0} q \subset Q_n.$$

注意到上述构造的 C_n 和 Q_n 都是半空间. 松弛 CQ 方法本质是利用半空间从外部对水平集进行逼近, 而半空间上的投影都有解析表达式, 因此该方法易于实施.

对于一般的分裂可行性问题, 我们考虑求 $x^\dagger \in \mathcal{H}$ 使得

$$(\mathrm{lev}_{\leqslant 0} c) \cap \left(\bigcap_{i=1}^{N} A_i^{-1}\big(\mathrm{lev}_{\leqslant 0} q_i\big)\right), \tag{5.3}$$

其中 $c \in \Gamma_0(\mathcal{H}), q_i \in \Gamma_0(\mathcal{H}_i), A_i \in \mathcal{B}(\mathcal{H}, \mathcal{H}_i), i \in \Lambda$. 设 Ω 为问题 (5.3) 的解集.

5.1 次梯度投影

松弛投影方法与次梯度投影密切相关. 次梯度投影的思想最早源于文献 [128], 最近 Bauschke 等[129] 系统研究了次梯度投影的性质.

定义 5.1 (基于半空间的次梯度投影) 设泛函 $f \in \Gamma_0(\mathcal{H})$, $s(x) \in \partial f(x)(\forall x \in \mathcal{H})$ 是次微分 ∂f 的一个选择. 则相应的次梯度投影定义为

$$G_f x = \begin{cases} x - \dfrac{f(x)}{\|s(x)\|^2} s(x), & f(x) > 0, \\ x, & f(x) \leqslant 0. \end{cases}$$

对任意的 $x \in \mathcal{H}$, 记 $f^+(x) = \max\{f(x), 0\}$,

$$G(f; x) = \big\{y \in \mathcal{H} : \langle s(x), y - x\rangle + f(x) \leqslant 0\big\}, \tag{5.4}$$

其中 $s(x) \in \partial f(x)$ 是 ∂f 的一个选择. 显然集合 $G(f; x)$ 是一个半空间.

性质 5.1 设 $f \in \Gamma_0(\mathcal{H})$. 则对任意的 $x \in \mathcal{H}$, 则下列结论成立.

(1) $f^+(x) = \langle s(x), x - G_f(x)\rangle$.

(2) $\mathrm{lev}_{\leqslant 0} f = \mathrm{Fix}(G_f)$.

(3) $\mathrm{lev}_{\leqslant 0} f \subseteq G(f; x)$.

(4) $G_f(x) = P_{G(f;x)}(x)$.

(5) $f^+(x) = \|s(x)\|\|x - G_f(x)\|$.

(6) $f^+(x)(x - G_f(x)) = \|x - G_f(x)\|^2 s(x)$.

证明 (1) 若 $f(x) > 0$, 则 $f^+(x) = f(x)$, 从而

$$\langle s(x), G_f(x) - x\rangle = \left\langle s(x), -\frac{f(x)}{\|s(x)\|^2} s(x)\right\rangle = -f(x),$$

故 (1) 式成立. 若 $f(x) \leqslant 0$, 则 $G_f(x) = x, f^+(x) = 0$, 于是结论得证.

(2) 若 $x \in \mathrm{Fix}(G_f)$, 则由 (1) 知 $f^+(x) = \langle s(x), x - G_f(x)\rangle = 0$, 即 $f(x) \leqslant 0$. 反之, 若 $f(x) \leqslant 0$, 则 $G_f(x) = x$, 即 $x \in \mathrm{Fix}(G_f)$. 综上, $\mathrm{lev}_{\leqslant 0} f = \mathrm{Fix}(G_f)$.

(3) 设 $z \in \mathrm{Fix}(G_f)$, 则显然有 $f(z) \leqslant 0$. 对任意的 $x \in \mathcal{H}$, 由次微分的定义,

$$\langle s(x), z - x\rangle + f(x) \leqslant f(z) \leqslant 0,$$

故 $z \in G(f; x)$, 从而有 $\mathrm{Fix}(G_f) \subseteq G(f; x)$.

(4) 若 $f(x) \leqslant 0$, 则由 (3) 知 $x \in G(f; x)$, 从而 $G_f(x) = x = P_{G(f;x)}(x)$. 若 $f(x) > 0$, 则有 $0 < f(x) = f^+(x), s(x) \neq 0$. 从而根据半空间上的投影公式,

$$P_{G(f;x)}(x) = x - \frac{\langle s(x), x\rangle - (\langle s(x), x\rangle - f(x))}{\|s(x)\|^2} s(x)$$

$$= x - \frac{f(x)}{\|s(x)\|^2} s(x) = G_f(x).$$

(5) 若 $f(x) \leqslant 0$, 则 $f^+(x) = 0$. 由 (2) 得 $x = G_f(x)$, 从而所证等式显然成立. 若 $f(x) > 0$, 则 $0 < f(x) = f^+(x)$, 并且

$$x - G_f(x) = \frac{f(x)}{\|s(x)\|^2} s(x),$$

故有

$$\|x - G_f(x)\| = \frac{f(x)}{\|s(x)\|} = \frac{f^+(x)}{\|s(x)\|}.$$

从而可得所证等式.

(6) 若 $f(x) \leqslant 0$, 则 $x = G_f(x)$, 所证等式显然成立. 若 $f(x) > 0$, 则 $f^+(x) = f(x) > 0, \|x - G_f(x)\| = \dfrac{f^+(x)}{\|s(x)\|}$. 根据 G_f 的定义,

$$f^+(x)(x - G_f(x)) = f^+(x)\frac{f^+(x)}{\|s(x)\|^2} s(x) = \|x - G_f(x)\|^2 s(x).$$

从而结论得证. □

性质 5.2 设泛函 $f \in \Gamma_0(\mathcal{H})$, 则次梯度投影 G_f 是拟固定非扩张的, 即对任意的 $z \in \mathrm{Fix}(G_f)$, 下列结论成立.

(1) $\langle z - G_f(x), x - G_f(x)\rangle \leqslant 0$.

(2) $\|x - G_f(x)\|^2 + \|G_f(x) - z\|^2 \leqslant \|x - z\|^2$.

证明 对任意的 $h \in G(f;x)$, 由投影性质 (1.1) 与性质 5.1 可得

$$\langle h - P_{G(f;x)}(x), x - P_{G(f;x)}(x)\rangle = \langle h - G_f(x), x - G_f(x)\rangle \leqslant 0.$$

设 $z \in \mathrm{Fix}(G_f)$, 则由性质 5.1 可得, $z \in G(f;x)$, 从而 $\langle z - G_f(x), x - G_f(x)\rangle \leqslant 0$. 再由范数的基本性质可得

$$\begin{aligned}\|x - z\|^2 &= \|x - G_f(x)\|^2 + \|G_f(x) - z\|^2 + 2\langle x - G_f(x), G_f(x) - z\rangle \\ &\geqslant \|x - G_f(x)\|^2 + \|G_f(x) - z\|^2.\end{aligned}$$

从而结论得证. □

例子 5.1 设 $f(x) = \|x\|, x \in \mathcal{H}$. 则有

$$\nabla f(x) = \frac{x}{\|x\|}, \quad G_f(x) = 0, \quad x \neq 0.$$

性质 5.3 设 $f\in\Gamma_0(\mathcal{H})$, $\{x_n\}$ 是 $\mathcal{H}$ 中弱收敛到 $\bar{x}$ 的序列, 且满足 $x_n-G_f(x_n)\to 0$. 若次微分 ∂f 一致有界, 即 ∂f 在有界集上有界, 则有

$$\bar{x}\in\mathrm{Fix}(G_f)=\mathrm{lev}_{\leqslant 0}f.$$

证明 因为 $\{x_n\}$ 是弱收敛序列, 所以有界, 从而根据次微分 ∂f 的一致有界性知, 存在 $M>0$ 使得

$$\sup_{n\geqslant 0}\left\{\|s(x_n)\|:s(x_n)\in\partial f(x_n)\right\}\leqslant M.$$

注意到 f^+ 是弱下半连续的, 则由性质 5.1 可得

$$\begin{aligned}f^+(\bar{x})&\leqslant\varliminf_{n\to\infty}f^+(x_n)\leqslant\varlimsup_{n\to\infty}f^+(x_n)\\&=\varlimsup_{n\to\infty}\|s(x_n)\|\|x_n-G_f(x_n)\|\\&\leqslant M\lim_{n\to\infty}\|x_n-G_f(x_n)\|=0,\end{aligned}$$

于是 $f(\bar{x})\leqslant 0$, 即 $\bar{x}\in\mathrm{lev}_{\leqslant 0}f$. □

作为次梯度投影性质的应用, 我们给出若干关键引理.

引理 5.1 设 $\tau\in\mathbb{R}, T=I-\tau\sum_{i=1}^N A_i^*(I-G_{q_i})A_i, q_i\in\Gamma_0(q_i), i\in\Lambda$. 则对任意的 $z\in\bigcap_{i=1}^N A_i^{-1}(\mathrm{lev}_{\leqslant 0}q_i)$ 有

$$\begin{aligned}&\left\|\left[I-\tau\sum_{i=1}^N A_i^*(I-G_{q_i})A_i\right]x-z\right\|^2\\&\leqslant\|x-z\|^2-\tau\left(2-\tau\sum_{i=1}^N\|A_i\|^2\right)\sum_{i=1}^N\|(I-G_{q_i})A_ix\|^2.\end{aligned}$$

证明 对任意的 $x\in\mathcal{H}$, 由性质 5.1 可得

$$\begin{aligned}&\left\|\left[I-\tau\sum_{i=1}^N A_i^*(I-G_{q_i})A_i\right]x-z\right\|^2\\&=\|x-z\|^2-2\tau\sum_{i=1}^N\langle A_ix-A_iz,(I-G_{q_i})A_ix\rangle+\tau^2\left\|\sum_{i=1}^N A_i^*(I-G_{q_i})A_ix\right\|^2\\&\leqslant\|x-z\|^2-2\tau\sum_{i=1}^N\|(I-G_{q_i})A_ix\|^2+\tau^2\left(\sum_{i=1}^N\|A_i\|\|(I-G_{q_i})A_ix\|\right)^2\end{aligned}$$

$$\leqslant \|x-z\|^2 - 2\tau\sum_{i=1}^N \|(I-G_{q_i})A_i x\|^2 + \tau^2\left(\sum_{i=1}^N \|A_i\|^2\right)\sum_{i=1}^N \|(I-G_{q_i})A_i x\|^2$$

$$= \|x-z\|^2 - \tau\left(2-\tau\sum_{i=1}^N \|A_i\|^2\right)\sum_{i=1}^N \|(I-G_{q_i})A_i x\|^2.$$

此即所证不等式. □

引理 5.2 设 $q_i \in \Gamma_0(\mathcal{H}_i), A_i \in \mathcal{B}(\mathcal{H},\mathcal{H}_i), i\in\Lambda$. 对 $x\in\mathcal{H}$, 令

$$\tau(x) = \begin{cases} 0, & \left\|\sum_{i=1}^N A_i^*(I-G_{q_i})A_i x\right\| = 0, \\ \dfrac{\sum_{i=1}^N \|(I-G_{q_i})A_i x\|^2}{\|\sum_{i=1}^N A_i^*(I-G_{q_i})A_i x\|^2}, & \left\|\sum_{i=1}^N A_i^*(I-G_{q_i})A_i x\right\| \neq 0. \end{cases}$$

则对任意的 $z\in\bigcap_{i=1}^N A_i^{-1}(\mathrm{lev}_{\leqslant 0} q_i)$, 有

$$\left\|\left[I-\tau(x)\sum_{i=1}^N A_i^*(I-G_{q_i})A_i\right]x - z\right\|^2$$

$$\leqslant \|x-z\|^2 - \tau(x)\sum_{i=1}^N \|(I-G_{q_i})A_i x\|^2.$$

证明 若 $x\in\mathcal{H}$ 满足 $\|\sum_{i=1}^N A_i^*(I-G_{q_i})A_i x\| = 0$, 则 $\tau(x)=0$, 所证不等式显然成立. 若 $x\in\mathcal{H}$ 满足 $\|\sum_{i=1}^N A_i^*(I-G_{q_i})A_i x\| \neq 0$, 则由性质 5.2 可得

$$\left\|\left[I-\tau(x)\sum_{i=1}^N A_i^*(I-G_{q_i})A_i\right]x - z\right\|^2$$

$$= \|x-z\|^2 - 2\tau(x)\sum_{i=1}^N \langle A_i x - A_i z, (I-G_{q_i})A_i x\rangle + \tau^2(x)\left\|\sum_{i=1}^N A_i^*(I-G_{q_i})A_i x\right\|^2$$

$$\leqslant \|x-z\|^2 - 2\tau(x)\sum_{i=1}^N \|(I-G_{q_i})A_i x\|^2 + \tau^2(x)\left\|\sum_{i=1}^N A_i^*(I-G_{q_i})A_i x\right\|^2$$

$$= \|x-z\|^2 - 2\tau(x)\sum_{i=1}^N \|(I-G_{q_i})A_i x\|^2 + \tau(x)\sum_{i=1}^N \|(I-G_{q_i})A_i x\|^2$$

$$\leqslant \|x-z\|^2 - \tau(x)\sum_{i=1}^N \|(I-G_{q_i})A_i x\|^2.$$

此即所证不等式. □

5.2　基于半空间的松弛方法

5.2.1　松弛投影方法

受松弛 CQ 方法的启发, 我们构造半空间:

$$C_n = \{x \in \mathcal{H} : c(x_n) + \langle \xi_n, x - x_n \rangle \leqslant 0\}, \tag{5.5}$$

其中 $\xi_n \in \partial c(x_n)$; 对每个 $i \in \Lambda$, 定义半空间 $Q_{i,n}$ 如下:

$$Q_{i,n} = \{y \in \mathcal{H}_i : q_i(A_i x_n) + \langle \zeta_{i,n}, y - A_i x_n \rangle \leqslant 0\}, \tag{5.6}$$

其中 $\zeta_{i,n} \in \partial q_i(A_i x_n)$. 显然, 对于任意的 $n \geqslant 0$, $\mathrm{lev}_{\leqslant 0} c \subset C_n$, $\mathrm{lev}_{\leqslant 0} q_i \subset Q_{i,n}$.

定理 5.3　*对任意的初始迭代点 x_0, 定义迭代序列如下:*

$$x_{n+1} = P_{C_n}\left[x_n - \tau \sum_{i=1}^{N} A_i^*(I - P_{Q_{i,n}})A_i x_n\right], \tag{5.7}$$

其中 C_n 与 $Q_{i,n}$ 是由 (5.5) 与 (5.6) 所定义的半空间. 假定 $\partial c, \partial q_i, i \in \Lambda$ 一致有界, 步长参数满足

$$0 < \tau < \frac{2}{\sum_{i=1}^{N} \|A_i\|^2}. \tag{5.8}$$

若问题 (5.3) 的解集非空, 则迭代序列 $\{x_n\}$ 弱收敛到该问题的一个解.

证明　首先, 证明数列 $\{\|x_n - z\|\}$ 对任意的 $z \in \Omega$ 都收敛. 事实上, 由次梯度投影的定义, $P_{Q_{i,n}}(A_i x_n) = G_{q_i}(A_i x_n)$. 令 $y_n = x_n - \tau \sum_{i=1}^{N} A_i^*(I - G_{q_i})A_i x_n$. 则由引理 5.1 得

$$\begin{aligned}
&\|x_{n+1} - z\|^2 = \|P_{C_n} y_n - z\|^2 \\
\leqslant\ &\|y_n - z\|^2 - \|(I - P_{C_n})y_n\|^2 \\
\leqslant\ &\|x_n - z\|^2 - \epsilon \sum_{i=1}^{N} \|(I - G_{q_i})A_i x_n\|^2 - \|(I - P_{C_n})y_n\|^2,
\end{aligned} \tag{5.9}$$

其中

$$\epsilon = \tau\left(2 - \tau\left(\sum_{i=1}^{N} \|A_i\|^2\right)\right).$$

特别地, 由条件 (5.8) 得

$$\|x_{n+1} - z\| \leqslant \|x_n - z\|, \quad \forall z \in \Omega.$$

因此数列 $\{\|x_n - z\|\}$ 收敛.

其次, 证明序列 $\{x_n\}$ 的任意弱聚点都属于解集 Ω. 由不等式 (5.9) 得

$$\sum_{n=0}^{\infty}\left(\sum_{i=1}^{N}\|(I-G_{q_i})A_i x_n\|^2\right)<\infty.$$

特别地,

$$\lim_{n\to\infty}\sum_{i=1}^{N}\|(I-G_{q_i})A_i x_n\|^2=0. \tag{5.10}$$

选定 $\{x_n\}$ 的任一弱聚点 $x^\dagger$, 则存在子列 $\{x_{n_k}\}$ 使得 $x_{n_k} \rightharpoonup x^\dagger$. 对于每一个 $i\in\Lambda$, 由于 A_i 是线性映射, $\{A_i x_{n_k}\}$ 弱收敛于 $A_i x^\dagger$. 因此根据性质 5.3, $A_i x^\dagger \in \mathrm{lev}_{\leqslant 0} q_i, i\in\Lambda$. 另一方面, 由不等式 (5.9) 类似可得

$$\lim_{n\to\infty}\|x_{n+1}-y_n\|=\lim_{n\to\infty}\|(I-P_{C_n})y_n\|=0. \tag{5.11}$$

注意到此时不等式 (5.10) 蕴含

$$\begin{aligned}\|x_n-y_n\|^2&=\tau^2\left\|\sum_{i=1}^{N}A_i^*(I-G_{q_i})A_i x_n\right\|^2\\&\leqslant\tau^2\left(\sum_{i=1}^{N}\|A_i\|\|(I-G_{q_i})A_i x_n\|\right)^2\\&\leqslant\tau^2\left(\sum_{i=1}^{N}\|A_i\|^2\right)\left(\sum_{i=1}^{N}\|(I-G_{q_i})A_i x_n\|^2\right)\\&\leqslant\frac{4}{\sum_{i=1}^{N}\|A_i\|^2}\left(\sum_{i=1}^{N}\|(I-G_{q_i})A_i x_n\|^2\right)\to 0,\end{aligned} \tag{5.12}$$

从而由 (5.11) 式知当 $n\to\infty$ 时, 有 $\|x_n-x_{n+1}\|\to 0$. 注意到 $x_{n+1}\in C_n$, 因此根据泛函 c 的弱下半连续性,

$$\begin{aligned}c(x^\dagger)&\leqslant\varliminf_{k\to\infty}c(x_{n_k})\leqslant\varlimsup_{n\to\infty}c(x_n)\\&\leqslant\varlimsup_{n\to\infty}\langle\xi_n,x_n-x_{n+1}\rangle\\&\leqslant\xi\varlimsup_{n\to\infty}\|x_n-x_{n+1}\|=0,\end{aligned}$$

其中 ξ 满足 $\|\xi_n\| \leqslant \xi, \forall n \geqslant 0$. 故有 $x^\dagger \in \mathrm{lev}_{\leqslant 0} c$. 综上得 $x^\dagger \in \Omega$, 此即证明了 $\{x_n\}$ 的任意弱聚点都属于解集 Ω. 因此应用引理 3.1 知, 迭代序列 $\{x_n\}$ 弱收敛到问题 (5.3) 的一个解. □

下面考虑变步长下松弛方法的收敛性.

定理 5.4 对任意的初始迭代点 x_0, 定义迭代序列如下:

$$x_{n+1} = P_{C_n}\left[x_n - \tau_n \sum_{i=1}^{N} A_i^*(I - P_{Q_{i,n}})A_i x_n\right], \tag{5.13}$$

其中 C_n 与 $Q_{i,n}$ 是由 (5.5) 与 (5.6) 所定义的半空间, 步长定义如下: 若 $\|\sum_{i=1}^N A_i^* \cdot (I - P_{Q_{i,n}})A_i x_n\| = 0$, 则 $\tau_n = 0$; 否则

$$\tau_n = \frac{\sum_{i=1}^N \|(I - P_{Q_{i,n}})A_i x_n\|^2}{\|\sum_{i=1}^N A_i^*(I - P_{Q_{i,n}})A_i x_n\|^2}.$$

若问题 (5.3) 的解集非空, $\partial c, \partial q_i, i \in \Lambda$ 一致有界, 则迭代序列 $\{x_n\}$ 弱收敛到该问题的一个解.

证明 首先, 证明数列 $\{\|x_n - z\|\}$ 对 $\forall z \in \Omega$ 都收敛. 事实上, 令 $y_n = x_n - \tau_n \sum_{i=1}^N A_i^*(I - P_{Q_{i,n}})A_i x_n$. 则由引理 5.2 得

$$\begin{aligned}
&\|x_{n+1} - z\|^2 = \|P_{C_n} y_n - z\|^2 \\
&\leqslant \|y_n - z\|^2 - \|(I - P_{C_n})y_n\|^2 \\
&\leqslant \|x_n - z\|^2 - \tau_n \sum_{i=1}^N \|(I - P_{Q_{i,n}})A_i x_n\|^2 - \|(I - P_{C_n})y_n\|^2.
\end{aligned} \tag{5.14}$$

特别地, $\|x_{n+1} - z\| \leqslant \|x_n - z\|$, 因此数列 $\{\|x_n - z\|\}$ 收敛.

其次, 证明序列 $\{x_n\}$ 的任意弱聚点都属于解集 Ω. 类似地, 由不等式 (5.14) 得

$$\lim_{n\to\infty} \tau_n \sum_{i=1}^N \|(I - P_{Q_{i,n}})A_i x_n\|^2 = \lim_{n\to\infty} \|(I - P_{C_n})y_n\| = 0. \tag{5.15}$$

选定 $\{x_n\}$ 的任一弱聚点 $x^\dagger$, 则存在子列 $\{x_{n_k}\}$ 使得 $x_{n_k} \rightharpoonup x^\dagger$, $\{A_i x_{n_k}\}$ 弱收敛于 $A_i x^\dagger$. 注意到由步长定义得

$$\begin{aligned}
\tau_n &= \frac{\sum_{i=1}^N \|(I - P_{Q_{i,n}})A_i x_n\|^2}{\|\sum_{i=1}^N A_i^*(I - P_{Q_{i,n}})A_i x_n\|^2} \\
&\geqslant \frac{\sum_{i=1}^N \|(I - P_{Q_{i,n}})A_i x_n\|^2}{(\sum_{i=1}^N \|A_i\|\|(I - P_{Q_{i,n}})A_i x_n\|)^2}
\end{aligned}$$

$$\geqslant \frac{\sum_{i=1}^N \|(I - P_{Q_{i,n}})A_i x_n\|^2}{(\sum_{i=1}^N \|A_i\|^2)(\sum_{i=1}^N \|(I - P_{Q_{i,n}})A_i x_n\|^2)}$$
$$= \frac{1}{\sum_{i=1}^N \|A_i\|^2},$$

故由 (5.15) 可得

$$\lim_{n\to\infty} \sum_{i=1}^N \|(I - G_{q_i})A_i x_n\| = \lim_{n\to\infty} \sum_{i=1}^N \|(I - P_{Q_{i,n}})A_i x_n\| = 0.$$

根据性质 5.3, $A_i x^\dagger \in \mathrm{lev}_{\leqslant 0} q_i, i \in \Lambda$. 另一方面, 注意到

$$\begin{aligned}
\|x_n - P_{C_n} y_n\| &\leqslant \|x_n - y_n\| + \|y_n - P_{C_n} y_n\| \\
&= \tau_n \left\| \sum_{i=1}^N A_i^*(I - P_{Q_{i,n}})A_i x_n \right\| + \|(I - P_{C_n})y_n\| \\
&= \left(\tau_n \sum_{i=1}^N \|(I - P_{Q_{i,n}})A_i x_n\|^2\right)^{1/2} + \|(I - P_{C_n})y_n\| \\
&\to 0,
\end{aligned}$$

由 (5.15) 式可得 $\|x_n - P_{C_n} y_n\| \to 0$. 因此根据泛函 c 的弱下半连续性,

$$\begin{aligned}
c(x^\dagger) &\leqslant \varliminf_{k\to\infty} c(x_{n_k}) \leqslant \varlimsup_{n\to\infty} c(x_n) \\
&\leqslant \varlimsup_{n\to\infty} \langle \xi_n, x_n - P_{C_n} y_n \rangle \\
&\leqslant \xi \varlimsup_{n\to\infty} \|x_n - P_{C_n} y_n\| = 0,
\end{aligned}$$

其中 ξ 满足 $\|\xi_n\| \leqslant \xi, \forall n \geqslant 0$. 故有 $x^\dagger \in \mathrm{lev}_{\leqslant 0} c$. 综上得 $x^\dagger \in \Omega$, 此即证明了 $\{x_n\}$ 的任意弱聚点都属于 Ω. 因此应用引理 3.1, 迭代序列 $\{x_n\}$ 弱收敛到问题 (5.3) 的一个解. □

5.2.2 次梯度投影方法

一般地, 在 5.2.1 节构造的方法中 $G_c(y_n) \neq P_{C_n}(y_n)$. 事实上, $P_{C_n}(y_n)$ 是 y_n 在半空间

$$C_n = \{x \in \mathcal{H} : c(x_n) + \langle \xi_n, x - x_n \rangle \leqslant 0\}$$

上的投影; 而 $G_c(y_n)$ 是 y_n 在另一个半空间 $\tilde{C}_n$ 上的投影, 这里的半空间 $\tilde{C}_n$ 定义如下:

$$\tilde{C}_n = \{x \in \mathcal{H} : c(y_n) + \langle \eta_n, x - y_n \rangle \leqslant 0\},$$

其中 $\eta_n \in \partial c(y_n)$. 由于上述半空间 $\tilde{C}_n$ 使用了更新后 y_n 的信息, 因此理论上比在半空间上 C_n 的投影效果要更好一些. 受此启发, 下面考虑基于半空间 $\tilde{C}_n$ 的松弛迭代方法. 应用次梯度投影的性质, 可以发现问题 (5.3) 等价于: 求 $x^\dagger$ 使得

$$\mathrm{Fix}(G_c) \cap \left(\bigcap_{i=1}^{N} A_i^{-1}\big(\mathrm{Fix}(G_{q_i})\big) \right).$$

此即不动点情形的问题 (4.1). 注意到次梯度投影是拟固定非扩张映射, 因此利用第 4 章相关理论, 我们容易得如下收敛性定理.

定理 5.5 对任意的初始迭代点 x_0, 定义迭代序列如下:

$$x_{n+1} = G_c \left[x_n - \tau \sum_{i=1}^{N} A_i^*(I - G_{q_i}) A_i x_n \right].$$

假定 $\partial c, \partial q_i, i \in \Lambda$ 一致有界, 步长参数满足

$$0 < \tau < \frac{2}{\sum_{i=1}^{N} \|A_i\|^2}.$$

若问题 (5.3) 的解集非空, 则迭代序列 $\{x_n\}$ 弱收敛到该问题的一个解.

定理 5.6 对任意的初始迭代点 x_0, 定义迭代序列如下:

$$x_{n+1} = x_n - \tau \sum_{i=0}^{N} A_i^*(I - G_{q_i}) A_i x_n,$$

其中 $A_0 = I, q_0 = c$. 假定 $\partial c, \partial q_i, i \in \Lambda$ 一致有界, 步长参数满足

$$0 < \tau < \frac{2}{1 + \sum_{i=1}^{N} \|A_i\|^2}.$$

若问题 (5.3) 的解集非空, 则迭代序列 $\{x_n\}$ 弱收敛到该问题的一个解.

定理 5.7 对任意的初始迭代点 x_0, 定义迭代序列如下:

$$x_{n+1} = G_c \left[x_n - \tau_n \sum_{i=1}^{N} A_i^*(I - G_{q_i}) A_i x_n \right],$$

其中步长定义如下: 若 $\| \sum_{i=1}^{N} A_i^*(I - G_{q_i}) A_i x_n \| = 0$, 则 $\tau_n = 0$; 否则

$$\tau_n = \frac{\sum_{i=1}^{N} \|(I - G_{q_i}) A_i x_n\|^2}{\| \sum_{i=1}^{N} A_i^*(I - G_{q_i}) A_i x_n \|^2}.$$

若问题 (5.3) 的解集非空并且 $\partial c, \{\partial q_i\}_{i\in\Lambda}$ 一致有界, 则迭代序列 $\{x_n\}$ 弱收敛到该问题的一个解.

以下设 $A_0 = I, q_0 = c$.

定理 5.8 对任意的初始迭代点 x_0, 定义迭代序列如下:

$$x_{n+1} = x_n - \tau_n \sum_{i=0}^{N} A_i^*(I - G_{q_i})A_i x_n,$$

其中步长定义如下: 若 $\|\sum_{i=0}^{N} A_i^*(I - G_{q_i})A_i x_n\| = 0$, 则 $\tau_n = 0$; 否则

$$\tau_n = \frac{\sum_{i=0}^{N} \|(I - G_{q_i})A_i x_n\|^2}{\|\sum_{i=0}^{N} A_i^*(I - G_{q_i})A_i x_n\|^2}.$$

若问题 (5.3) 的解集非空并且 $\partial c, \{\partial q_i\}_{i\in\Lambda}$ 一致有界, 则迭代序列 $\{x_n\}$ 弱收敛到该问题的一个解.

5.3 基于闭球的松弛方法

本节我们考虑一类特殊的水平集, 即强凸泛函的水平集. 记 $\Gamma_\alpha(\mathcal{H})$ 为 $\mathcal{H}$ 上的全体真下半连续 α-强凸泛函所构成的集合. 考虑当闭凸集是强凸泛函水平集的情形: 设 $\alpha > 0, \beta_i > 0$, 求 $x^\dagger \in \mathcal{H}$ 使得

$$(\mathrm{lev}_{\leqslant 0} c) \cap \left(\bigcap_{i=1}^{N} A_i^{-1}(\mathrm{lev}_{\leqslant 0} q_i)\right), \tag{5.16}$$

其中 $c \in \Gamma_\alpha(\mathcal{H}), q_i \in \Gamma_{\beta_i}(\mathcal{H}_i), i \in \Lambda$. 设 Ω 为问题 (5.16) 的解集.

5.3.1 强凸泛函

定义 5.2 设 $\alpha > 0$, f 为真泛函. 若下列不等式

$$f(\omega x + (1-\omega)y) \leqslant \omega f(x) + (1-\omega)f(y) - \frac{\alpha}{2}\omega(1-\omega)\|x - y\|^2$$

对任意的 $x, y \in \mathrm{dom} f, \omega \in (0,1)$ 都成立, 则称 f 为 α-强凸泛函.

性质 5.4 设 $\alpha > 0$, f 为真泛函. 则下列结论成立.

(1) f 为 α-强凸泛函.

(2) $g = f - (\alpha/2)\|\cdot\|^2$ 为凸泛函.

(3) 对任意的 $x_1, x_2 \in \mathrm{dom} f, s(x_1) \in \partial f(x_1)$, 都有

$$f(x_2) \geqslant f(x_1) + \langle s(x_1), x_2 - x_1\rangle + \frac{\alpha}{2}\|x_1 - x_2\|^2.$$

证明 (1)⇒(2). 对任意的 $x_1, x_2 \in \mathrm{dom} f, \omega \in (0,1)$, 令 $x_\omega = \omega x_1 + (1-\omega) x_2$. 则利用范数性质 1.5,

$$\begin{aligned}
g(x_\omega) &= f(x_\omega) - \frac{\alpha}{2}\|\omega x_1 + (1-\omega)x_2\|^2 \\
&= f(x_\omega) - \frac{\alpha}{2}\big(\omega\|x_1\|^2 + (1-\omega)\|x_2\|^2 - \omega(1-\omega)\|x_1 - x_2\|^2\big) \\
&\leqslant \omega f(x_1) + (1-\omega) f(x_2) - \frac{\alpha}{2}\big(\omega\|x_1\|^2 + (1-\omega)\|x_2\|^2\big) \\
&= \omega\left(g(x_1) + \frac{\alpha}{2}\|x_1\|^2\right) + (1-\omega)\left(g(x_2) + \frac{\alpha}{2}\|x_2\|^2\right) \\
&\quad - \frac{\alpha}{2}\big(\omega\|x_1\|^2 + (1-\omega)\|x_2\|^2\big) \\
&= \omega g(x_1) + (1-\omega) g(x_2),
\end{aligned}$$

因此 g 为凸泛函.

(2)⇒(3). 由于 g 为凸泛函, 则对任意的 $x_1, x_2 \in \mathrm{dom} f, s(x_1) \in \partial f(x_1)$, 都有

$$\begin{aligned}
f(x_2) &= g(x_2) + \frac{\alpha}{2}\|x_2\|^2 \\
&\geqslant g(x_1) + \langle s(x_1) - \alpha x_1, x_2 - x_1\rangle + \frac{\alpha}{2}\|x_2\|^2 \\
&= f(x_1) + \langle s(x_1), x_2 - x_1\rangle + \frac{\alpha}{2}\left(\|x_1\|^2 - 2\langle x_1, x_2\rangle + \|x_2\|^2\right) \\
&= f(x_1) + \langle s(x_1), x_2 - x_1\rangle + \frac{\alpha}{2}\|x_1 - x_2\|^2.
\end{aligned}$$

(3)⇒(1). 对任意的 $x_1, x_2 \in \mathrm{dom} f, \omega \in (0,1)$, 令 $x_\omega = \omega x_1 + (1-\omega)x_2$. 则利用题设不等式,

$$\begin{aligned}
f(x_1) &\geqslant f(x_w) + \langle s(x_w), x_w - x_1\rangle + \frac{\alpha}{2}\|x_1 - x_w\|^2, \\
f(x_2) &\geqslant f(x_w) + \langle s(x_w), x_w - x_2\rangle + \frac{\alpha}{2}\|x_w - x_2\|^2.
\end{aligned}$$

上式中对第一个不等式乘以 ω, 对第二个不等式乘以 $1-\omega$, 然后相加得

$$\begin{aligned}
\omega f(x_1) + (1-\omega) f(x_2) &\geqslant f(x_w) + \langle s(x_w), \omega(x_w - x_1) + (1-\omega)(x_w - x_2)\rangle \\
&\quad + \frac{\alpha}{2}\left(\omega\|x_1 - x_w\|^2 + (1-\omega)\|x_w - x_2\|^2\right) \\
&= f(x_w) + \frac{\alpha}{2}\left(\omega\|x_1 - x_w\|^2 + (1-\omega)\|x_w - x_2\|^2\right)
\end{aligned}$$

$$= f(x_w) + \frac{\alpha}{2}\omega(1-\omega)\|x_1 - x_2\|^2.$$

因此由定义知 f 为 α-强凸泛函. □

对于经典分裂可行性问题 (2.1), 我们构造了一类闭球对水平集进行逼近[130, 131]. 具体地, 我们所构造的闭球 $\tilde{C}_n$ 和 $\tilde{Q}_n$ 如下:

$$\tilde{C}_n = \left\{x \in \mathcal{H} : c(x_n) + \langle \xi_n, x - x_n\rangle + \frac{\alpha}{2}\|x - x_n\|^2 \leqslant 0\right\}, \tag{5.17}$$

其中 $\xi_n \in \partial c(x_n)$,

$$\tilde{Q}_n = \left\{y \in \mathcal{H}_1 : q(Ax_n) + \langle \zeta_n, y - Ax_n\rangle + \frac{\beta}{2}\|y - Ax_n\|^2 \leqslant 0\right\}, \tag{5.18}$$

其中 $\zeta_n \in \partial q(Ax_n)$. 由性质 5.5 可知

$$C \subseteq \tilde{C}_n \subseteq C_n, \quad Q \subseteq \tilde{Q}_n \subseteq Q_n.$$

该方法的本质是通过闭球从外部对水平集进行逼近, 而闭球上的投影有解析表达式, 因此该松弛投影方法易于实施. 显然, 和半空间 C_n 和 Q_n 相比, 上述构造的闭球 $\tilde{C}_n$ 和 $\tilde{Q}_n$ 对原始水平子集的逼近程度更好, 因此该松弛投影方法有更快的收敛速度.

设 $f \in \Gamma_\alpha(\mathcal{H}), \mathrm{lev}_{\leqslant 0} f \neq \varnothing$. 若令

$$B(f;x) = \left\{y \in \mathcal{H} : f(x) + \langle s(x), y - x\rangle + \frac{\alpha}{2}\|x - y\|^2 \leqslant 0\right\}, \tag{5.19}$$

则 $B(f;x)$ 是 $\mathcal{H}$ 中的闭球. 事实上, 由 $B(f;x)$ 的定义可得

$$B(f;x) = \left\{y \in \mathcal{H} : \left\|y - \left(x - \frac{s(x)}{\alpha}\right)\right\| \leqslant r(x)\right\}, \tag{5.20}$$

其中

$$r(x) = \frac{\sqrt{\|s(x)\|^2 - 2\alpha f(x)}}{\alpha}. \tag{5.21}$$

下面验证 $r(x) \geqslant 0$, 为此令 $\hat{x} \in \mathrm{lev}_{\leqslant 0} f$. 则由强凸函数的性质及柯西-施瓦茨不等式得

$$\begin{aligned} f(x) &\leqslant \langle s(x), x - \hat{x}\rangle - \frac{\alpha}{2}\|\hat{x} - x\|^2 \\ &\leqslant \|s(x)\|\|x - \hat{x}\| - \frac{\alpha}{2}\|\hat{x} - x\|^2 \end{aligned}$$

$$
\begin{aligned}
&\leqslant \frac{\alpha}{2}\|x-\hat{x}\|^2+\frac{1}{2\alpha}\|s(x)\|^2-\frac{\alpha}{2}\|\hat{x}-x\|^2 \\
&=\frac{1}{2\alpha}\|s(x)\|^2.
\end{aligned}
$$

由此可知 $\|s(x)\|^2-2\alpha f(x)\geqslant 0 \Longrightarrow r(x)\geqslant 0$. 因此 $B(f;x)$ 是 $\mathcal{H}$ 中的闭球.

下面的结果表明上述构造的闭球不仅包含原始的水平子集, 而且与 5.2 节构造的半空间相比, 闭球更靠近原始的水平集, 从而具有更好的逼近效果.

性质 5.5 设泛函 $f\in\Gamma_\alpha(\mathcal{H})$, $G(f;x)$ 与 $B(f;x)$ 分别是由 (5.4) 式与 (5.19) 式所定义的半空间与闭球. 则下列结论成立.

$$
\operatorname{lev}_{\leqslant 0}f\subseteq B(f;x)\subseteq G(f;x).
$$

证明 设 $z\in\operatorname{lev}_{\leqslant 0}f$, 则显然有 $f(z)\leqslant 0$. 对任意的 $x\in\mathcal{H}$, 由强凸泛函的定义,

$$
\frac{\alpha}{2}\|z-x\|^2+\langle s(x),z-x\rangle+f(x)\leqslant f(z)\leqslant 0.
$$

由集合 $B(f;x)$ 的定义, 故 $z\in B(f;x)$, 从而有 $\operatorname{lev}_{\leqslant 0}f\subseteq B(f;x)$.

设 $z\in B(f;x)$. 则对任意的 $x\in\mathcal{H}$ 有

$$
\frac{\alpha}{2}\|z-x\|^2+\langle s(x),z-x\rangle+f(x)\leqslant 0.
$$

特别地, $\langle s(x),z-x\rangle+f(x)\leqslant 0$. 由集合 $G(f;x)$ 的定义, $z\in G(f;x)$, 从而有 $B(f;x)\subseteq G(f;x)$. □

5.3.2 次梯度投影

受次梯度投影的启发, 并结合强凸泛函的特性, 我们可以构造如下基于闭球的次梯度投影.

定义 5.3 (基于闭球的次梯度投影) 设 $\alpha>0, f\in\Gamma_\alpha(\mathcal{H})$, $s(x)\in\partial f(x)(\forall x\in\mathcal{H})$ 是次微分 ∂f 的一个选择. 定义如下基于闭球的次梯度投影:

$$
B_f x=\begin{cases}
x+\left(\dfrac{r(x)}{\|s(x)\|}-\dfrac{1}{\alpha}\right)s(x), & f(x)>0,\\
x, & f(x)\leqslant 0,
\end{cases}
$$

其中 $r(x)=\sqrt{\|s(x)\|^2-2\alpha f(x)}/\alpha$.

下面研究基于闭球的次梯度投影的一些重要性质.

性质 5.6 设 $\alpha>0, f\in\Gamma_\alpha(\mathcal{H})$, 则下列结论成立.

(1) 对 $\forall x \in \mathcal{H}$, 下列等式成立:

$$2f^+(x) = \left(1 + \frac{\alpha r(x)}{\|s(x)\|}\right)\langle s(x), x - B_f(x)\rangle.$$

(2) $\mathrm{lev}_{\leqslant 0} f = \mathrm{Fix}(B_f)$.

(3) $B_f(x) = P_{B(f;x)}(x)$.

(4) $2f^+(x) = \|x - B_f(x)\|(\alpha r(x) + \|s(x)\|)$.

(5) $(x - B_f(x))\|s(x)\| = \|x - B_f(x)\| s(x)$.

证明 (1) 若 $f(x) > 0$, 则 $f^+(x) = f(x)$, 从而

$$\begin{aligned}\langle s(x), x - B_f(x)\rangle &= \left(\frac{1}{\alpha} - \frac{r(x)}{\|s(x)\|}\right)\langle s(x), s(x)\rangle \\ &= \frac{2f^+(x)\|s(x)\|}{\sqrt{\|s(x)\|^2 - 2\alpha f(x)} + \|s(x)\|}.\end{aligned}$$

若 $f(x) \leqslant 0$, 则 $\langle s(x), x - B_f(x)\rangle = 0$, 于是结论得证.

(2) 若 $x \in \mathrm{Fix}(B_f)$, 则由 (1) 知 $f^+(x) = 0$, 即 $f(x) \leqslant 0$. 反之, 若 $f(x) \leqslant 0$, 则 $B_f(x) = x$, 即 $x \in \mathrm{Fix}(B_f)$. 综上, $\mathrm{lev}_{\leqslant 0} f = \mathrm{Fix}(B_f)$.

(3) 若 $f(x) \leqslant 0$, 则由 (2) 知 $x \in B(f;x)$, 从而 $B_f(x) = x = P_{B(f;x)}(x)$. 若 $f(x) > 0$, 则有 $0 < f(x) = f^+(x), s(x) \neq 0$. 从而根据闭球上的投影公式,

$$\begin{aligned}P_{B(f;x)}(x) &= \left(x - \frac{s(x)}{\alpha}\right) + \frac{\alpha r(x)}{\|s(x)\|} \cdot \frac{s(x)}{\alpha} \\ &= x + \left(\frac{r(x)}{\|s(x)\|} - \frac{1}{\alpha}\right)s(x) \\ &= B_f(x).\end{aligned}$$

(4) 若 $f(x) \leqslant 0$, 则 $f^+(x) = 0$. 由 (2) 得 $x = B_f(x)$, 从而所证等式显然成立. 若 $f(x) > 0$, 则 $0 < f(x) = f^+(x)$, 并且

$$x - B_f(x) = \left(\frac{1}{\alpha} - \frac{r(x)}{\|s(x)\|}\right)s(x),$$

故有

$$\|x - B_f(x)\| = \frac{2f(x)}{\alpha r(x) + \|s(x)\|} = \frac{2f^+(x)}{\alpha r(x) + \|s(x)\|}.$$

从而可得所证等式.

(5) 若 $f(x)\leqslant 0$, 则 $x=B_f(x)$, 所证等式显然成立. 若 $f(x)>0$, 则 $f^+(x)=f(x)>0$. 根据 B_f 的定义,

$$
\begin{aligned}
x-B_f(x) &= \frac{2f^+(x)s(x)}{\|s(x)\|(\alpha r(x)+\|s(x)\|)} \\
&= \frac{\|x-B_f(x)\|}{\|s(x)\|}s(x).
\end{aligned}
$$

从而 $(x-B_f(x))\|s(x)\|=\|x-B_f(x)\|s(x)$. □

性质 5.7 设 $\alpha>0, f\in\Gamma_\alpha(\mathcal{H})$, 则次梯度投影 B_f 是拟固定非扩张的, 即对任意的 $x\in\mathcal{H}, z\in\operatorname{lev}_{\leqslant 0}f$, 下列结论成立.

(1) $\langle z-B_f(x), x-B_f(x)\rangle\leqslant 0$.

(2) $\|x-B_f(x)\|^2+\|B_f(x)-z\|^2\leqslant\|x-z\|^2$.

证明 对任意的 $h\in B(f;x)$, 由投影性质 (1.1) 与性质 5.6 可得

$$
\langle h-P_{B(f;x)}(x), x-P_{B(f;x)}(x)\rangle=\langle h-B_f(x), x-B_f(x)\rangle\leqslant 0.
$$

由性质 5.6可得 $z\in B(f;x)$, 从而

$$
\langle z-B_f(x), x-B_f(x)\rangle\leqslant 0.
$$

再由内积的基本性质

$$
\begin{aligned}
\|x-z\|^2 &= \|x-B_f(x)\|^2+\|B_f(x)-z\|^2+2\langle x-B_f(x), B_f(x)-z\rangle \\
&\geqslant \|x-B_f(x)\|^2+\|B_f(x)-z\|^2.
\end{aligned}
$$

从而结论得证. □

性质 5.8 设 $\alpha>0, f\in\Gamma_\alpha(\mathcal{H})$, $\{x_n\}$ 是 $\mathcal{H}$ 中弱收敛到 $\bar{x}$ 的序列, 且满足 $x_n-B_f(x_n)\to 0$. 若次微分 ∂f 一致有界, 则有 $\bar{x}\in\operatorname{Fix}(B_f)=\operatorname{lev}_{\leqslant 0}f$.

证明 用反证法证明, 假设 $f(\bar{x})>0$. 因为 $\{x_n\}$ 是弱收敛序列, 所以有界, 从而根据次微分 ∂f 的一致有界性知, 存在 $M>0$ 使得

$$
\sup_{n\geqslant 0}\left\{\|s(x_n)\|: s(x_n)\in\partial f(x_n)\right\}\leqslant M.
$$

由性质 5.6(3) 有 $B_f(x_n)\in B(f;x_n)$, 故由 f 的弱下半连续性,

$$
f(\bar{x})\leqslant\varliminf_{n\to\infty} f(x_n)
$$

$$
\begin{aligned}
&\leqslant \varlimsup_{n\to\infty}\left(\langle s(x_n), x_n - B_f(x_n)\rangle - \frac{\alpha}{2}\|x_n - B_f(x_n)\|^2\right)\\
&\leqslant \varlimsup_{n\to\infty}\left(\langle s(x_n), x_n - B_f(x_n)\rangle\right)\\
&\leqslant \varlimsup_{n\to\infty}\|s(x_n)\|\cdot\|x_n - B_f(x_n)\|\\
&\leqslant M\lim_{n\to\infty}\|x_n - B_f(x_n)\| = 0.
\end{aligned}
$$

于是 $f(\bar{x})\leqslant 0$, 即 $\bar{x}\in \mathrm{lev}_{\leqslant 0}f$. □

引理 5.9 设 $\alpha>0, f\in\Gamma_\alpha(\mathcal{H}), \tau\in\mathbb{R}$. 则对任意的 $x\in\mathcal{H}, z\in A^{-1}(\mathrm{lev}_{\leqslant 0}f)$, 有

$$
\begin{aligned}
&\|[I-\tau A^*(I-B_f)A]x - z\|^2\\
\leqslant\ &\|x-z\|^2 - \tau(2-\tau\|A\|^2)\|(I-B_f)Ax\|^2. \qquad (5.22)
\end{aligned}
$$

证明 对任意的 $x\in\mathcal{H}$, 由性质 5.7 可得

$$
\begin{aligned}
&\left\|[I-\tau A^*(I-B_f)A]x - z\right\|^2\\
=\ &\|x-z\|^2 - 2\tau\langle x-z, A^*(I-B_f)Ax\rangle + \tau^2\|A^*(I-B_f)Ax\|^2\\
=\ &\|x-z\|^2 - 2\tau\langle Ax-Az, (I-B_f)Ax\rangle + \tau^2\|A^*(I-B_f)Ax\|^2\\
\leqslant\ &\|x-z\|^2 - 2\tau\|(I-B_f)Ax\|^2 + \tau^2\|A^*(I-B_f)Ax\|^2\\
\leqslant\ &\|x-z\|^2 - 2\tau\|(I-B_f)Ax\|^2 + \tau^2\|A^*\|^2\|(I-B_f)Ax\|^2\\
\leqslant\ &\|x-z\|^2 - \tau(2-\tau\|A\|^2)\|(I-B_f)Ax\|^2.
\end{aligned}
$$

此即所证不等式 (5.22). □

类似于引理 5.9 的证明, 可得以下结果.

引理 5.10 设 $\beta_i>0, q_i\in\Gamma_{\beta_i}(\mathcal{H}_i), A_i\in\mathcal{B}(\mathcal{H},\mathcal{H}_i), i\in\Lambda$. 对 $x\in\mathcal{H}$, 令

$$
\tau(x)=\begin{cases}
0, & \left\|\sum\limits_{i=1}^N A_i^*(I-B_{q_i})A_ix\right\| = 0,\\
\dfrac{\sum_{i=1}^N\|(I-B_{q_i})A_ix\|^2}{\|\sum_{i=1}^N A_i^*(I-B_{q_i})A_ix\|^2}, & \left\|\sum\limits_{i=1}^N A_i^*(I-B_{q_i})A_ix\right\| \neq 0.
\end{cases}
$$

则对任意的 $x\in\mathcal{H}, z\in A^{-1}(\mathrm{lev}_{\leqslant 0}f)$, 有

$$\left\| \left[I - \tau(x) \sum_{i=1}^{N} A_i^*(I - B_{q_i}) A_i \right] x - z \right\|^2$$

$$\leqslant \|x - z\|^2 - \tau(x) \sum_{i=1}^{N} \|(I - B_{q_i}) A_i x\|^2.$$

5.3.3 循环松弛方法

下面讨论基于闭球的次梯度循环松弛方法, 该方法的构造思想主要基于我们提出的循环 CQ 方法[132]. 以下假设 B_c 与 B_{q_i} 是关于强凸泛函 c 与 q_i 基于闭球的次梯度投影.

定理 5.11 对任意的初始迭代点 $x_0 \in \mathcal{H}$, 按照下式更新迭代序列:

$$x_{n+1} = B_c\big[x_n - \tau_n A_n^*(I - B_{q_n}) A_n x_n\big], \tag{5.23}$$

其中 $q_n = q_{[n]}, \tau_n = \tau_{[n]}, A_n = A_{[n]}$. 对任意的 $n \geqslant 0$, 这里的模函数 $[n] = (n \bmod N) + 1$. 对于任意的 $i \in \Lambda$, 假定 $\partial c, \partial q_i$ 一致有界, 步长参数满足

$$0 < \tau_i < \frac{2}{\|A_i\|^2}. \tag{5.24}$$

若问题 (5.16) 有非空的解集, 则迭代序列 $\{x_n\}$ 弱收敛到该问题的一个解.

证明 设 $z \in \Omega$. 首先, 证明数列 $\{\|x_n - z\|\}$ 收敛. 事实上, 设 $y_n = x_n - \tau_n A_n^*(I - B_{q_n}) A_n x_n$. 则由引理 5.9 得

$$\begin{aligned} \|x_{n+1} - z\|^2 &= \|B_c y_n - z\|^2 \leqslant \|y_n - z\|^2 - \|y_n - B_c y_n\|^2 \\ &\leqslant \|x_n - z\|^2 - \|y_n - B_c y_n\|^2 - \tau_n(2 - \tau_n\|A_n\|^2)\|(I - B_{q_n}) A_n x_n\|^2 \\ &\leqslant \|x_n - z\|^2 - \epsilon\|(I - B_{q_n}) A_n x_n\|^2 - \|y_n - B_c y_n\|^2. \end{aligned} \tag{5.25}$$

其中 $\epsilon = \min_{1 \leqslant i \leqslant N} \tau_i(2 - \tau_i\|A_i\|^2)$. 显然由条件 (5.24) 知 $\epsilon > 0$. 从而有

$$\|x_{n+1} - z\| \leqslant \|x_n - z\|,$$

因此数列 $\{\|x_n - z\|\}$ 收敛.

其次, 证明下列结论成立:

$$\sum_{n=0}^{\infty} \|y_n - x_n\|^2 < \infty, \quad \sum_{n=0}^{\infty} \|x_{n+1} - x_n\|^2 < \infty. \tag{5.26}$$

事实上, 由不等式 (5.25)得

$$\|y_n - B_c y_n\|^2 \leqslant \|x_n - z\|^2 - \|x_{n+1} - z\|^2.$$

由递推关系可得

$$\sum_{n=0}^{\infty} \|y_n - B_c y_n\|^2 < \infty. \tag{5.27}$$

注意到 $x_{n+1} = B_c y_n$, 则上式蕴含 $\sum_{n=0}^{\infty} \|y_n - x_{n+1}\|^2 < \infty$. 类似地, 由不等式 (5.25)得

$$\sum_{n=0}^{\infty} \|(I - B_{q_n}) A_n x_n\|^2 < \infty. \tag{5.28}$$

根据 y_n 的定义以及 (5.1),

$$\begin{aligned}
\|y_n - x_n\|^2 &= \tau_n^2 \|A_n^*(I - B_{q_n}) A_n x_n\|^2 \\
&\leqslant \tau_n^2 \|A_n^*\|^2 \|(I - B_{q_n}) A_n x_n\|^2 \\
&\leqslant \frac{4}{\min\limits_{1 \leqslant i \leqslant N} \|A_i\|^2} \|(I - B_{q_n}) A_n x_n\|^2,
\end{aligned}$$

故由 (5.28) 式知 $\sum_{n=0}^{\infty} \|y_n - x_n\|^2 < \infty$. 另一方面, 显然有

$$\begin{aligned}
\|x_{n+1} - x_n\|^2 &\leqslant (\|x_{n+1} - y_n\| + \|y_n - x_n\|)^2 \\
&\leqslant 2(\|x_{n+1} - y_n\|^2 + \|y_n - x_n\|^2),
\end{aligned}$$

从而 $\sum_{n=0}^{\infty} \|x_n - x_{n+1}\|^2 < \infty$. 因此 (5.26) 式成立.

最后, 证明序列 $\{x_n\}$ 的任意弱聚点都属于解集 Ω. 选定 $\{x_n\}$ 的任一弱聚点 $x^\dagger$, 则存在子列 $\{x_{n_k}\}$ 使得 $x_{n_k} \rightharpoonup x^\dagger$. 由模函数的定义, 对任意的 $i \in \Lambda$, 都存在 $p_k \in \{n_k, n_k + 1, \cdots, n_k + N - 1\}$ 使得 $[p_k] = i$. 利用柯西-施瓦茨不等式,

$$\begin{aligned}
\|x_{p_k} - x_{n_k}\|^2 &\leqslant \left(\sum_{i=n_k}^{n_k+N-1} \|x_i - x_{i+1}\| \right)^2 \\
&\leqslant N \sum_{i=n_k}^{n_k+N-1} \|x_i - x_{i+1}\|^2 \\
&\leqslant N \sum_{i=n_k}^{\infty} \|x_i - x_{i+1}\|^2.
\end{aligned}$$

根据 (5.26) 式, 在上式中令 $k\to\infty$ 得 $\|x_{p_k}-x_{n_k}\|\to 0$, 故有 $x_{p_k}\rightharpoonup x^\dagger$. 对于每个 $i\in\Lambda$, 由于 A_i 是线性映射, $\{A_i x_{p_k}\}$ 弱收敛于 $A_i x^\dagger$. 注意到 $[p_k]=i$, 则由 (5.28)式可得, $\|(I-B_{q_i})A_i x_{p_k}\|\to 0$. 从而由 B_{q_i} 的次闭性可得

$$A_i x^\dagger\in \mathrm{Fix}(B_{q_i})=\mathrm{lev}_{\leqslant 0}q_i,\quad \forall i\in\Lambda.$$

另一方面, (5.26) 显然蕴含 $\|x_n-y_n\|\to 0$, 于是 $y_{n_k}\rightharpoonup x^\dagger$. 由 (5.27) 知 $\|y_n-B_c y_n\|\to 0$, 因此应用 B_c 的次闭性可知, $x^\dagger\in\mathrm{Fix}(B_c)=\mathrm{lev}_{\leqslant 0}c$. 综上得 $x^\dagger\in\Omega$, 此即证明了 $\{x_n\}$ 的任意弱聚点都属于解集 Ω. 此时, 应用引理 3.1 知, 迭代序列 $\{x_n\}$ 弱收敛到问题 (5.16) 的一个解. □

定理 5.12 对任意的初始迭代点 $x_0\in\mathcal{H}$, 给定当前迭代点 x_n, 按照下式更新迭代序列:

$$x_{n+1}=x_n-\tau_n A_n^*(I-B_{q_n})A_n x_n,\tag{5.29}$$

其中 $q_n=q_{[n]},\tau_n=\tau_{[n]},A_n=A_{[n]}$. 对任意的 $n\geqslant 0$, 这里的模函数

$$[n]=n\,\mathrm{mod}\,(N+1).$$

对于任意的 $i\in\Lambda_0$, 假定 $\partial c,\partial q_i$ 一致有界, 步长参数满足

$$0<\tau_i<\frac{2}{\|A_i\|^2}.\tag{5.30}$$

若问题 (5.16)有非空的解集, 则迭代序列 $\{x_n\}$ 弱收敛到该问题的一个解.

下面考虑变步长松弛方法的收敛性.

定理 5.13 对任意的初始迭代点 $x_0\in\mathcal{H}$, 给定当前迭代点 x_n, 按照下式更新迭代序列:

$$x_{n+1}=B_c\big[x_n-\tau_n A_n^*(I-B_{q_n})A_n x_n\big],\tag{5.31}$$

其中 $q_n=q_{[n]},\tau_n=\tau_{[n]},A_n=A_{[n]}$. 对于任意的 $n\geqslant 0$, 这里的模函数

$$[n]=(n\,\mathrm{mod}\,N)+1;$$

步长参数满足定义如下:

$$\tau_n=\begin{cases}0, & \|A_n^*(I-B_{q_n})A_n x_n\|=0,\\ \dfrac{\|(I-B_{q_n})A_n x_n\|^2}{\|A_n^*(I-B_{q_n})A_n x_n\|^2}, & \|A_n^*(I-B_{q_n})A_n x_n\|\neq 0.\end{cases}$$

若问题 (5.16) 的解集非空并且 $\partial c,\{\partial q_i\}_{i\in\Lambda}$ 一致有界, 则由 (5.31) 生成的序列 $\{x_n\}$ 弱收敛到该问题的一个解.

证明 设 $z \in \Omega$. 首先, 证明数列 $\{\|x_n - z\|\}$ 收敛. 设 $y_n = x_n - \tau_n A_n^*(I - B_{q_n})A_n x_n$. 则由引理 5.10,

$$
\begin{aligned}
\|x_{n+1} - z\|^2 &= \|B_c y_n - z\|^2 \leqslant \|y_n - z\|^2 - \|(I - B_c)y_n\|^2 \\
&\leqslant \|x_n - z\|^2 - \tau_n \|(I - B_{q_n})A_n x_n\|^2 - \|(I - B_c)y_n\|^2.
\end{aligned} \tag{5.32}
$$

特别地, $\|x_{n+1} - z\| \leqslant \|x_n - z\|$, 因此数列 $\{\|x_n - z\|\}$ 收敛.

其次, 证明下列结论成立:

$$
\sum_{n=0}^{\infty} \|x_{n+1} - x_n\|^2 < \infty, \tag{5.33}
$$

$$
\lim_{n\to\infty} \|(I - B_{q_n})A_n x_n\| = 0. \tag{5.34}
$$

事实上, 根据不等式 (5.32) 由递推关系可得

$$
\sum_{n=0}^{\infty} \tau_n \|(I - B_{q_n})A_n x_n\|^2 < \infty. \tag{5.35}
$$

特别地, $\tau_n \|(I - B_{q_n})A_n x_n\|^2 \to 0$. 注意 (5.31) 式蕴含

$$
\|x_n - x_{n+1}\|^2 = \|\tau_n A_n^*(I - B_{q_n})A_n x_n\|^2 = \tau_n \|(I - B_{q_n})A_n x_n\|^2,
$$

由此结合 (5.35) 可得 (5.33). 另一方面, 由步长定义得

$$
\begin{aligned}
\tau_n &= \frac{\|(I - B_{q_n})A_n x_n\|^2}{\|A_n^*(I - B_{q_n})A_n x_n\|^2} \\
&\geqslant \frac{\|(I - B_{q_n})A_n x_n\|^2}{\|A_n^*\|^2 \|(I - B_{q_n})A_n x_n\|^2} \\
&= \frac{1}{\|A_n\|^2} \geqslant \min_{1\leqslant i\leqslant N} \frac{1}{\|A_i\|^2},
\end{aligned}
$$

故有

$$
\begin{aligned}
\|(I - B_{q_n})A_n x_n\|^2 &= \frac{1}{\tau_n}\big(\tau_n \|A_n^*(I - B_{q_n})A_n x_n\|^2\big) \\
&\leqslant \max_{1\leqslant i\leqslant N} \|A_i\|^2 \big(\tau_n \|A_n^*(I - B_{q_n})A_n x_n\|^2\big) \to 0,
\end{aligned}
$$

因此 (5.34) 式成立.

最后, 证明序列 $\{x_n\}$ 的任意弱聚点都属于解集 Ω. 选定 $\{x_n\}$ 的任一弱聚点 $x^\dagger$, 则存在子列 $\{x_{n_k}\}$ 使得 $x_{n_k} \rightharpoonup x^\dagger$. 对于每个 $i \in \Lambda$, 由模函数的定义, 此时存在 $p_k \in \{n_k, n_k+1, \cdots, n_k+N-1\}$ 使得 $[p_k] = i$. 利用柯西-施瓦茨不等式,

$$\begin{aligned}\|x_{p_k} - x_{n_k}\|^2 &\leqslant \left(\sum_{i=n_k}^{n_k+N-1} \|x_i - x_{i+1}\|\right)^2 \\ &\leqslant N \sum_{i=n_k}^{n_k+N} \|x_i - x_{i+1}\|^2 \\ &\leqslant N \sum_{i=n_k}^{\infty} \|x_i - x_{i+1}\|^2.\end{aligned}$$

在上式中令 $k \to \infty$, 并结合 (5.33) 可知, $\|x_{p_k} - x_{n_k}\| \to 0$, 故有 $x_{p_k} \rightharpoonup x^\dagger$. 由于 A_i 是线性映射, $\{A_i x_{p_k}\}$ 弱收敛于 $A_i x^\dagger$. 另一方面, 注意到 $[p_k] = i$, 则由 (5.33) 式可得, $\|(I - B_{q_i}) A_i x_{p_k}\| \to 0$. 从而由性质 5.8 可得 $A_i x^\dagger \in \mathrm{lev}_{\leqslant 0} q_i, \forall i \in \Lambda$. 同理可证, $x^\dagger \in \mathrm{Fix}(B_c) = \mathrm{lev}_{\leqslant 0} c$. 此即证明了 $\{x_n\}$ 的任意弱聚点都属于 Ω. 应用引理 3.1, 迭代序列 $\{x_n\}$ 弱收敛到问题 (5.16) 的一个解. □

考虑第二种变步长松弛迭代方法.

定理 5.14 对任意的初始迭代点 $x_0 \in \mathcal{H}$, 给定当前迭代点 x_n, 按照下式更新迭代序列:

$$x_{n+1} = x_n - \tau_n A_n^* (I - B_{q_n}) A_n x_n,$$

其中 $q_n = q_{[n]}, \tau_n = \tau_{[n]}, A_n = A_{[n]}$. 若 $\|A_n^*(I - B_{q_n}) A_n x_n\| = 0$, 则 $\tau_n = 0$; 否则

$$\tau_n = \frac{\|(I - B_{q_n}) A_n x_n\|^2}{\|A_n^*(I - B_{q_n}) A_n x_n\|^2}.$$

对于任意的 $n \geqslant 0$, 这里的模函数 $[n] = n \bmod (N+1)$. 若问题 (5.16) 有非空的解集并且 $\partial c, \partial q_i, i \in \Lambda$ 一致有界, 则迭代序列 $\{x_n\}$ 弱收敛到该问题的一个解.

5.3.4 Armijo 型步长

本节考虑利用线搜索技术确定步长, 由于此类步长依赖于利普希茨连续性, 而次梯度投影通常是不连续的. 因此, 我们需要定义新的闭球以保证迭代的收敛性. 为求解问题 (5.16), 对任意的 $i \in \Lambda$, 定义如下闭球: 构造的闭球 $\tilde{C}_n$ 和 $\tilde{Q}_{i,n}$ 如下:

$$\tilde{C}_n = \left\{ x \in \mathcal{H} : c(x_n) + \langle \xi_n, x - x_n \rangle + \frac{\alpha}{2} \|x - x_n\|^2 \leqslant 0 \right\}, \tag{5.36}$$

其中 $\xi_n \in \partial c(x_n)$; 对每个 $i \in \Lambda$, 定义

$$\tilde{Q}_{i,n} = \left\{ y \in \mathcal{H}_i : q_i(A_i x_n) + \langle \zeta_{i,n}, y - A_i x_n \rangle + \frac{\beta_i}{2} \|y - A_i x_n\|^2 \leqslant 0 \right\}, \quad (5.37)$$

其中 $\zeta_{i,n} \in \partial q_i(A_i x_n)$. 注意到, 此时由 B_{q_i} 定义可知, $P_{\tilde{Q}_{i,n}}(A_i x_n) = B_{q_i}(A_i x_n)$. 基于 Armijo 线搜索技术[71,133], 我们构造一个不依赖于 $\|A_i\|$ 的步长.

定理 5.15 选定参数 $\theta \in (0,1)$. 对任意的初始迭代点 $x_0 \in \mathcal{H}$, 给定当前迭代点 x_n, 按照下式更新迭代:

$$\begin{cases} y_n = P_{\tilde{C}_n}\left[x_n - \tau_n \sum_{i=1}^{N} A_i^*(I - P_{\tilde{Q}_{i,n}}) A_i x_n \right], \\ x_{n+1} = P_{\tilde{C}_n}\left[x_n - \tau_n \sum_{i=1}^{N} A_i^*(I - P_{\tilde{Q}_{i,n}}) A_i y_n \right], \end{cases} \quad (5.38)$$

其中 $\tau_n = \frac{1}{2^{m(n)}}$, $m(n)$ 是满足下列不等式

$$\frac{1}{2^m} \left\| \sum_{i=1}^{N} A_i^*((I - P_{\tilde{Q}_{i,n}}) A_i y_n - (I - P_{\tilde{Q}_{i,n}}) A_i x_n) \right\| \leqslant (1-\theta) \|x_n - y_n\| \quad (5.39)$$

的最小非负整数 m; $\tilde{C}_n$ 与 $\tilde{Q}_{i,n}$ 是由 (5.36) 与 (5.37) 所定义的闭球. 若问题 (5.16) 有非空的解集并且 $\partial c, \partial q_i, i \in \Lambda$ 一致有界, 则由 (5.38) 式生成的迭代序列弱收敛到该问题的一个解.

证明 选择任意的 $z \in \Omega$. 对每个 $n \geqslant 0$, 令 $f_n = \sum_{i=1}^{N} A_i^*(I - P_{\tilde{Q}_{i,n}}) A_i$. 首先证明步长数列 $\{\tau_n\}$ 有严格大于零的下界. 事实上, 由步长的定义, 若 $m(n) = 0$, 则 $\tau_n = 1$; 否则

$$\frac{1}{2^{m(n)-1}} \|f_n(x_n) - f_n(y_n)\| > (1-\theta) \|x_n - y_n\|,$$

即

$$\|f_n(x_n) - f_n(y_n)\| > 2^{m(n)-1}(1-\theta) \|x_n - y_n\|.$$

由于 f_n 是 $\sum_{i=1}^{N} \|A_i\|^2$-利普希茨连续的, 故有

$$\sum_{i=1}^{N} \|A_i\|^2 > (1-\theta) 2^{m(n)-1},$$

从而

$$\tau_n = \frac{1}{2^{m(n)}} > \frac{1-\theta}{2 \sum_{i=1}^{N} \|A_i\|^2}.$$

综上知

$$\tau_n \geqslant \min\left\{1, \frac{1-\theta}{2\sum_{i=1}^{N}\|A_i\|^2}\right\} := \tau. \tag{5.40}$$

因此步长数列 $\{\tau_n\}$ 有严格大于零的下界.

其次, 证明数列 $\{\|x_n - z\|\}$ 收敛. 事实上, 对所有的 $n \geqslant 0$, 显然有 $z \in \tilde{C}_n, f_n(z) = 0$. 则由 f_n 的单调性可得

$$\begin{aligned}
\|x_{n+1} - z\|^2 &= \left\|P_{\tilde{C}_n}(x_n - \tau_n f_n(y_n)) - z\right\|^2 \\
&\leqslant \|x_n - \tau_n f_n(y_n) - z\|^2 - \|x_{n+1} - x_n + \tau_n f_n(y_n)\|^2 \\
&= \|x_n - z\|^2 - 2\tau_n \langle f_n(y_n), x_n - z\rangle - \|x_{n+1} - x_n\|^2 \\
&\quad - 2\tau_n \langle f_n(y_n), x_{n+1} - x_n\rangle \\
&\leqslant \|x_n - z\|^2 - 2\tau_n \langle f_n(y_n), x_n - y_n\rangle - \|x_{n+1} - x_n\|^2 \\
&\quad - 2\tau_n \langle f_n(y_n), x_{n+1} - x_n\rangle \\
&= \|x_n - z\|^2 - 2\tau_n \langle f_n(y_n), x_{n+1} - y_n\rangle - \|x_{n+1} - y_n + y_n - x_n\|^2 \\
&= \|x_n - z\|^2 - 2\tau_n \langle f_n(y_n), x_{n+1} - y_n\rangle - \|x_{n+1} - y_n\|^2 \\
&\quad - \|y_n - x_n\|^2 + 2\langle x_{n+1} - y_n, x_n - y_n\rangle \\
&= \|x_n - z\|^2 - \|y_n - x_n\|^2 - \|x_{n+1} - y_n\|^2 \\
&\quad + 2\langle x_n - y_n - \tau_n f_n(y_n), x_{n+1} - y_n\rangle.
\end{aligned}$$

现在估计上式中的最后一项. 注意到 $x_{n+1} \in \tilde{C}_n$, 根据投影性质,

$$\langle y_n - (x_n - \tau_n f_n(x_n)), y_n - x_{n+1}\rangle \leqslant 0,$$

由此可得

$$\begin{aligned}
&2\langle x_n - y_n - \tau_n f_n(y_n), x_{n+1} - y_n\rangle \\
&\leqslant 2\langle x_n - y_n - \tau_n f_n(y_n), x_{n+1} - y_n\rangle \\
&\quad + 2\langle y_n - x_n + \tau_n f_n(x_n), x_{n+1} - y_n\rangle \\
&= 2\tau_n\langle f_n(x_n) - f_n(y_n), x_{n+1} - y_n\rangle \\
&\leqslant 2\tau_n\|f_n(x_n) - f_n(y_n)\|\|x_{n+1} - y_n\| \\
&\leqslant \tau_n^2\|f_n(x_n) - f_n(y_n)\|^2 + \|x_{n+1} - y_n\|^2
\end{aligned}$$

$$\leqslant (1-\theta)^2\|x_n - y_n\|^2 + \|x_{n+1} - y_n\|^2$$
$$\leqslant (1-\theta)\|x_n - y_n\|^2 + \|x_{n+1} - y_n\|^2.$$

合并上述两个不等式, 对所有的 $n \geqslant 0$,

$$\|x_{n+1} - z\|^2 \leqslant \|x_n - z\|^2 - \theta\|x_n - y_n\|^2. \tag{5.41}$$

特别地, $\|x_{n+1} - z\| \leqslant \|x_n - z\|, \forall n \geqslant 0$. 因此数列 $\{\|x_n - z\|\}$ 收敛, 从而序列 $\{x_n\}$ 有界.

下证序列 $\{x_n\}$ 的任意弱聚点都属于解集 Ω. 选定任意的弱聚点 $x^\dagger$, 则存在 $\{x_n\}$ 的子列 $\{x_{n_k}\}$ 使得 $x_{n_k} \rightharpoonup x^\dagger$. 注意到此时不等式 (5.41) 蕴含

$$\sum_{n=0}^{\infty} \theta\|y_n - x_n\|^2 < \infty,$$

故有 $\|y_n - x_n\| \to 0$. 由于 $y_n \in \tilde{C}_n$, 故根据泛函 c 的弱下半连续性,

$$\begin{aligned}
c(x^\dagger) &\leqslant \varliminf_{k\to\infty} c(x_{n_k}) \\
&\leqslant \varlimsup_{n\to\infty} c(x_n) \\
&\leqslant \varlimsup_{n\to\infty} \left(\langle \xi_n, x_n - y_n\rangle - \frac{\alpha}{2}\|y_n - x_n\|^2\right) \\
&\leqslant \varlimsup_{n\to\infty} \|\xi_n\| \cdot \|x_n - y_n\| \\
&\leqslant \xi \varlimsup_{n\to\infty} \|y_n - x_n\| = 0,
\end{aligned}$$

其中 ξ 满足 $\|\xi_n\| \leqslant \xi, \forall n \geqslant 0$. 故有 $x^\dagger \in \mathrm{lev}_{\leqslant 0} c$. 下证 $A_i x^\dagger \in \mathrm{lev}_{\leqslant 0} q_i, \forall i \in \Lambda$. 根据 f_n 的利普希茨连续性得

$$\begin{aligned}
&\sum_{i=1}^{N} \|(I - P_{\tilde{Q}_{i,n}})A_i x_n\|^2 \\
\leqslant &\sum_{i=1}^{N} \langle (I - P_{\tilde{Q}_{i,n}})A_i x_n, A_i x_n - A_i z\rangle \\
= &\langle f_n(x_n), y_n - z\rangle + \langle f_n(x_n), x_n - y_n\rangle \\
= &\frac{1}{\tau_n}\langle \tau_n f_n(x_n), y_n - z\rangle + \langle f_n(x_n), x_n - y_n\rangle \\
\leqslant &\frac{1}{\tau_n}\langle x_n - y_n, y_n - z\rangle + \|f_n(x_n) - f_n(z)\|\|x_n - y_n\|
\end{aligned}$$

$$\leqslant \frac{1}{\tau}\|x_n - y_n\|\|y_n - z\| + \left(\sum_{i=1}^{N}\|A_i\|^2\right)\|x_n - z\|\|x_n - y_n\|$$

$$\leqslant \left(\frac{1}{\tau}\|y_n - z\| + \left(\sum_{i=1}^{N}\|A_i\|^2\right)\|x_n - z\|\right)\|x_n - y_n\| \to 0,$$

其中 τ 是由 (5.40) 所定义的正数, 上述第一个不等式用到了投影的反强单调性, 第二个不等式用到了投影性质 (1.1). 注意到 $P_{\tilde{Q}_{i,n}}(A_ix_n) \in \tilde{Q}_{i,n}$, 故有

$$\begin{aligned} q_i(A_ix_n) &\leqslant \langle \zeta_{i,n}, A_ix_n - P_{\tilde{Q}_{i,n}}(A_ix_n)\rangle - \frac{\beta_i}{2}\|(I - P_{\tilde{Q}_{i,n}})A_ix_n\|^2 \\ &\leqslant \|\zeta_{i,n}\| \cdot \|A_ix_n - P_{\tilde{Q}_{i,n}}(A_ix_n)\| \\ &\leqslant \zeta\|(I - P_{\tilde{Q}_{i,n}})A_ix_n\| \to 0, \end{aligned}$$

其中 ζ 满足 $\|\zeta_{i,n}\| \leqslant \zeta, \forall i \in \Lambda, \forall n \in \mathbb{N}$. 注意到 $A_ix_{n_k} \rightharpoonup A_ix^\dagger$, 于是结合 q_i 的弱下半连续性可得

$$q_i(A_ix^\dagger) \leqslant \varliminf_{k\to\infty} q_i(A_ix_{n_k}) \leqslant 0,$$

即 $A_ix^\dagger \in \mathrm{lev}_{\leqslant 0}q_i, \forall i \in \Lambda$. 从而 $\{x_n\}$ 的任意弱聚点都属于解集 Ω, 因此定理得证. □

注 5.1 对每个 $n \geqslant 0$, 显然根据 f_n 的利普希茨连续性, 存在由 (5.39) 式所定义的最小整数 $m(n)$.

下面考虑第二种类型的基于线搜索步长的松弛方法.

定理 5.16 选定参数 $\theta \in (0,1)$. 对任意的初始迭代点 $x_0 \in \mathcal{H}$, 按照下式更新迭代:

$$\begin{cases} y_n = P_{\tilde{C}_n}\left[x_n - \tau_n\sum_{i=1}^{N}A_i^*(I - P_{\tilde{Q}_{i,n}})A_ix_n\right], \\ x_{n+1} = y_n - \tau_n\left[\sum_{i=1}^{N}A_i^*((I - P_{\tilde{Q}_{i,n}})A_iy_n - (I - P_{\tilde{Q}_{i,n}})A_ix_n)\right], \end{cases} \tag{5.42}$$

其中 $\tau_n = \dfrac{1}{2^{m(n)}}, m(n)$ 是满足不等式 (5.39) 的最小非负整数 m; $\tilde{C}_n$ 与 $\tilde{Q}_{i,n}$ 是由 (5.36) 与 (5.37) 所定义的闭球. 若问题 (5.16) 有非空的解集并且 $\partial c, \partial q_i, i \in \Lambda$ 一致有界, 则由 (5.42) 式生成的迭代序列弱收敛到该问题的一个解.

证明 选择任意的 $z \in \Omega$. 对每个 $n \geqslant 0$, 令 $f_n = \sum_{i=1}^{N}A_i^*(I - P_{\tilde{Q}_{i,n}})A_i$. 首先证明数列 $\{\|x_n - z\|\}$ 收敛. 事实上, 对所有的 $n \geqslant 0$, 显然有 $z \in \tilde{C}_n, f_n(z) = 0$.

由 (5.42) 式得

$$\begin{aligned}\|x_{n+1}-z\|^2 &= \|y_n - z - \tau_n(f_n(y_n)-f_n(x_n))\|^2\\ &= \|y_n-z\|^2+\tau_n^2\|f_n(y_n)-f_n(x_n)\|^2\\ &\quad -2\tau_n\langle y_n-z, f_n(y_n)-f_n(x_n)\rangle\\ &\leqslant \|y_n-z\|^2+(1-\theta)^2\|y_n-x_n\|^2\\ &\quad -2\tau_n\langle y_n-z, f_n(y_n)-f_n(x_n)\rangle\\ &\leqslant \|y_n-z\|^2+(1-\theta)\|y_n-x_n\|^2\\ &\quad -2\tau_n\langle y_n-z, f_n(y_n)-f_n(x_n)\rangle. \end{aligned} \tag{5.43}$$

另一方面, 根据投影性质 (1.1),

$$\begin{aligned}\|y_n-z\|^2 &= \|(x_n-z)+(y_n-x_n)\|^2\\ &= \|x_n-z\|^2+\|y_n-x_n\|^2+2\langle x_n-z, y_n-x_n\rangle\\ &= \|x_n-z\|^2-\|y_n-x_n\|^2+2\langle y_n-z, y_n-x_n\rangle\\ &\leqslant \|x_n-z\|^2-\|y_n-x_n\|^2-2\tau_n\langle f_n(x_n), y_n-z\rangle. \end{aligned} \tag{5.44}$$

综合不等式 (5.43) 与 (5.44),

$$\begin{aligned}\|x_{n+1}-z\|^2 &\leqslant \|x_n-z\|^2-\theta\|y_n-x_n\|^2-2\tau_n\langle f_n(y_n), y_n-z\rangle\\ &\leqslant \|x_n-z\|^2-\theta\|y_n-x_n\|^2-2\tau_n\langle f_n(z), y_n-z\rangle\\ &= \|x_n-z\|^2-\theta\|y_n-x_n\|^2, \end{aligned} \tag{5.45}$$

其中最后一个不等式用到了 $f_n(z)=0$ 以及 f_n 的单调性. 特别地, $\|x_{n+1}-z\|\leqslant\|x_n-z\|, \forall n\geqslant 0$. 因此数列 $\{\|x_n-z\|\}$ 收敛, 从而序列 $\{x_n\}$ 有界.

下证序列 $\{x_n\}$ 的任意弱聚点都属于解集 Ω. 选定任意的弱聚点 $x^\dagger$, 则存在 $\{x_n\}$ 的子列 $\{x_{n_k}\}$ 使得 $x_{n_k}\rightharpoonup x^\dagger$. 注意到此时不等式 (5.45) 蕴含

$$\theta\sum_{n=0}^{\infty}\|y_n-x_n\|^2<\infty,$$

故有 $\|y_n-x_n\|\to 0$. 从而利用定理 5.15 中的方法, 类似可证 $\{x_n\}$ 的任意弱聚点都属于解集 Ω, 因此定理得证. □

注 5.2 类似地, 存在由 (5.39) 式所定义的最小整数 $m(n)$, 并且上述步长数列 $\{\tau_n\}$ 有严格大于零的下界.

第 6 章　分裂等式问题

本章主要研究分裂等式问题分别在凸框架与非凸框架下的求解方法. 在凸框架下, 我们将在无穷维空间中考虑凸分裂等式问题, 而在有限维空间中考虑非凸分裂等式问题.

6.1　简单凸集情形

在数值线性代数中, 雅可比迭代与高斯-赛德尔迭代是用于求解线性方程组的两类经典迭代方法. 雅可比迭代使用所有旧坐标来生成所有新坐标. 而高斯-赛德尔迭代尽可能使用新坐标得到更新的坐标. 在大多数情况下, 高斯-赛德尔迭代法比雅可比迭代法收敛得更快. 雅可比迭代收敛性需要较弱的条件, 且相应的收敛性分析比较简单.

6.1.1　雅可比型方法

结合雅可比迭代思想, 应用定理 2.7 即得求解分裂等式问题的逼近方法.

定理 6.1　选定初始迭代点 $(x_0, y_0) \in \mathcal{H}_1 \times \mathcal{H}_2$. 给定 (x_n, y_n), 计算下一步迭代:

$$\begin{cases} x_{n+1} = P_C(x_n - \tau A^*(Ax_n - By_n)), \\ y_{n+1} = P_Q(y_n - \tau B^*(By_n - Ax_n)), \end{cases} \tag{6.1}$$

其中

$$0 < \tau < \frac{2}{\|A\|^2 + \|B\|^2}.$$

若问题 (2.14) 的解集非空, 则迭代序列 $\{(x_n, y_n)\}$ 弱收敛到该问题的一个解.

证明　设 $z_n = (x_n, y_n)$, 则 (6.1) 等价于

$$z_{n+1} = P_{\mathcal{C}}\big[z_n - \tau \mathcal{A}^*(I - P_{\{0\}})\mathcal{A} z_n\big],$$

其中 $\mathcal{C} = C \times Q$, $0 \in \mathcal{H}$,

$$\mathcal{A}z = Ax - By, \quad \forall z = (x, y) \in \mathcal{H}_1 \times \mathcal{H}_2.$$

另外注意到, 由引理 2.5,

$$\tau < \frac{2}{\|A\|^2 + \|B\|^2} \leqslant \frac{2}{\|\mathcal{A}\|^2},$$

应用定理 3.10 可得, 序列 $\{z_n\}$ 弱收敛到 $z^\dagger = (x^\dagger, y^\dagger) \in \mathcal{S}$. 因此定理得证. □

类似地, 可得下列求解分裂等式问题的逼近方法.

定理 6.2 选定初始迭代点 $(x_0, y_0) \in \mathcal{H}_1 \times \mathcal{H}_2$. 给定 (x_n, y_n), 计算下一步迭代:

$$\begin{cases} x_{n+1} = x_n - \tau[(I - P_C)x_n + A^*(Ax_n - By_n)], \\ y_{n+1} = y_n - \tau[(I - P_Q)y_n - B^*(Ax_n - By_n)], \end{cases} \tag{6.2}$$

其中

$$0 < \tau < \frac{2}{1 + \|A\|^2 + \|B\|^2}.$$

若问题 (2.14) 的解集非空, 则迭代序列 $\{(x_n, y_n)\}$ 弱收敛到该问题的一个解.

证明 设 $z_n = (x_n, y_n)$, 则 (6.2) 等价于

$$z_{n+1} = z_n - \tau\big[(I - P_{\mathcal{C}})z_n + \mathcal{A}^*(I - P_{\{0\}})\mathcal{A}z_n\big],$$

其中 $\mathcal{C} = C \times Q$, $0 \in \mathcal{H}$,

$$\mathcal{A}z = Ax - By, \quad \forall z = (x, y) \in \mathcal{H}_1 \times \mathcal{H}_2.$$

另外注意到, 由引理 2.5,

$$\tau < \frac{2}{1 + \|A\|^2 + \|B\|^2} \leqslant \frac{2}{1 + \|\mathcal{A}\|^2},$$

应用定理 3.4 可得, 序列 $\{z_n\}$ 收敛到 $z^\dagger = (x^\dagger, y^\dagger) \in \mathcal{S}$, 因此定理得证. □

下面考虑雅可比型变步长迭代方法.

定理 6.3 选定初始迭代点 $(x_0, y_0) \in \mathcal{H}_1 \times \mathcal{H}_2$. 给定 (x_n, y_n), 若 $\|Ax_n - By_n\| = 0$, 则停止迭代; 否则计算下一步迭代:

$$\begin{cases} x_{n+1} = P_C(x_n - \tau_n A^*(Ax_n - By_n)), \\ y_{n+1} = P_Q(y_n - \tau_n B^*(By_n - Ax_n)), \end{cases} \tag{6.3}$$

其中步长 τ_n 定义如下:

$$\tau_n = \frac{\|Ax_n - By_n\|^2}{\|A^*(Ax_n - By_n)\|^2 + \|B^*(Ax_n - By_n)\|^2}.$$

若问题 (2.14) 的解集非空, 则迭代序列 $\{(x_n, y_n)\}$ 弱收敛到该问题的一个解.

证明　利用前面的记号, 则 (6.3) 等价于

$$z_{n+1} = P_{\mathcal{C}}\big[z_n - \tau_n \mathcal{A}^*(I - P_{\{0\}})\mathcal{A}z_n\big].$$

应用引理 2.5, 经简单计算可得

$$\tau_n = \frac{\|(I - P_{\{0\}})\mathcal{A}z_n\|^2}{\|\mathcal{A}^*(I - P_{\{0\}})\mathcal{A}z_n\|^2}.$$

于是应用定理 3.5 可得所证结果. □

定理 6.4　选定初始迭代点 $(x_0, y_0) \in \mathcal{H}_1 \times \mathcal{H}_2$. 给定 (x_n, y_n), 若

$$\|(I - P_C)x_n + A^*(Ax_n - By_n)\| = \|(I - P_Q)y_n - B^*(Ax_n - By_n)\| = 0,$$

则停止迭代; 否则计算下一步迭代:

$$\begin{cases} x_{n+1} = x_n - \tau_n[(I - P_C)x_n + A^*(Ax_n - By_n)], \\ y_{n+1} = y_n - \tau_n[(I - P_Q)y_n - B^*(Ax_n - By_n)], \end{cases} \tag{6.4}$$

其中步长 τ_n 定义如下:

$$\tau_n = \frac{\|(I - P_C)x_n\|^2 + \|(I - P_Q)y_n\|^2 + \|Ax_n - By_n\|^2}{\|(I - P_C)x_n + A^*(Ax_n - By_n)\|^2 + \|(I - P_Q)y_n - B^*(Ax_n - By_n)\|^2}.$$

若问题 (2.14) 的解集非空, 则迭代序列 $\{(x_n, y_n)\}$ 弱收敛到该问题的一个解.

证明　利用前面的记号, 则 (6.4) 等价于

$$z_{n+1} = z_n - \tau_n\big[(I - P_{\mathcal{C}})z_n + \mathcal{A}^*(I - P_{\{0\}})\mathcal{A}z_n\big].$$

经简单计算可得

$$\tau_n = \frac{\|(I - P_{\mathcal{C}})z_n\|^2 + \|(I - P_{\{0\}})\mathcal{A}z_n\|^2}{\|(I - P_{\mathcal{C}})z_n + \mathcal{A}^*(I - P_{\{0\}})\mathcal{A}z_n\|^2}. \tag{6.5}$$

于是应用定理 3.6 可得所证结论. □

下面考虑另外一种雅可比型变步长方法及其收敛性结果.

定理 6.5　选定初始迭代点 $(x_0, y_0) \in \mathcal{H}_1 \times \mathcal{H}_2$. 给定 (x_n, y_n), 若 $\|Ax_n - By_n\| = 0$, 则停止迭代; 否则计算下一步迭代:

$$\begin{cases} x_{n+1} = P_C(x_n - \tau_n A^*(Ax_n - By_n)), \\ y_{n+1} = P_Q(y_n - \tau_n B^*(By_n - Ax_n)), \end{cases} \tag{6.6}$$

其中步长 τ_n 定义如下:

$$\tau_n = \frac{\varrho_n}{\|(A^*(Ax_n - By_n), B^*(Ax_n - By_n))\|},$$

数列 $\{\varrho_n\}$ 满足

$$\sum_{k=0}^{\infty} \varrho_n = \infty, \quad \sum_{k=0}^{\infty} \varrho_n^2 < \infty. \tag{6.7}$$

若问题 (2.14) 的解集非空, 则迭代序列 $\{(x_n, y_n)\}$ 弱收敛到该问题的一个解.

证明 经简单计算, (6.6) 等价于

$$z_{n+1} = P_{\mathcal{C}}\big[z_n - \tau_n \mathcal{A}^*(I - P_{\{0\}})\mathcal{A}z_n\big],$$

其中

$$\tau_n = \frac{\varrho_n}{\|\mathcal{A}^*(I - P_{\{0\}})\mathcal{A}z_n\|}.$$

于是应用定理 3.7 可得所证结论. □

定理 6.6 选定初始迭代点 $(x_0, y_0) \in \mathcal{H}_1 \times \mathcal{H}_2$. 给定 (x_n, y_n), 若

$$\|(I - P_C)x_n + A^*(Ax_n - By_n)\| = \|(I - P_Q)y_n - B^*(Ax_n - By_n)\| = 0,$$

则停止迭代; 否则计算下一步迭代:

$$\begin{cases} x_{n+1} = x_n - \tau_n[(I - P_C)x_n + A^*(Ax_n - By_n)], \\ y_{n+1} = y_n - \tau_n[(I - P_Q)y_n - B^*(Ax_n - By_n)], \end{cases} \tag{6.8}$$

其中步长 τ_n 定义如下:

$$\tau_n = \frac{\varrho_n}{\|((I - P_C)x_n + A^*(Ax_n - By_n), (I - P_Q)y_n - B^*(Ax_n - By_n))\|},$$

数列 $\{\varrho_n\}$ 满足 (6.7). 若问题 (2.14) 的解集非空, 则迭代序列 $\{(x_n, y_n)\}$ 弱收敛到该问题的一个解.

证明 利用前面的记号, 则 (6.8) 等价于

$$z_{n+1} = z_n - \tau_n\big[(I - P_{\mathcal{C}})z_n + \mathcal{A}^*(I - P_{\{0\}})\mathcal{A}z_n\big].$$

经简单计算可得

$$\tau_n = \frac{\varrho_n}{\|(I - P_{\mathcal{C}})z_n + \mathcal{A}^*(I - P_{\{0\}})\mathcal{A}z_n\|}. \tag{6.9}$$

于是应用定理 3.7 可得所证结论. □

6.1.2 高斯-赛德尔型方法

在大多数情况下, 高斯-赛德尔迭代法比雅可比迭代法收敛得更快, 然而其收敛性分析却相对比较复杂. 应用定理 2.7, 并结合高斯-赛德尔迭代思想, 即得下列收敛性结果.

定理 6.7 选定初始迭代点 $(x_0, y_0) \in \mathcal{H}_1 \times \mathcal{H}_2$. 给定 (x_n, y_n), 计算下一步迭代:

$$\begin{cases} x_{n+1} = P_C(x_n - \tau A^*(Ax_n - By_n)), \\ y_{n+1} = P_Q(y_n - \tau B^*(By_n - Ax_{n+1})), \end{cases} \tag{6.10}$$

其中

$$0 < \tau \max(\|B\|^2, \|A\|^2) < 1.$$

若问题 (2.14) 的解集非空, 则迭代序列 $\{(x_n, y_n)\}$ 弱收敛到该问题的一个解.

证明 令 $z_n = (x_n, y_n)$, 选取任意的 $z = (x, y) \in \mathcal{S}$, 则 $Ax \in C$, $By \in Q$, $Ax = By$. 一方面, 利用投影性质可得

$$\begin{aligned} &\|x_{n+1} - x\|^2 = \|P_C(x_n - \tau A^*(Ax_n - By_n)) - x\|^2 \\ &\leqslant \|(x_n - x) - \tau A^*(Ax_n - By_n)\|^2 \\ &= \|x_n - x\|^2 - 2\tau\langle A^*(Ax_n - By_n), x_n - x\rangle + \tau^2\|A^*(Ax_n - By_n)\|^2 \\ &= \|x_n - x\|^2 - 2\tau\langle Ax_n - By_n, Ax_n - Ax\rangle + \tau^2\|A^*(Ax_n - By_n)\|^2 \\ &\leqslant \|x_n - x\|^2 - 2\tau\langle Ax_n - By_n, Ax_n - Ax\rangle + \tau^2\|A\|^2\|Ax_n - By_n\|^2, \end{aligned}$$

以及

$$\begin{aligned} &2\langle Ax_n - By_n, Ax_n - Ax\rangle \\ &= \|Ax_n - By_n\|^2 + \|Ax_n - Ax\|^2 - \|By_n - Ax\|^2 \\ &= \|Ax_n - By_n\|^2 + \|Ax_n - By\|^2 - \|By_n - By\|^2, \end{aligned}$$

于是可得

$$\begin{aligned} \|x_{n+1} - x\|^2 \leqslant{} & \|x_n - x\|^2 - \tau\|Ax_n - By\|^2 \\ & - \tau\big(1 - \tau\|A\|^2\big)\|Ax_n - By_n\|^2 + \tau\|By_n - By\|^2. \end{aligned} \tag{6.11}$$

另一方面, 注意到

$$\|y_{n+1} - y\|^2$$

$$
\begin{aligned}
&= \|P_Q(y_n + \tau B^*(Ax_{n+1} - By_n)) - P_Q y\|^2 \\
&\leqslant \|(y_n - y) + \tau B^*(Ax_{n+1} - By_n)\|^2 \\
&= \|y_n - y\|^2 + 2\tau\langle B^*(Ax_{n+1} - By_n), y_n - y\rangle + \tau^2\|B^*(Ax_{n+1} - By_n)\|^2 \\
&= \|y_n - y\|^2 + 2\tau\langle Ax_{n+1} - By_n, By_n - By\rangle + \tau^2\|B^*(Ax_{n+1} - By_n)\|^2 \\
&\leqslant \|y_n - y\|^2 + 2\tau\langle Ax_{n+1} - By_n, By_n - By\rangle + \tau^2\|B\|^2\|Ax_{n+1} - By_n\|^2,
\end{aligned}
$$

以及

$$
\begin{aligned}
&2\langle Ax_{n+1} - By_n, By_n - By\rangle \\
&= -\|Ax_{n+1} - By_n\|^2 - \|By_n - By\|^2 + \|Ax_{n+1} - By\|^2,
\end{aligned}
$$

可得

$$
\begin{aligned}
\|y_{n+1} - y\|^2 \leqslant{}& \|y_n - y\|^2 - \tau\|Ax_{n+1} - By\|^2 \\
&- \tau\big(1 - \tau\|B\|^2\big)\|Ax_{n+1} - By_n\|^2 - \tau\|By_n - By\|^2. \qquad (6.12)
\end{aligned}
$$

结合不等式 (6.11) 与 (6.12),

$$
\begin{aligned}
&\|z_{n+1} - z\|^2 \\
&\leqslant \|z_n - z\|^2 - \tau\|Ax_n - Ax\|^2 + \tau\|Ax_{n+1} - By\|^2 \\
&\quad - \tau((1 - \tau\|A\|^2)\|Ax_n - By_n\|^2 + (1 - \tau\|B\|^2)\|Ax_{n+1} - By_n\|^2) \\
&\leqslant \|z_n - z\|^2 - \tau\|Ax_n - Ax\|^2 + \tau\|Ax_{n+1} - Ax\|^2 \\
&\quad - \tau\big(1 - \tau\max(\|B\|^2, \|A\|^2)\big)(\|Ax_n - By_n\|^2 + \|Ax_{n+1} - By_n\|^2). \qquad (6.13)
\end{aligned}
$$

令 $\Delta_n(z) = \|z_n - z\|^2 - \tau\|Ax_n - Ax\|^2$. 于是 (6.13) 可重写为

$$
\begin{aligned}
\Delta_{n+1}(z) \leqslant{}& \Delta_n(z) - \tau\big(1 - \tau\max(\|B\|^2, \|A\|^2)\big) \\
&\times (\|Ax_n - By_n\|^2 + \|Ax_{n+1} - By_n\|^2). \qquad (6.14)
\end{aligned}
$$

注意到 $\|Ax_n - Ax\| \leqslant \|A\|\|x_n - x\|$, 从而

$$
\Delta_n(z) \geqslant (1 - \tau\|A\|^2)\|x_n - x\|^2 + \|y_n - y\|^2 \geqslant 0.
$$

显然数列 $\{\Delta_n(z)\}$ 单调有界从而收敛, 记其极限为 $\Delta(z)$. 在 (6.14) 式中令 $n \to \infty$ 并注意到 τ 的取值范围, 容易得到

$$
\lim_{n\to\infty} \|Ax_n - By_n\| = \lim_{n\to\infty} \|Ax_{n+1} - By_n\| = 0. \qquad (6.15)
$$

接下来证明 $\{z_n\}$ 任意弱聚点都属于 $\mathcal{S}$. 因为 $\{\Delta_n(z)\}$ 有界, 所以序列 $\{z_n\}$ 也是有界序列. 设 $\bar{z}=(\bar{x},\bar{y})$ 是序列 $\{z_n\}$ 的任意弱聚点, 故存在子列 $\{z_{n_k}\}$ 使其弱收敛到 $\bar{z}$. 注意到由闭凸集的弱闭性, 显然有 $\bar{x}\in C, \bar{y}\in Q$. 进而由 $(Ax_{n_k}-By_{n_k})\rightharpoonup(A\bar{x}-B\bar{y})$ 以及范数的弱下半连续性得

$$\|A\bar{x}-B\bar{y}\|\leqslant\liminf_{k\to\infty}\|Ax_{n_k}-By_{n_k}\|=0.$$

因此 $\bar{z}\in\mathcal{S}$. 从而 $\{z_n\}$ 任意弱聚点都属于 $\mathcal{S}$.

最后证明序列 $\{z_n\}$ 的弱收敛性. 假设该序列存在另一个弱聚点 $\hat{z}$, 则显然 $\hat{z}\in\mathcal{S}$. 由 Δ_n 的定义可得

$$\begin{aligned}\Delta_n(\bar{z})=&\Delta_n(\hat{z})+\|\bar{z}-\hat{z}\|^2-\tau\|A\bar{x}-A\hat{x}\|^2\\&+2\langle z_n-\hat{z},\hat{z}-\bar{z}\rangle-2\tau\langle Ax_n-A\hat{x},A\hat{x}-A\bar{x}\rangle.\end{aligned}$$

在上式中令 $n\to\infty$ 可得

$$\begin{aligned}\Delta(\bar{z})&=\Delta(\hat{z})+\|\bar{z}-\hat{z}\|^2-\tau\|A\bar{x}-A\hat{x}\|^2\\&\geqslant\Delta(\bar{z})+\|\bar{z}-\hat{z}\|^2-\tau\|A\|^2\|\bar{x}-\hat{x}\|^2\\&\geqslant\Delta(\bar{z})+(1-\tau\|A\|^2)\|\bar{z}-\hat{z}\|^2.\end{aligned}$$

同理可得

$$\Delta(\hat{z})\geqslant\Delta(\bar{z})+(1-\tau\|A\|^2)\|\bar{z}-\hat{z}\|^2.$$

以上两式相加可得

$$(1-\tau\|A\|^2)\|\bar{z}-\hat{z}\|^2\leqslant 0,$$

从而 $\bar{z}=\hat{z}$. 故序列 $\{z_n\}$ 有唯一的弱聚点, 因此弱收敛到问题 (2.14) 的一个解. □

类似地, 可得如下结论.

定理 6.8 选定初始迭代点 $(x_0,y_0)\in\mathcal{H}_1\times\mathcal{H}_2$. 给定 (x_n,y_n), 计算下一步迭代:

$$\begin{cases}x_{n+1}=x_n-\tau[(I-P_C)x_n+A^*(Ax_n-By_n)],\\ y_{n+1}=y_n-\tau[(I-P_Q)y_n-B^*(Ax_{n+1}-By_n)],\end{cases}$$

其中

$$0<\tau\big(1+\max(\|B\|^2,\|A\|^2)\big)<1.$$

若问题 (2.14) 的解集非空, 则迭代序列 $\{(x_n,y_n)\}$ 弱收敛到该问题的一个解.

定理 6.9 选定初始迭代点 $(x_0, y_0) \in \mathcal{H}_1 \times \mathcal{H}_2$. 给定 (x_n, y_n), 计算下一步迭代:

$$\begin{cases} x_{n+1} = P_C(x_n - \tau_n A^*(Ax_n - By_n)), \\ y_{n+1} = P_Q(y_n + \tau_n B^*(Ax_{n+1} - By_n)), \end{cases} \tag{6.16}$$

其中 $\tau_n = 0$ 若 $\|Ax_n - By_n\| = 0$; 否则

$$\tau_n = \frac{\varrho_n}{\max\{\|A^*(Ax_n - By_n)\|, \|B^*(Ax_n - By_n)\|, \|A^*(Ax_n - By_n)\|^{1/2}\}}. \tag{6.17}$$

若数列 $\{\varrho_n\}$ 满足条件 (6.7) 且问题 (2.14) 的解集非空, 则迭代序列 $\{(x_n, y_n)\}$ 弱收敛到该问题的一个解.

证明 令 $z_n = (x_n, y_n)$, 选取任意的 $z = (x, y) \in \mathcal{S}$, 则 $Ax \in C$, $By \in Q$, $Ax = By$. 令

$$\bar{y}_n = P_Q(y_n + \tau_n B^*(Ax_n - By_n)).$$

若 $\|Ax_n - By_n\| \neq 0$, 则由投影性质可得

$$\begin{aligned} \|y_{n+1} - \bar{y}_n\| &\leqslant \|\tau_n B^*(Ax_{n+1} - Ax_n)\| \\ &\leqslant \tau_n \|B^*A\| \|x_{n+1} - x_n\| \\ &\leqslant \tau_n \|B^*A\| (\tau_n \|A^*(Ax_n - By_n)\|) \\ &= \|B^*A\| (\tau_n^2 \|A^*(Ax_n - By_n)\|). \end{aligned}$$

注意到由 (6.17) 可得 $\tau_n \|A^*(Ax_n - By_n)\|^{1/2} \leqslant \rho_n$, 于是

$$\|y_{n+1} - \bar{y}_n\| \leqslant \|B^*A\| \varrho_n^2. \tag{6.18}$$

另一方面, 根据 (6.17),

$$\begin{aligned} \|x_{n+1} - x\|^2 &= \|P_C(x_n - \tau_n A^*(Ax_n - By_n)) - P_C x\|^2 \\ &\leqslant \|(x_n - x) - \tau_n A^*(Ax_n - By_n)\|^2 \\ &= \|x_n - x\|^2 - 2\tau_n \langle A^*(Ax_n - By_n), x_n - x\rangle + \tau_n^2 \|A^*(Ax_n - By_n)\|^2 \\ &\leqslant \|x_n - x\|^2 - 2\tau_n \langle Ax_n - By_n, Ax_n - Ax\rangle + \varrho_n^2. \end{aligned}$$

类似地, 可得

$$\|\bar{y}_n - y\|^2 = \|P_Q(y_n + \tau_n B^*(Ax_n - By_n)) - P_Q y\|^2$$

$$
\begin{aligned}
&\leqslant \|(y_n+\tau_n B^*(Ax_n-By_n))-y\|^2\\
&\leqslant \|y_n-y\|^2+2\tau_n\langle B^*(Ax_n-By_n),y_n-y\rangle+\tau_n^2\|B^*(Ax_n-By_n)\|^2\\
&\leqslant \|y_n-y\|^2+2\tau_n\langle Ax_n-By_n,By_n-By\rangle+\varrho_n^2.
\end{aligned}
$$

综合上述不等式并注意到 $Ax=By$,

$$
\begin{aligned}
&\|x_{n+1}-x\|^2+\|\bar{y}_n-y\|^2\\
&\leqslant \|x_n-x\|^2+\|y_n-y\|^2-2\tau_n\|Ax_n-By_n\|^2+2\varrho_n^2.
\end{aligned}\tag{6.19}
$$

因此由 Young 不等式, (6.18) 以及 (6.19) 得

$$
\begin{aligned}
\|z_{n+1}-z\|^2&=\|x_{n+1}-x\|^2+\|y_{n+1}-\bar{y}_n+\bar{y}_n-y\|^2\\
&\leqslant \|x_{n+1}-x\|^2+(1+\varrho_n^2)\|\bar{y}_n-y\|^2+\left(1+\frac{1}{\varrho_n^2}\right)\|y_{n+1}-\bar{y}_n\|^2\\
&\leqslant (1+\varrho_n^2)\left(\|x_{n+1}-x\|^2+\|\bar{y}_n-y\|^2+\varrho_n^{-2}\|y_{n+1}-\bar{y}_n\|^2\right)\\
&\leqslant (1+\varrho_n^2)\Big(\|x_{n+1}-x\|^2+\|\bar{y}_n-y\|^2+\|B^*A\|^4\varrho_n^2\Big)\\
&\leqslant (1+\varrho_n^2)\Big(\|z_n-z\|^2-2\tau_n\|Ax_n-By_n\|^2+\varrho_n^2\big(2+\|B^*A\|^4\big)\Big).
\end{aligned}
$$

令 $b_n=2\tau_n\|Ax_n-By_n\|^2$, $c_n=\varrho_n^2\big(2+\|B^*A\|^4\big)$, 故有

$$
\|z_{n+1}-z\|^2\leqslant(1+\varrho_n^2)(\|z_n-z\|^2-b_n+c_n).\tag{6.20}
$$

若 $\|Ax_n-By_n\|=0$, 则不难验证上述结论也成立. 此时应用引理 1.12, 则数列 $\{\|z_n-z\|\}$ 的极限存在, 并且

$$
\sum_{n=0}^{\infty}\tau_n\|Ax_n-By_n\|^2<\infty.
$$

故数列 $\{z_n\}$ 有界, 因此序列 $\{x_n\}$ 与 $\{y_n\}$ 也有界.

下证 $\lim_n\|Ax_n-By_n\|=0$. 因为 A 是有界线性算子, 存在 $M>0$ 使得

$$
\max\left\{\|A^*(Ax_n-By_n)\|,\|B^*(Ax_n-By_n)\|,\|A^*(Ax_n-By_n)\|^{1/2}\right\}\leqslant M
$$

对所有的 $n\geqslant 0$ 都成立. 故 $\varrho_n\|Ax_n-By_n\|^2\leqslant M\tau_n\|Ax_n-By_n\|^2$, 从而

$$
\sum_{n=0}^{\infty}\varrho_n\|Ax_n-By_n\|^2<\infty.
$$

由 (6.18), 则有

$$
\begin{aligned}
\|y_{n+1}-y_n\| &\leqslant \|y_{n+1}-\bar{y}_n\|+\|\bar{y}_n-y_n\| \\
&\leqslant \|B^*A\|\varrho_n^2+\tau_n\|B^*(Ax_n-By_n)\| \\
&\leqslant \|B^*A\|\varrho_n^2+\varrho_n.
\end{aligned}
$$

注意到存在 $M_1>0$ 使得 $\sup\big\{\|Ax_n-By_n\|:n\geqslant 0\big\}\leqslant M_1$. 则有

$$
\begin{aligned}
&\big|\|Ax_{n+1}-By_{n+1}\|^2-\|Ax_n-By_n\|^2\big| \\
\leqslant\ & M_1\big|\|Ax_{n+1}-By_{n+1}\|-\|Ax_n-By_n\|\big| \\
\leqslant\ & M_1\|(Ax_{n+1}-By_{n+1})-(Ax_n-By_n)\| \\
\leqslant\ & M_1(\|A\|\|x_{n+1}-x_n\|+\|B\|\|y_{n+1}-y_n\|) \\
\leqslant\ & M_1\|(\|A\|,\|B\|)\|\cdot\|(\|x_{n+1}-x_n\|,\|y_{n+1}-y_n\|)\| \\
\leqslant\ & M_1\|(\|A\|,\|B\|)\|\cdot(\|x_{n+1}-x_n\|+\|y_{n+1}-y_n\|) \\
\leqslant\ & M_1\|(\|A\|,\|B\|)\|\cdot(\|B^*A\|\varrho_n^2+\varrho_n+\varrho_n) \\
\leqslant\ & M_2\varrho_n,
\end{aligned}
$$

其中 M_2 是充分大的正数. 因此, 由引理 1.13, $\lim_n\|Ax_n-By_n\|=0$.

接下来证明 $\{z_n\}$ 任意弱聚点都属于 $\mathcal{S}$. 设 $\bar{z}$ 是序列 $\{z_n\}$ 的任意弱聚点, 故存在子列 $z_{n_k}\rightharpoonup\bar{z}$. 因为 $\{x_{n_k}\}\subseteq C$, $\{y_{n_k}\}\subseteq Q$, 并且 C 和 Q 是弱闭集, 故有 $\bar{x}\in C$, $\bar{y}\in Q$. 进而, 由 $(Ax_{n_k}-By_{n_k})\rightharpoonup(A\bar{x}-B\bar{y})$, 以及范数的弱下半连续性, 得

$$
\|A\bar{x}-B\bar{y}\|\leqslant\liminf_{k\to\infty}\|Ax_{n_k}-By_{n_k}\|=0.
$$

因此 $(\bar{x},\bar{y})\in\mathcal{S}$.

综上知对任意的 $(x,y)\in\mathcal{S}$, 数列 $\{\|(x_n,y_n)-(x,y)\|\}$ 的极限都存在, 并且 $\{(x_n,y_n)\}$ 任意弱聚点都属于 $\mathcal{S}$. 因此, 由引理 3.1 知, $\{(x_n,y_n)\}$ 弱收敛到该问题的一个解. □

6.2 非凸交替方向乘子法

6.2.1 交替方向乘子法

交替方向乘子法源于 20 世纪 70 年代中期[134,135], 其构造思想主要基于拉格朗日乘子法和高斯-赛德尔迭代法. 交替方向乘子法是求解如下可分解凸优化问题

的经典方法之一:

$$\begin{aligned} \min \quad & f(x)+g(y) \\ \text{s.t.} \quad & Ax+By=0, \end{aligned} \tag{6.21}$$

其中 $A \in \mathbb{R}^{m\times n_1}, B \in \mathbb{R}^{m\times n_2}$ 是已知矩阵, $f:\mathbb{R}^{n_1}\to\mathbb{R}\cup\{+\infty\}$, $g:\mathbb{R}^{n_2}\to\mathbb{R}\cup\{+\infty\}$ 为真凸下半连续函数. 该问题对应的增广拉格朗日函数为

$$L_\alpha(x,y,p)=f(x)+g(y)+\langle p, Ax-By\rangle+\frac{\alpha}{2}\|Ax+By\|^2.$$

其中 $\alpha>0$ 是惩罚参数. 经典的交替方向法（两块）的本质在于将一个复杂的问题分解成两个相对简单的子问题来求解, 其迭代格式如下:

$$\begin{cases} x_{k+1}=\arg\min\limits_{x\in\mathbb{R}^{n_1}} L_\alpha(x,y_k,p_k), \\ y_{k+1}=\arg\min\limits_{y\in\mathbb{R}^{n_2}} L_\alpha(x_{k+1},y,p_k), \\ p_{k+1}=p_k+\alpha(Ax_{k+1}+By_{k+1}). \end{cases} \tag{6.22}$$

交替方向乘子法通过将目标函数等价地分解成两个可求解的子问题, 然后并行求解每一个子问题, 最后协调子问题的解得到原问题的全局解. 因此交替方向乘子法特别适用于求解大规模机器学习与统计建模中的许多实际问题[136].

一般地, 交替方向乘子法具有 $\mathcal{O}(1/k)$ 阶收敛率[137]. 利用 Nestrov 加速策略, 其收敛率可提高至 $\mathcal{O}(1/k^2)$[138]. 在大多数情况下, 交替方向乘子法的子问题都没有显式解, 这势必影响到计算效率. 为克服此困难, 一个行之有效的办法是构造合适的布雷格曼距离, 此时该修正方法称为布雷格曼交替方向乘子法, 合适的布雷格曼函数可以极大地简化原问题[139]. 一般地, 多块交替方向乘子法不一定收敛[140]. 因此为保证收敛性需要增加目标函数的假设条件, 或者对于原始方法需要目标函数全是强凸[141], 或者对于修正方法至少目标函数之一是强凸的[142, 143].

需要注意的是, 上述工作全部基于凸框架下, 即只考虑目标函数是凸函数的情形. 最近, 在应用统计和机器学习领域里出现了许多非凸建模思想, 如应用交替方向乘子法求解 $L_{1/2}$ 正则化问题[144, 145] 就是一个典型的非凸迭代方法. 非凸交替方向乘子法目前已成功应用于非负矩阵分解、分布式矩阵分解、分布式聚类、稀疏零方差判别分析、多项式优化、张量分解、矩阵补全等实际问题[146–149]. 虽然非凸交替方向乘子法有了一系列成功的应用, 然而关于算法相应的理论分析研究却刚刚起步. 最近, Hong, Luo, Razaviyayn[150] 研究了一类非凸交替方向乘子法, 并证明了迭代序列的序列收敛性, 但没有建立整体收敛性. Li 和 Pong[151] 研究了目标函数是半代数函数的情形. 当其中之一为单位矩阵时, 他们证明了交替方向乘子法的整体收敛性.

次解析函数是代数几何领域的一类重要函数, 同时也是机器学习和统计建模问题中常见的函数类. 当目标函数是次解析时, 我们建立关于多块布雷格曼交替方向乘子法的一个收敛性结果[152]. 本节主要讨论下列非凸可分解问题:

$$\begin{aligned} \min \quad & f(x)+g(y)+h(z), \\ \text{s.t.} \quad & Ax+By+Cz=0, \end{aligned} \tag{6.23}$$

其中 $A\in\mathbb{R}^{m\times n_1}, B\in\mathbb{R}^{m\times n_2}, C\in\mathbb{R}^{m\times n_3}$ 是已知矩阵, $f:\mathbb{R}^{n_1}\to\mathbb{R}\cup\{+\infty\}, g:\mathbb{R}^{n_2}\to\mathbb{R}\cup\{+\infty\}$ 为真下半连续函数如 $l_q(0<q\leqslant 1)$ 范数, $h:\mathbb{R}^{n_3}\to\mathbb{R}$ 为连续可微函数如二次损失函数. 相应的增广拉格朗日函数为

$$\begin{aligned} L_\alpha(w) = & f(x)+g(y)+h(z) \\ & +\langle p, Ax+By+Cz\rangle+\frac{\alpha}{2}\|Ax+By+Cz\|^2, \end{aligned} \tag{6.24}$$

其中 $w=(x,y,z,p)\in\mathbb{R}^{n_1}\times\mathbb{R}^{n_2}\times\mathbb{R}^{n_3}\times\mathbb{R}^m$. 由于其可分解性, 问题 (6.23) 可以用交替方向乘子法 (3 块) 进行求解. 其迭代格式如下:

$$\begin{cases} x_{k+1}\in\arg\min\limits_{x\in\mathbb{R}^{n_1}} L_\alpha(x,y_k,z_k,p_k)+\Delta_{\phi_1}(x,x_k), \\ y_{k+1}\in\arg\min\limits_{y\in\mathbb{R}^{n_2}} L_\alpha(x_{k+1},y,z_k,p_k)+\Delta_{\phi_2}(y,y_k), \\ z_{k+1}=\arg\min\limits_{y\in\mathbb{R}^{n_3}} L_\alpha(x_{k+1},y_{k+1},z,p_k)+\Delta_{\phi_3}(z,z_k), \\ p_{k+1}=p_k+\alpha(Ax_{k+1}+By_{k+1}+Cz_{k+1}), \end{cases} \tag{6.25}$$

其中 Δ_{ϕ_i} 是适当选择的布雷格曼距离函数 $i=1,2,3$.

6.2.2 非凸分析

本节始终在有限维空间 $\mathbb{R}^n$ 中研究分裂等式问题. 下面介绍广义次微分、增广拉格朗日函数的稳定点、布雷格曼距离函数、半代数函数、次解析函数、解析函数以及 Kurdyka-Łojasiewicz 不等式（以下简称 K-L 不等式）等基本概念.

定义 6.1 设 $x\in\mathrm{dom}f$, $f:\mathbb{R}^n\to\mathbb{R}\cup\{+\infty\}$ 为真下半连续函数.

(1) 函数 f 在点 x 的 Fréchet 次微分 $\widehat{\partial}f(x)$ 是满足下式所有 $u\in\mathbb{R}^n$ 的全体集合:

$$\lim_{y\neq x}\inf_{y\to x}\frac{f(y)-f(x)-\langle u,y-x\rangle}{\|x-y\|}\geqslant 0.$$

(2) 函数 f 在点 x 的极限次微分 $\partial f(x)$, 或者简称次微分, 定义如下

$$\partial f(x)=\left\{u\in\mathbb{R}^n:\exists x_k\to x, f(x_k)\to f(x), u_k\in\widehat{\partial}f(x_k)\to u, k\to\infty\right\}.$$

(3) 若 x 满足 $0 \in \partial f(x)$, 则称 x 为函数 f 的一个稳定点.

下面是广义次微分的一些基本性质[153].

性质 6.1　设 $f: \mathbb{R}^n \to \mathbb{R} \cup \{+\infty\}$, $g: \mathbb{R}^n \to \mathbb{R} \cup \{+\infty\}$ 为真下半连续函数.

(1) 对任意的 $x \in \mathbb{R}^n$, 成立 $\widehat{\partial} f(x) \subset \partial f(x)$. 注意到第一个集合为闭凸集, 而第二个集合是闭集, 但不一定是凸集.

(2) 设序列 (u_k, x_k) 满足 $x_k \to x, u_k \to u, f(x_k) \to f(x)$, $u_k \in \partial f(x_k)$. 则由次微分定义可得 $u \in \partial f(x)$.

(3) 费马引理成立: 若 $x \in \mathbb{R}^n$ 是 f 的局部极小点, 则 x 是 f 的稳定点, 即 $0 \in \partial f(x)$.

(4) 若 f 连续可微, 则成立 $\partial(f+g)(x) = \nabla f(x) + \partial g(x)$.

定义6.2　设 L_α 是由 (6.24) 式所定义的拉格朗日函数. 若 $w^* := (x^*, y^*, z^*, p^*)$ 满足下列条件:

$$\begin{cases} A^* p^* \in -\partial f(x^*), \\ B^* p^* \in -\partial g(y^*), \\ C^* p^* = -\nabla h(z^*), \\ Ax^* + By^* + Cz^* = 0. \end{cases} \tag{6.26}$$

则 w^* 称为拉格朗日函数 L_α 的一个稳定点.

设 C 是 $\mathbb{R}^n$ 中的闭子集, 则其指标函数定义如下:

$$\iota_C(x) = \begin{cases} 0, & x \in C, \\ +\infty, & x \notin C. \end{cases}$$

此时任意元素 $x \in \mathbb{R}^n$ 到 C 上的投影 $P_C: \mathbb{R}^n \rightrightarrows C$ 为集值映射, 即

$$P_C(x) = \arg\min \{\|x - z\| : z \in C\}.$$

元素 x 到 C 的距离函数定义为

$$d_C(x) = \inf \{\|x - z\| : z \in C\}.$$

K-L 不等式在非凸分析中起着非常重要的作用. 1963 年, Łojasiewicz[154] 首次建立了实值解析函数的 K-L 不等式, 此后被 Kurdyka[155] 推广至具有 o-极小结构图的光滑函数, 最近被 Bolte 等[156] 进一步推广至非光滑次解析函数.

定义 6.3　设 $f: \mathbb{R}^n \to \mathbb{R} \cup \{+\infty\}$ 是真下半连续函数, 令

$$\operatorname{dist}(0, \partial f(x)) = \inf \{\|y\| : y \in \partial f(x)\}.$$

给定 $\eta > 0$, 令 $\mathscr{A}_\eta$ 表示满足以下条件的函数族:

(1) $\varphi:[0,\eta)\to\mathbb{R}^+$ 在 $[0,\eta)$ 上连续;

(2) $\varphi:[0,\eta)\to\mathbb{R}^+$ 是 $(0,\eta)$ 上的光滑凹函数;

(3) $\varphi(0)=0,\varphi'(x)>0,\forall x\in(0,\eta)$.

定义 6.4 (K-L 不等式) 设 $f:\mathbb{R}^n\to\mathbb{R}\cup\{+\infty\}$ 是真下半连续函数, $x_0\in \mathrm{dom}f$. 若存在 $\eta>0,\varphi\in\mathscr{A}_\eta$ 以及 x_0 的领域 U, 使得对所有的

$$x\in U\cap\big\{x:f(x_0)<f(x)<f(x_0)+\eta\big\}$$

都成立

$$\varphi'(f(x)-f(x_0))\geqslant\frac{1}{\mathrm{dist}(0,\partial f(x))},$$

则称函数 f 在 x_0 处满足 K-L 不等式.

满足 K-L 不等式的函数叫做 K-L 函数. 典型的 K-L 函数包括强凸函数、实值解析函数、半代数函数、次解析函数.

定义 6.5 如果一个集合 $C\subset\mathbb{R}^n$ 能写成

$$C=\bigcup_{j=1}^{r}\bigcap_{i=1}^{s}\{x\in\mathbb{R}^n:g_{i,j}(x)=0,h_{i,j}(x)<0\},$$

其中 $g_{i,j},h_{i,j}:\mathbb{R}^n\to\mathbb{R}$ 为实值多项式函数, 则称集合 C 为半代数集.

定义 6.6 若函数 $f:\mathbb{R}^n\to\mathbb{R}$ 的图像

$$\mathcal{G}(f):=\big\{(x,y)\in\mathbb{R}^{n+1}:f(x)=y\big\}$$

是 $\mathbb{R}^{n+1}$ 中的半代数集, 则称 f 为半代数函数.

下面给出常见半代数函数的例子.

例子 6.1 设 A 是一个给定的矩阵, b 是给定的一个向量, $0<q\leqslant 1$ 是一个有理数. 则以下函数皆为半代数函数.

(1) $f(x)=\|x\|$;

(2) $f(x)=\|x\|_\infty=\max_i|x_i|$;

(3) $f(x)=\|x\|_q=(\sum_i|x_i|^q)^{1/q}$;

(4) $\|Ax-b\|_q^q$, $\|Ax-b\|$, $\|Ax-b\|_\infty$.

定义 6.7 如果函数 $f:\mathbb{R}\to\mathbb{R}$ 有任意阶导数, 且在其定义域每一点的邻域内都能展成泰勒级数, 则称函数 f 为解析函数.

定义 6.8 设 $f:\mathbb{R}^n\to\mathbb{R}$. 如果对任意的 $x,y\in\mathbb{R}^n$, 单变量函数 $g(t):=f(x+ty)$ 都是解析函数, 则称 f 为实值解析函数.

例子 6.2 实值解析函数例子如下:

(1) 多项式函数

$$f(x) = \|Ax - b\|^2.$$

(2) ε-光滑 l_q 范数:

$$f(x) = \sum_{i=1}^{n} (x_i^2 + \varepsilon)^{q/2} \quad (0 < q \leqslant 1).$$

(3) Logistic 损失函数

$$f(x) = \log(1 + e^{-t}).$$

定义 6.9 如果一个集合 $C \subset \mathbb{R}^n$ 能写成

$$C = \bigcup_{j=1}^{r} \bigcap_{i=1}^{s} \left\{ x \in \mathbb{R}^n : g_{i,j}(x) = 0, h_{i,j}(x) < 0 \right\},$$

其中 $g_{i,j}, h_{i,j} : \mathbb{R}^n \to \mathbb{R}$ 是实值解析函数, 则称集合 C 为次解析集.

定义 6.10 若函数 $f : \mathbb{R}^n \to \mathbb{R}$ 的图像

$$\mathcal{G}(f) = \left\{ (x, y) \in \mathbb{R}^{n+1} : f(x) = y \right\}$$

是 $\mathbb{R}^{n+1}$ 中的次解析集, 则称 f 为次解析函数.

显然实值解析函数和半代数函数都是次解析函数. 一般情况下, 两个次解析函数之和不一定是次解析的. 但是当其中之一为连续函数时, 则两个次解析函数之和是次解析的. 特别地, 次解析函数和解析函数之和是次解析的.

例子 6.3 设 A 是一个给定的矩阵, b 是给定的一个向量, $\lambda > 0, c_i > 0, 0 < q \leqslant 1$ 是一个有理数. 典型次解析函数包含:

(1) $\|Ax - b\|^2 + \lambda \|y\|_q^q$;

(2) $\|Ax - b\|^2 + \lambda \sum_i (y_i^2 + \varepsilon)^{q/2}$;

(3) $\sum_{i=1}^n \log(1 + \exp(-c_i(a_i^* x + b))) + \lambda \|y\|_q^q$;

(4) $\sum_{i=1}^n \log(1 + \exp(-c_i(a_i^* x + b))) + \lambda \sum_i (y_i^2 + \varepsilon)^{q/2}$.

定义 6.11 设 ϕ 是一个凸可微函数, 则其生成的布雷格曼距离为

$$\Delta_\phi(x, y) = \phi(x) - \phi(y) - \langle \nabla \phi(y), x - y \rangle.$$

在上式中若令 $\phi(x) = \|x\|^2$, 则布雷格曼距离退化为经典的欧氏距离 $\|x - y\|^2$. 因此作为欧氏距离的推广, 布雷格曼距离和欧氏距离有许多相似的性质. 但是由于布雷格曼距离不是一个度量, 因此该距离不满足三角不等式和对称性. 下面是该距离的一些常见例子和基本性质[157–159].

例子 6.4 一些非平凡的布雷格曼距离有:

(1) Itakura-Saito 距离:

$$\sum_{i=1}^{n} x_i \left(\log \frac{x_i}{y_i}\right) - \sum_{i=1}^{n}(x_i - y_i);$$

(2) Kullback-Leibler 距离:

$$\sum_{i=1}^{n} x_i \left(\log \frac{x_i}{y_i}\right);$$

(3) Mahalanobis 距离:

$$\|x-y\|_Q^2 = \langle Qx, x\rangle,$$

其中 Q 为对称正定矩阵.

性质 6.2 设 $\phi:\mathbb{R}^n \to \mathbb{R}$ 是凸可微函数, $\Delta_\phi(x,y)$ 是其生成的布雷格曼距离. 则对 $\forall\, x,y \in \mathbb{R}^n$, 下列结论成立.

(1) $\Delta_\phi(x,y) \geqslant 0, \Delta_\phi(x,x) = 0$.

(2) $\Delta_\phi(x,y)$ 关于 x 是凸函数.

(3) 若 ϕ 是 δ-强凸函数, 则

$$\Delta_\phi(x,y) \geqslant \frac{\delta}{2}\|x-y\|^2.$$

证明 (1) 设 $\phi:\mathbb{R}^n \to \mathbb{R}$ 是凸可微函数, 则对 $\forall\, x,y \in \mathbb{R}^n$, 由凸函数的定义

$$\phi(x) \geqslant \phi(y) + \langle \nabla\phi(y), x-y\rangle.$$

由布雷格曼距离的定义, 显然有 $\Delta_\phi(x,y) \geqslant 0, \Delta_\phi(x,x) = 0$.

(2) 固定 $y \in \mathbb{R}^n$, 设 $x_1, x_2 \in \mathbb{R}^n, w_1, w_2 \in (0,1)$ 满足 $w_1 + w_2 = 1$. 故有

$$\begin{aligned}
\Delta_\phi\left(\sum_{i=1}^{2} w_i x_i, y\right) &= \phi\left(\sum_{i=1}^{2} w_i x_i\right) - \phi(y) - \left\langle \nabla\phi(y), \sum_{i=1}^{2} w_i x_i - y\right\rangle \\
&= \phi\left(\sum_{i=1}^{2} w_i x_i\right) - \phi(y) - \sum_{i=1}^{2} w_i \langle \nabla\phi(y), x_i - y\rangle \\
&\leqslant \sum_{i=1}^{2} w_i \phi(x_i) - \phi(y) - \sum_{i=1}^{2} w_i \langle \nabla\phi(y), x_i - y\rangle
\end{aligned}$$

$$= \sum_{i=1}^{2} w_i \big(\phi(x_i) - \phi(y) - \langle \nabla\phi(y), x_i - y\rangle\big)$$

$$= \sum_{i=1}^{2} w_i \Delta_\phi(x_i, y).$$

因此 $\Delta_\phi(x,y)$ 关于 x 是凸函数.

(3) 若 ϕ 是 δ-强凸函数, 则 $\phi-(\delta/2)I$ 是凸函数. 由凸函数的定义, 对 $\forall\, x,y \in \mathbb{R}^n$,

$$\phi(x) - \frac{\delta}{2}\|x\|^2 \geqslant \left(\phi(y) - \frac{\delta}{2}\|y\|^2\right) - \langle \nabla\phi(y) - \delta y, x-y\rangle,$$

由此可得

$$\begin{aligned}\Delta_\phi(x,y) &= \phi(x) - \phi(y) - \langle \nabla\phi(y), x-y\rangle \\ &\geqslant \frac{\delta}{2}\left(\|x\|^2 - \|y\|^2 - 2\langle y, x-y\rangle\right) \\ &= \frac{\delta}{2}\left(\|x\|^2 + \|y\|^2 - 2\langle y, x\rangle\right) \\ &= \frac{\delta}{2}\|x-y\|^2.\end{aligned}$$

从而所证不等式成立. □

6.2.3 收敛性分析

在建立多块交替方向乘子法的收敛性之前, 我们需要一个关键引理[160].

引理 6.10 设 $\Phi:\mathbb{R}^n \to \mathbb{R}\cup\{+\infty\}$ 是真下半连续函数, $\{u_k\}\subset\mathbb{R}^n$. 假定序列 $\{u_k\}$ 满足以下条件:

(b1) 存在 $a>0$ 使得对任意的正整数 $k\in\mathbb{N}$ 有

$$\Phi(u_{k+1}) + a\|u_{k+1} - u_k\|^2 \leqslant \Phi(u_k);$$

(b2) 存在 $w_{k+1}\in\partial\Phi(u_{k+1})$ 和 $b>0$ 使得

$$\|w_{k+1}\| \leqslant b\|x_{k+1} - x_k\|, \quad \forall\, k\geqslant 0.$$

(b3) 存在收敛到 $\widetilde{u}$ 的子列 $\{u_{k_j}\}$ 使得

$$\Phi(u_{k_j}) \to \Phi(\tilde{u}), \quad j\to\infty.$$

则条件 (b1) 蕴含序列 $\{u_k\}$ 的渐近正则性, 即

$$\lim_{k\to\infty}\|u_k - u_{k+1}\| = 0.$$

若 Φ 满足 K-L 不等式, 则序列 $\{u_k\}$ 收敛到 $\tilde{u}$, 且满足

$$\sum_{k=0}^{\infty}\|u_k - u_{k+1}\| < +\infty.$$

为方便起见, 我们将采用以下记号:

$$w = (x, y, z, p), \quad \hat{w} = (x, y, z, p, \hat{z}),$$

$$w_k = (x_k, y_k, z_k, p_k), \quad \hat{w}_k = (x_k, y_k, z_k, p_k, z_{k-1}),$$

$$\|w\| = (\|x\|^2 + \|y\|^2 + \|z\|^2 + \|p\|^2)^{1/2}.$$

定义函数 $\Phi : \mathbb{R}^{n_1} \times \mathbb{R}^{n_2} \times \mathbb{R}^{n_3} \times \mathbb{R}^m \times \mathbb{R}^{n_3} \to \mathbb{R}$ 如下:

$$\Phi(\hat{w}) = L_\alpha(w) + \frac{\tau}{2}\|z - \hat{z}\|^2,$$

其中 $\tau = 6L_3^2(\alpha\sigma)^{-1}$, L_α 是由 (6.24) 式所定义的函数. 我们还需要以下假设:

(a1) Φ 是次解析函数;

(a2) 存在 $\sigma > 0$ 使得 $\sigma\|x\|^2 \leqslant \|C^*x\|^2, \forall x \in \mathbb{R}^m$;

(a3) ∇h 是 L-利普希茨连续函数;

(a4) ϕ_i 是 ρ_i-强凸, $\nabla\phi_i$ 是 L_i-利普希茨连续的, $i = 1, 2, 3$;

(a5) $\alpha > 6(\rho\sigma)^{-1}(L^2 + 2L_3^2)$, 其中 $\rho = \min\{\rho_1, \rho_2, \rho_3\}$.

在给出交替方向乘子法的收敛性分析之前, 我们需要以下引理.

引理 6.11 假设条件 (a1)—(a5) 成立. 对任意的 $k \geqslant 0$, 存在 $a > 0$ 使得

$$\Phi(\hat{w}_{k+1}) \leqslant \Phi(\hat{w}_k) - a\|\hat{w}_{k+1} - \hat{w}_k\|^2.$$

证明 对 (6.25) 中的第三个子问题应用费马引理,

$$\nabla h(z_{k+1}) + C^*p_{k+1} + \nabla\phi_3(z_{k+1}) - \nabla\phi_3(z_k) = 0. \tag{6.27}$$

因此由柯西-施瓦茨不等式可得

$$\begin{aligned}
&\|C^*(p_{k+1} - p_k)\|^2 \\
=& \|(\nabla h(z_{k+1}) - \nabla h(z_k)) + (\nabla\phi_3(z_{k+1}) - \nabla\phi_3(z_k)) - (\nabla\phi_3(z_k) - \nabla\phi_3(z_{k-1}))\|^2 \\
\leqslant& \|\nabla h(z_{k+1}) - \nabla h(z_k)\|^2 + \|(\nabla\phi_3(z_{k+1}) - \nabla\phi_3(z_k)) - (\nabla\phi_3(z_k) - \nabla\phi_3(z_{k-1}))\|^2
\end{aligned}$$

$$
\begin{aligned}
&+2\|\nabla h(z_{k+1})-\nabla h(z_k)\|\|(\nabla\phi_3(z_{k+1})-\nabla\phi_3(z_k))-(\nabla\phi_3(z_k)-\nabla\phi_3(z_{k-1}))\| \\
&\leqslant 3\|\nabla h(z_{k+1})-\nabla h(z_k)\|^2+\frac{3}{2}\|(\nabla\phi_3(z_{k+1})-\nabla\phi_3(z_k))-(\nabla\phi_3(z_k)-\nabla\phi_3(z_{k-1}))\|^2 \\
&\leqslant 3L^2\|z_{k+1}-z_k\|^2+3(\|\nabla\phi_3(z_{k+1})-\nabla\phi_3(z_k)\|^2+\|\nabla\phi_3(z_k)-\nabla\phi_3(z_{k-1})\|^2) \\
&\leqslant 3(L^2+L_3^2)\|z_{k+1}-z_k\|^2+3L_3^2\|z_k-z_{k-1}\|^2.
\end{aligned}
$$

根据已知条件 (a2),

$$
\|p_{k+1}-p_k\|^2\leqslant\frac{3(L^2+L_3^2)}{\sigma}\|z_{k+1}-z_k\|^2+\frac{3L_3^2}{\sigma}\|z_k-z_{k-1}\|^2. \tag{6.28}
$$

另一方面, 根据布雷格曼距离的性质,

$$
\begin{aligned}
L_\alpha(x_{k+1},y_k,z_k,p_k)&\leqslant L_\alpha(x_k,y_k,z_k,p_k)-\frac{\rho}{2}\|x_{k+1}-x_k\|^2, \\
L_\alpha(x_{k+1},y_{k+1},z_k,p_k)&\leqslant L_\alpha(x_{k+1},y_k,z_k,p_k)-\frac{\rho}{2}\|y_{k+1}-y_k\|^2, \\
L_\alpha(x_{k+1},y_{k+1},z_{k+1},p_k)&\leqslant L_\alpha(x_{k+1},y_{k+1},z_k,p_k)-\frac{\rho}{2}\|z_{k+1}-z_k\|^2, \\
L_\alpha(x_{k+1},y_{k+1},z_{k+1},p_{k+1})&=L_\alpha(x_{k+1},y_{k+1},z_{k+1},p_k)+\frac{1}{\alpha}\|p_{k+1}-p_k\|^2,
\end{aligned}
$$

由此可得

$$
L_\alpha(w_{k+1})\leqslant L_\alpha(w_k)-\frac{\rho}{2}\|u_{k+1}-u_k\|^2+\frac{1}{\alpha}\|p_{k+1}-p_k\|^2. \tag{6.29}
$$

综合不等式 (6.28) 与 (6.29),

$$
L_\alpha(w_{k+1})+\frac{\tau}{2}\|z_{k+1}-z_k\|^2\leqslant L_\alpha(\hat{w}_k)+\frac{\tau}{2}\|z_{k-1}-z_k\|^2-a\|\hat{w}_{k+1}-\hat{w}_k\|^2,
$$

其中 $a=(\rho/2)-3(L^2+2L_3^2)/\alpha\sigma$ 显然是一个正数. □

引理 6.12　*假设条件 (a1)—(a5) 成立. 若序列 $\{u_k\}$ 有界, 则有*

$$
\sum_{k=1}^{\infty}\|w_k-w_{k+1}\|^2<\infty.
$$

特别地, $\{w_k\}$ 是渐近正则的, 即 $\|w_k-w_{k+1}\|\to 0$. 序列 $\{w_k\}$ 的任意聚点都是增广拉格朗日函数 L_α 的一个稳定点.

证明　根据 (6.27), (a2) 以及 (a4), 则有

$$
\sqrt{\sigma}\|p_k\|\leqslant\|C^*p_k\|\leqslant\|\nabla h(z_k)\|+L_3\|z_k-z_{k-1}\|.
$$

因为 ∇h 连续并且 $\{u_k\}$ 有界, 由此可知 $\{p_k\}, \{w_k\}, \{\hat{w}_k\}$ 皆为有界序列. 因此存在子列 $\{\hat{w}_{k_j}\}$ 满足 $\hat{w}_{k_j} \to \hat{w}^*$. 根据我们的假设, 函数 Φ 是下半连续的, 故有

$$\liminf_{j\to\infty} \Phi(\hat{w}_{k_j}) \geqslant \Phi(\hat{w}^*),$$

因此 $\Phi(\hat{w}_{k_j})$ 有下界. 根据引理 6.11, $\Phi(\hat{w}_k)$ 单调递减, 从而收敛. 进而, $\Phi(\hat{w}_k) \geqslant \Phi(\hat{w}^*), \forall k \geqslant 0$, 再由引理 6.11,

$$a\sum_{i=0}^{k} \|\hat{w}_{i+1} - \hat{w}_i\|^2 \leqslant \Phi(\hat{w}_0) - \Phi(\hat{w}_{k+1}) \leqslant \Phi(\hat{w}_0) - \Phi(\hat{w}^*).$$

上式蕴含 $\sum_{k=0}^{\infty} \|w_k - w_{k+1}\|^2 < \infty$. 特别地 $\|w_k - w_{k+1}\| \to 0$.

设 $w^* = (x^*, y^*, z^*, p^*)$ 是序列 $\{w_k\}$ 的一个聚点, 设 $\{w_{k_j}\}$ 是收敛到该聚点的一个子列. 则由 (6.25) 可得

$$\begin{aligned}
p_{k_j+1} &= p_{k_j} + \alpha(Ax_{k_j+1} + By_{k_j+1} + Cz_{k_j+1}),\\
-\partial f(x_{k_j+1}) &\ni A^*[p_{k_j+1} + \alpha B(y_{k_j} - y_{k_j+1}) + \alpha C(z_{k_j} - z_{k_j+1})]\\
&\quad + \nabla\phi_1(x_{k_j+1}) - \nabla\phi_1(x_{k_j}),\\
-\partial g(y_{k_j+1}) &\ni B^*[p_{k_j+1} + \alpha C(z_{k_j} - z_{k_j+1})] + \nabla\phi_2(y_{k_j+1}) - \nabla\phi_2(y_{k_j}),\\
-\nabla h(z_{k_j+1}) &= C^* p_{k_j+1} + \nabla\phi_3(z_{k_j+1}) - \nabla\phi_3(z_{k_j}).
\end{aligned}$$

注意到 $\nabla\phi_i$ 的连续性以及 $\|w_k - w_{k+1}\| \to 0$, 在上式中令 $j \to \infty$ 可得, w^* 是增广拉格朗日函数 L_α 的一个稳定点. □

引理 6.13 假设条件 (a1)—(a5) 成立. 则对任意的 $k \geqslant 0$, 存在 $b > 0$ 使得

$$\mathrm{dist}(0, \partial\Phi(\hat{w}_{k+1})) \leqslant b\|\hat{w}_k - \hat{w}_{k+1}\|.$$

证明 经简单计算可得

$$\begin{aligned}
\partial\Phi_x(\hat{w}_{k+1}) &\ni \alpha A^* B(y_{k+1} - y_k) + \alpha A^* C(z_{k+1} - z_k)\\
&\quad + \nabla\phi_1(x_{k+1}) - \nabla\phi_1(x_k) + A^*(p_{k+1} - p_k),\\
\partial\Phi_y(\hat{w}_{k+1}) &\ni \alpha B^* C(z_{k+1} - z_k) + B^*(p_{k+1} - p_k) + \nabla\phi_2(y_{k+1}) - \nabla\phi_2(y_k),\\
\partial\Phi_z(\hat{w}_{k+1}) &= \nabla\phi_3(z_{k+1}) - \nabla\phi_3(z_k) + C^*(p_{k+1} - p_k) + \tau(z_{k+1} - z_k),\\
\partial\Phi_p(\hat{w}_{k+1}) &= \frac{1}{\alpha}(p_{k+1} - p_k), \quad \partial\Phi_{\hat{z}}(\hat{w}_{k+1}) = \tau(z_{k+1} - z_k).
\end{aligned}$$

结合 (6.28)与 (a3) 和 (a4), 不难证明存在 $b > 0$ 使得所证不等式成立. □

定理 6.14 设 $\{w_k\}$ 是由 (6.25) 生成的迭代序列. 假定条件 (a1)—(a5) 成立, 则下列结论成立:

(1) 或者 $\|w_k\| \to \infty$;

(2) 或者 $\sum_{k=0}^{\infty} \|w_{k+1} - w_k\| < \infty$, 此时 $\{w_k\}$ 收敛到 L_α 的一个稳定点.

证明 假设序列 $\{\|w_k\|\}$ 有界. 根据引理 6.12 与引理 6.13, 显然引理 6.10 中的条件 (b1) 和 (b2) 成立, 下面验证 (b3) 也成立. 假定存在子列 $\{\hat{w}_{k_j}\}$ 使得 $\hat{w}_{k_j} \to \hat{w}^* = (x^*, y^*, z^*, p^*, z^*)$. 根据 Φ 的下半连续性,

$$\liminf_{j\to\infty} \Phi(\hat{w}_{k_j}) \geqslant \Phi(\hat{w}^*).$$

另一方面, 注意到

$$\begin{aligned}&f(x_{k_j+1}) + \langle p_k, Ax_{k_j+1}\rangle + \frac{\alpha}{2}\|Ax_{k_j+1} + By_{k_j} + Cz_{k_j}\|^2 + \Delta_{\phi_1}(x_{k_j+1}, x_{k_j})\\ \leqslant\ & f(x^*) + \langle p_k, Ax^*\rangle + \frac{\alpha}{2}\|Ax^* + By_{k_j} + Cz_{k_j}\|^2 + \Delta_{\phi_1}(x^*, x_{k_j}).\end{aligned}$$

由于 $\{x_k\}$ 是渐近正则的, 则有 $\limsup_{j\to\infty} f(x_{k_j+1}) \leqslant f(x^*)$. 类似可得

$$\limsup_{j\to\infty} g(y_{k_j+1}) \leqslant g(y^*).$$

由于 $\lim_{j\to\infty} h(z_{k_j+1}) = h(z^*)$, $\lim_{j\to\infty} \|z_{k_j+1} - z_{k_j}\| = 0$, 则

$$\limsup_{j\to\infty} \Phi(\hat{w}_k) \leqslant \Phi(\hat{w}^*).$$

综上可得, $\lim_{j\to\infty} \Phi(\hat{w}_{k_j}) = \Phi(\hat{w}^*)$. 因此条件 (b3) 成立.

应用引理 6.10, 序列 $\{\hat{w}_k\}$ 收敛到函数 Φ 的一个稳定点 $\hat{w}^*$. 特别地, $\{w_k\}$ 收敛到 w^*. 再根据引理 6.11, w^* 是增广拉格朗日函数 L_α 的一个稳定点. 进而, $\{w_k\}$ 有有限长度, 即 $\sum_{k=0}^{\infty} \|w_{k+1} - w_k\| < \infty$. □

注 6.1 类似地, 不难把上述结果推广到 $N(\geqslant 3)$-块情形.

6.2.4 在分裂等式问题中的应用

考虑非凸分裂等式问题: 求 $(x^\dagger, y^\dagger) \in \mathbb{R}^{n_1} \times \mathbb{R}^{n_2}$ 使得

$$(x^\dagger, y^\dagger) \in C \times Q, \quad Ax^\dagger = By^\dagger, \tag{6.30}$$

其中 $C \subset \mathbb{R}^{n_1}$ 是非空闭凸子集, $Q \subset \mathbb{R}^{n_2}$ 是非空闭子集, $A: \mathbb{R}^{n_1} \to \mathbb{R}^m$ 与 $B: \mathbb{R}^{n_2} \to \mathbb{R}^m$ 是两个矩阵. 不难看出分裂等式问题等价于如下的可分解问题:

$$\begin{aligned}\min\quad & \frac{1}{2}d_C^2(x) + \iota_Q(y)\\ \text{s.t.}\quad & Ax - By = 0,\end{aligned} \tag{6.31}$$

相应的增广拉格朗日函数为

$$L_\alpha(x,y,p) := \frac{1}{2}d_C^2(x) + \iota_Q(y) + \langle p, Ax - By\rangle + \frac{\alpha}{2}\|Ax - By\|^2. \tag{6.32}$$

利用交替方向乘子法, 我们构造一个求解非凸分裂等式问题的迭代方法. 对任意的初始迭代点 $u_0 = (x_0, y_0, p_0)$, 定义如下迭代方法:

$$\begin{cases} y_{k+1} \in P_Q\left(y_k + \mu\alpha B^*\left(By_k - Ax_k - \dfrac{p_k}{\alpha}\right)\right), \\ x_{k+1} = \dfrac{1}{2}(I + P_C)\left(x_k - \gamma\alpha A^*\left(Ax_k - By_{k+1} + \dfrac{p_k}{\alpha}\right)\right), \\ p_{k+1} = p_k + \alpha(Ax_{k+1} - By_{k+1}). \end{cases} \tag{6.33}$$

定理 6.15 设 $u_k = (x_k, y_k, p_k)$ 是由 (6.31) 式生成的迭代序列, L_α 是由 (6.32) 式所定义的拉格朗日函数. 假定以下条件成立:

(1) 函数 $d_C^2 + \iota_Q$ 是次解析的;

(2) $0 < \mu\alpha < \|B\|^2, 0 < \gamma\alpha < \|A\|^2$;

(3) 存在 $\sigma > 0$ 使得 $\sigma\|x\|^2 \leqslant \|A^*x\|^2, \forall x \in \mathbb{R}^m$;

(4) $2\alpha\sigma\min(\mu^{-1} - \alpha\|B\|^2, \gamma^{-1} - \alpha\|A\|^2) > 3 + 12(\gamma^{-1} + \alpha\|A\|^2)^2$.

则下列结论成立:

(1) 或者 $\|u_k\| \to \infty$;

(2) 或者 $\sum_{k=0}^\infty \|u_{k+1} - u_k\| < \infty$. 此时序列 $\{z_k\}$ 收敛到 L_α 的一个稳定点.

证明 首先, 对任意的 $y \in \mathbb{R}^{n_2}$, 令

$$\psi(y) = \frac{1}{2\mu}\|y\|^2 - \frac{\alpha}{2}\|By\|^2,$$

则由定义可知

$$\begin{aligned} &\arg\min_{y\in\mathbb{R}^{n_2}} \{L_\alpha(x_k, y, p_k) + \Delta_\psi(y, y_k)\} \\ =& \arg\min_{y\in\mathbb{R}^{n_2}} \left\{\iota_Q(y) + \frac{\alpha}{2}\left\|By - Ax_k - \frac{p_k}{\alpha}\right\|^2 + \Delta_\psi(y, y_k)\right\} \\ =& \arg\min_{y\in\mathbb{R}^{n_2}} \left\{\iota_Q(y) + \frac{\alpha}{2}\left\|By - Ax_k - \frac{p_k}{\alpha}\right\|^2\right. \\ &\left. + \frac{1}{2\mu}\|y\|^2 - \frac{\alpha}{2}\|By\|^2 - \langle y, \mu^{-1}y_k - \alpha B^*By_k\rangle\right\} \\ =& \arg\min_{y\in\mathbb{R}^{n_2}} \left\{\iota_Q(y) + \frac{1}{2\mu}\|y\|^2 - \left\langle y, \mu^{-1}y_k - \alpha B^*\left(By_k - Ax_k - \frac{p_k}{\alpha}\right)\right\rangle\right\} \end{aligned}$$

$$
\begin{aligned}
&= \arg\min_{y\in\mathbb{R}^{n_2}} \left\{ \iota_Q(y) + \frac{1}{2\mu}\left(\|y\|^2 - 2\mu\left\langle y, y_k - \mu\alpha B^*\left(By_k - Ax_k - \frac{p_k}{\alpha}\right)\right\rangle\right)\right\} \\
&= \arg\min_{y\in\mathbb{R}^{n_2}} \left\{ \iota_Q(y) + \frac{1}{2\mu}\left\| y - y_k + \alpha\mu B^*\left(By_k - Ax_k - \frac{p_k}{\alpha}\right)\right\|^2\right\} \\
&= P_Q\left(y_k - \alpha\mu B^*\left(By_k - Ax_k - \frac{p_k}{\alpha}\right)\right).
\end{aligned}
$$

其次, 对任意的 $x \in \mathbb{R}^{n_1}$, 令

$$
\phi(x) = \frac{1}{2\gamma}\|x\|^2 - \frac{\alpha}{2}\|Ax\|^2,
$$

则由例子 1.24 可知

$$
\begin{aligned}
&\arg\min_{y\in\mathbb{R}^{n_2}} \{L_\alpha(x, y_{k+1}, p_k) + \Delta_\phi(x, x_k)\} \\
&= \arg\min_{y\in\mathbb{R}^{n_2}} \left\{ \frac{1}{2}d_C^2(x) + \frac{\alpha}{2}\left\| Ax_k - By_{k+1} + \frac{p_k}{\alpha}\right\|^2 + \Delta_\phi(x, x_k)\right\} \\
&= \arg\min_{y\in\mathbb{R}^{n_2}} \left\{ \frac{1}{2}d_C^2(x) + \frac{\alpha}{2}\left\| Ax_k - By_{k+1} + \frac{p_k}{\alpha}\right\|^2 \right. \\
&\qquad \left. + \frac{1}{2\gamma}\|x\|^2 - \frac{\alpha}{2}\|Ax\|^2 - \left\langle x, \gamma^{-1}x_k - \alpha A^*\left(Ax_k - By_{k+1} + \frac{p_k}{\alpha}\right)\right\rangle\right\} \\
&= \arg\min_{y\in\mathbb{R}^{n_2}} \left\{ \frac{1}{2}d_C^2(x) + \frac{1}{2\gamma}\|x\|^2 - \left\langle x, \gamma^{-1}x_k - \alpha A^*\left(Ax_k - By_{k+1} + \frac{p_k}{\alpha}\right)\right\rangle\right\} \\
&= \arg\min_{y\in\mathbb{R}^{n_2}} \left\{ \frac{1}{2}d_C^2(x) + \frac{1}{2\gamma}\left(\|x\|^2 - 2\left\langle x, x_k - \gamma\alpha A^*\left(Ax_k - By_{k+1} + \frac{p_k}{\alpha}\right)\right\rangle\right)\right\} \\
&= \arg\min_{y\in\mathbb{R}^{n_2}} \left\{ \frac{1}{2}d_C^2(x) + \frac{1}{2\gamma}\left\| x - x_k + \gamma\alpha A^*\left(Ax_k - By_{k+1} + \frac{p_k}{\alpha}\right)\right\|^2\right\} \\
&= \frac{1}{2}(I + P_C)\left(x_k - \gamma\alpha A^*\left(Ax_k - By_{k+1} + \frac{p_k}{\alpha}\right)\right).
\end{aligned}
$$

因此迭代方法 (6.33) 是 (6.25) 的特殊情况. 显然条件 (a1)—(a3) 成立. 下面验证条件 (a4) 和 (a5) 成立. 一方面, 注意到

$$
\begin{aligned}
\|\nabla\phi(x) - \nabla\phi(y)\| &= \|(\gamma^{-1}x - \alpha A^*Ax) - (\gamma^{-1}y - \alpha A^*Ay)\| \\
&= \|\gamma^{-1}(x - y) - \alpha(A^*Ax - A^*Ay)\|
\end{aligned}
$$

$$\leqslant \gamma^{-1}\|x-y\| + \alpha\|A^*A\|\|x-y\|$$
$$\leqslant (\gamma^{-1} + \alpha\|A\|^2)\|x-y\|,$$

因此 $\nabla\phi$ 是利普希茨连续的. 另一方面, 注意到

$$\begin{aligned}
\langle \nabla^2\phi x, x\rangle &= \langle (\gamma^{-1}I - \alpha A^*A)x, x\rangle \\
&= \gamma^{-1}\langle x, x\rangle - \alpha\langle Ax, Ax\rangle \\
&= \gamma^{-1}\|x\|^2 - \alpha\|Ax\|^2 \\
&\geqslant \gamma^{-1}\|x\|^2 - \alpha\|A\|^2\|x\|^2 \\
&= \gamma^{-1}(1-\gamma\alpha\|A\|^2)\|x\|^2.
\end{aligned}$$

由于 $0 < \gamma\alpha\|A\|^2 < 1$, 因此 $\nabla^2\phi$ 为正定矩阵, 从而 ϕ 为 $\gamma^{-1}(1-\gamma\alpha\|A\|^2)$-强凸函数. 类似地, 可以证明 ψ 为强凸函数, $\nabla\psi$ 是利普希茨连续的, 因此条件 (a4) 和 (a5) 成立. 从而应用定理 6.14, 定理得证. □

6.3 非凸坐标下降法

6.2 节研究了一类非凸分裂等式问题, 但是需要假设 C 或 Q 为闭凸集. 本节考虑两个都是非凸集的情形, 即求 $(x^\dagger, y^\dagger) \in \mathbb{R}^{n_1} \times \mathbb{R}^{n_2}$ 使得

$$(x^\dagger, y^\dagger) \in C \times Q, \quad Ax^\dagger = By^\dagger, \tag{6.34}$$

其中 $C \subset \mathbb{R}^{n_1}$ 和 $Q \subset \mathbb{R}^{n_2}$ 是非空闭子集, $A: \mathbb{R}^{n_1} \to \mathbb{R}^m$ 与 $B: \mathbb{R}^{n_2} \to \mathbb{R}^m$ 是两个矩阵. 我们用 $\mathcal{S}$ 表示该问题的解集. 通过给出非凸框架下坐标下降法的收敛性分析, 然后应用这些理论求解非凸分裂等式问题.

6.3.1 坐标下降法

在逼近论、图像处理、偏微分方程等领域, 有很多问题都可归结为求两个函数之和的极小值问题:

$$\min\{f(x) + g(y) : (x, y) \in \mathbb{R}^{n_1} \times \mathbb{R}^{n_2}\}, \tag{6.35}$$

其中 $f: \mathbb{R}^{n_1} \to \mathbb{R} \cup \{+\infty\}, g: \mathbb{R}^{n_2} \to \mathbb{R} \cup \{+\infty\}$ 为真下半连续凸函数. 坐标下降法是求解此问题的一个经典方法:

$$\begin{cases}
x_{k+1} = \arg\min\{L(x, y_k) : x \in \mathbb{R}^{n_1}\}, \\
y_{k+1} = \arg\min\{L(x_{k+1}, y) : y \in \mathbb{R}^{n_2}\}.
\end{cases} \tag{6.36}$$

关于坐标下降法的收敛性结果可参阅文献 [161–163].

2010 年, Attouch 等[164] 研究了一类非凸优化问题:

$$\min_{(x,y)\in\mathbb{R}^{n_1}\times\mathbb{R}^{n_2}} L(x,y)=f(x)+g(y)+h(x,y), \tag{6.37}$$

其中 $f:\mathbb{R}^{n_1}\to\mathbb{R}\cup\{+\infty\}, g:\mathbb{R}^{n_2}\to\mathbb{R}\cup\{+\infty\}$ 为真下半连续函数, $h:\mathbb{R}^{n_1}\times\mathbb{R}^{n_2}\to\mathbb{R}$ 为连续可微函数. 为求解此问题, 他们提出了邻近坐标下降法:

$$\begin{cases} x_{k+1}\in\arg\min\left\{L(x,y_k)+\dfrac{1}{2\lambda_k}\|x-x_k\|^2 : x\in\mathbb{R}^{n_1}\right\}, \\ y_{k+1}\in\arg\min\left\{L(x_{k+1},y)+\dfrac{1}{2\mu_k}\|y-y_k\|^2 : y\in\mathbb{R}^{n_2}\right\}, \end{cases} \tag{6.38}$$

其中 λ_k,μ_k 是两个适当选择的参数. 在一定条件下, 邻近坐标下降法收敛到函数 L 的一个稳定点. 一般情形下, 如果函数 f 或 g 的结构比较复杂, 那么更新变量 x 和 y 就比较困难. 受 6.2 节布雷格曼距离的启发, 我们可以构造如下的布雷格曼坐标下降法:

$$\begin{cases} x_{k+1}\in\arg\min\left\{L(x,y_k)+\Delta_\phi(x,x_k) : x\in\mathbb{R}^{n_1}\right\}, \\ y_{k+1}\in\arg\min\left\{L(x_{k+1},y)+\Delta_\psi(y,y_k) : y\in\mathbb{R}^{n_2}\right\}, \end{cases} \tag{6.39}$$

其中 Δ_ψ 和 Δ_ϕ 分别表示由凸可微函数 ψ 和 ϕ 生成的布雷格曼距离函数. 由于增加了布雷格曼距离函数, 因此该方法能简化原有的子问题, 从而提高计算效率. 为保证收敛性, 我们还需要以下基本条件:

(c1) $\inf\{L(x,y):(x,y)\in\mathbb{R}^{n_1}\times\mathbb{R}^{n_2}\}>-\infty$;

(c2) ∇h 在有界集上是 L-利普希茨连续的;

(c3) ϕ,ψ 分别是 τ_ϕ-与 τ_ψ-强凸的;

(c4) $\nabla\phi,\nabla\psi$ 分别是 L_ϕ-与 L_ψ-利普希茨连续的.

6.3.2　收敛性分析

如前所述, 一个恰当的布雷格曼距离可以极大地简化原始子问题, 从而提高计算效率. 在讨论坐标下降法之前, 我们需要几个关键引理.

引理 6.16　设 $\{(x_k,y_k)\}$ 是由 (6.39) 生成的迭代序列. 假定条件 (c1)—(c4) 成立, 则下列结论成立.

(1) 对任意的 $k\geqslant 0$ 成立:

$$L(x_{k+1},y_{k+1})+\Delta_\phi(x_{k+1},x_k)+\Delta_\psi(y_{k+1},y_k)\leqslant L(x_k,y_k),$$

从而 $L(x_k,y_k)$ 是单调递减数列.

(2) 对任意的 $k \geqslant 0$ 成立:

$$\sum_{k=0}^{\infty}(\Delta_{\phi}(x_{k+1},x_k)+\Delta_{\psi}(y_{k+1},y_k))<\infty,$$

从而有 $\|x_{k+1}-x_k\|+\|y_{k+1}-y_k\|\to 0(k\to\infty)$.

(3) 对任意的 $k \geqslant 1$, 令

$$\begin{aligned}(\tilde{x}_k,\tilde{y}_k)=&(\nabla_x h(x_k,y_k)-\nabla_x h(x_k,y_{k-1}),0)\\&-(\nabla\phi(x_k)-\nabla\phi(x_{k-1}),\nabla\psi(y_k)-\nabla\psi(y_{k-1})).\end{aligned}$$

则有 $(\tilde{x}_k,\tilde{y}_k)\in\partial L(x_k,y_k)$.

(4) 对于 (x_k,y_k) 任意的有界子列 (x_{k_l},y_{k_l}), 有 $(\tilde{x}_{k_l},\tilde{y}_{k_l})\to 0, l\to\infty$, 从而有

$$\lim_{l\to\infty}\operatorname{dist}(0,\partial L(\tilde{x}_{k_l}))=0.$$

证明 (1) 由定义可知

$$L(x_{k+1},y_k)+\Delta_{\phi}(x_{k+1},x_k)\leqslant L(x_k,y_k),$$
$$L(x_{k+1},y_{k+1})+\Delta_{\psi}(y_{k+1},y_k)\leqslant L(x_{k+1},y_k).$$

两式相加即可得所证不等式, 因此 $L(x_k,y_k)$ 是单调递减数列.

(2) 由归纳法, 不难证明对任意的 $k \geqslant 1$ 成立:

$$\begin{aligned}\sum_{i=0}^{k}(\Delta_{\phi}(x_{i+1},x_i)+\Delta_{\psi}(y_{i+1},y_i))&\leqslant\sum_{i=0}^{k}(L(x_i,y_i)-L(x_{i+1},y_{i+1}))\\&=L(x_0,y_0)-L(x_{k+1},y_{k+1})\\&\leqslant L(x_0,y_0)-\inf_{(x,y)\in\mathbb{R}^{n_1}\times\mathbb{R}^{n_2}}L(x,y).\end{aligned}$$

令 $k\to\infty$ 可得所证不等式. 从而有 $(\Delta_{\phi}(x_{k+1},x_k)+\Delta_{\psi}(y_{k+1},y_k))\to 0(k\to\infty)$. 故由条件 (c3) 可得

$$\begin{aligned}&\frac{\min(\tau_{\phi},\tau_{\psi})}{2}(\|x_{k+1}-x_k\|^2+\|y_{k+1}-y_k\|^2)\\&\leqslant\frac{\tau_{\phi}}{2}\|x_{k+1}-x_k\|^2+\frac{\tau_{\psi}}{2}\|y_{k+1}-y_k\|^2\\&\leqslant\Delta_{\phi}(x_{k+1},x_k)+\Delta_{\psi}(y_{k+1},y_k).\end{aligned}$$

从而有

$$\|x_{k+1} - x_k\| + \|y_{k+1} - y_k\| \to 0 \quad (k \to \infty).$$

(3) 对 (6.39)式应用费马引理,

$$\begin{aligned} & 0 \in \partial f(x_k) + \nabla_x h(x_k, y_{k-1}) - \nabla\phi(x_k) + \nabla\phi(x_{k-1}) \\ \Rightarrow & \nabla\phi(x_k) - \nabla\phi(x_{k-1}) \in \partial f(x_k) + \nabla_x h(x_k, y_{k-1}) \\ \Rightarrow & \nabla\phi(x_k) - \nabla\phi(x_{k-1}) + \nabla_x h(x_k, y_k) \in \partial f(x_k) + \nabla_x h(x_k, y_{k-1}) + \nabla_x h(x_k, y_k) \\ \Rightarrow & \nabla\phi(x_k) - \nabla\phi(x_{k-1}) + \nabla_x h(x_k, y_k) - \nabla_x h(x_k, y_{k-1}) \in \partial f(x_k) + \nabla_x h(x_k, y_k) \\ \Rightarrow & \nabla\phi(x_k) - \nabla\phi(x_{k-1}) + \nabla_x h(x_k, y_k) - \nabla_x h(x_k, y_{k-1}) \in \partial_x L(x_k, y_k). \end{aligned}$$

另一方面, 同理可得

$$\begin{aligned} & 0 \in \partial g(y_k) + \nabla_y h(x_k, y_k) - \nabla\psi(y_k) + \nabla\psi(y_{k-1}) \\ \Rightarrow & \nabla\psi(y_k) - \nabla\psi(y_{k-1}) \in \partial g(y_k) + \nabla_y h(x_k, y_k) \\ \Rightarrow & \nabla\psi(y_k) - \nabla\psi(y_{k-1}) \in \partial_y L(x_k, y_k). \end{aligned}$$

综合以上两个式子即得所证等式.

(4) 对于 (x_k, y_k) 任意的有界子列 (x_{k_l}, y_{k_l}), 有

$$\begin{aligned} \|(\tilde{x}_{k_l}, \tilde{y}_{k_l})\| \leqslant & \|\nabla_x h(x_{k_l}, y_{k_l}) - \nabla_x h(x_{k_l}, y_{k_l-1})\| \\ & + \|(\nabla\phi(x_{k_l}) - \nabla\phi(x_{k_l-1}), \nabla\psi(y_{k_l}) - \nabla\psi(y_{k_l-1}))\| \\ \leqslant & L\|y_{k_l} - y_{k_l-1}\| + \|\nabla\phi(x_{k_l}) - \nabla\phi(x_{k_l-1})\| + \|\nabla\psi(y_{k_l}) - \nabla\psi(y_{k_l-1})\| \\ \leqslant & L\|y_{k_l} - y_{k_l-1}\| + L_\phi\|x_{k_l} - x_{k_l-1}\| + L_\psi\|y_{k_l} - y_{k_l-1}\| \\ = & (L + L_\psi)\|y_{k_l} - y_{k_l-1}\| + L_\phi\|x_{k_l} - x_{k_l-1}\|. \end{aligned}$$

由 (2) 知 $(\tilde{x}_{k_l}, \tilde{y}_{k_l}) \to 0$, 从而有 $\operatorname{dist}(0, \partial L(\tilde{x}_{k_l}, \tilde{y}_{k_l})) \to 0, l \to \infty$. □

引理 6.17 设 $\{(x_k, y_k)\}$ 是由 (6.39) 生成的迭代序列. 假定条件 (c1)—(c4) 成立, 则下列结论成立.

(1) 序列 $\{(x_k, y_k)\}$ 的任意聚点都是函数 $L(x, y)$ 的稳定点.

(2) 下列等式成立:

$$\inf_{k\geqslant 0} L(x_k, y_k) = \lim_{k\to\infty} L(x_k, y_k).$$

证明 (1) 由定义可知, 对任意的 $u \in \mathbb{R}^{n_1}, v \in \mathbb{R}^{n_2}$,

$$L(x_{k+1}, y_k) + \Delta_\phi(x_{k+1}, x_k) \leqslant L(u, y_k) + \Delta_\phi(u, x_k),$$

$$L(x_{k+1}, y_{k+1}) + \Delta_\psi(y_{k+1}, y_k) \leqslant L(v, y_k) + \Delta_\psi(v, y_k).$$

以上两式等价于

$$f(x_{k+1}) + h(x_{k+1}, y_k) + \Delta_\phi(x_{k+1}, x_k) \leqslant f(u) + h(u, y_k) + \Delta_\phi(u, x_k),$$

$$g(y_{k+1}) + h(x_{k+1}, y_{k+1}) + \Delta_\psi(y_{k+1}, y_k) \leqslant g(v) + h(v, y_{k+1}) + \Delta_\psi(v, y_k).$$

设 $(x^\dagger, y^\dagger)$ 是 (x_k, y_k) 任意的聚点, 则存在子列 (x_{k_l}, y_{k_l}) 使得 $(x_{k_l}, y_{k_l}) \to (x^\dagger, y^\dagger)$. 注意到由引理 6.16 可得, $(\Delta_\phi(x_{k+1}, x_k) + \Delta_\psi(y_{k+1}, y_k)) \to 0(k \to \infty)$, 从而有

$$\liminf_{l\to\infty} f(x_{k_l}) + h(x^\dagger, y^\dagger) \leqslant f(u) + h(u, y^\dagger) + \Delta_\phi(u, x^\dagger),$$

$$\liminf_{l\to\infty} g(y_{k_l}) + h(x^\dagger, y^\dagger) \leqslant g(v) + h(v, y^\dagger) + \Delta_\psi(v, y^\dagger).$$

在上式中分别令 $u = x^\dagger, v = y^\dagger$,

$$\liminf_{l\to\infty} f(x_{k_l}) \leqslant f(x^\dagger),$$

$$\liminf_{l\to\infty} g(y_{k_l}) \leqslant g(y^\dagger).$$

由于 f 与 g 均为下半连续函数, 因此有

$$\liminf_{l\to\infty} f(x_{k_l}) = f(x^\dagger),$$

$$\liminf_{l\to\infty} g(y_{k_l}) = g(y^\dagger).$$

此时由 h 的连续性可得

$$\liminf_{l\to\infty} L(x_{k_l}, y_{k_l}) = L(x^\dagger, y^\dagger).$$

因为 $L(x_k, y_k)$ 是单调有界数列, 故有

$$\lim_{l\to\infty} L(x_{k_l}, y_{k_l}) = L(x^\dagger, y^\dagger).$$

由引理 6.16 可得, $(\tilde{x}_{k_l}, \tilde{y}_{k_l}) \in \partial L(\tilde{x}_{k_l}, \tilde{y}_{k_l}), (\tilde{x}_{k_l}, \tilde{y}_{k_l}) \to 0, l \to \infty$, 从而由广义微分定义可知

$$0 \in \partial L(x^\dagger, y^\dagger).$$

即序列 $\{(x_k, y_k)\}$ 的任意聚点都是函数 $L(x,y)$ 的稳定点.

(2) 设 $(x^\dagger, y^\dagger)$ 是 (x_k, y_k) 任意的聚点, 我们已经证明存在子列 (x_{k_l}, y_{k_l}) 使得 $L(x_{k_l}, y_{k_l}) \to L(x^\dagger, y^\dagger)$. 因为 $L(x_k, y_k)$ 是单调递减数列, 则有

$$L(x^\dagger, y^\dagger) = \inf_{k \geqslant 0} L(x_k, y_k).$$

由此引理得证. □

以下设 U, η, φ 是定义 6.4中关于 $z^\dagger = (x^\dagger, y^\dagger)$ 的相关元素, 设

$$z_k = (x_k, y_k), \quad \bar{l} = L(z^\dagger), \quad l_k = L(z_k),$$

$\rho > 0$ 使得 $B(z^\dagger, \rho) \subset U$.

定理 6.18　对任意的初始迭代点 $z_0 = (x_0, y_0)$, 设 $z_k = (x_k, y_k)$ 是由 (6.39) 式生成的迭代序列. 假定条件 (c1)—(c4) 成立, 函数 L 在 $z^\dagger$ 处满足 K-L 不等式. 假定以下初始条件成立:

$$\bar{l} < l_k < \bar{l} + \eta, \quad \forall k \geqslant 0; \tag{6.40}$$

$$M(\varphi(l_0) - \bar{l}) + 2\tau\sqrt{l_0 - \bar{l}} + \|z_0 - z^\dagger\| < \rho, \tag{6.41}$$

其中 $\tau = \sqrt{2/\min(\tau_\phi, \tau_\psi)}, M = \tau(L + \|(L_\phi, L_\psi)\|)$. 则迭代序列 $\{z_k\}$ 收敛到函数 L 的一个稳定点, 并且下列结论成立.

(1) $z_k \in B(z^\dagger, \rho)$;

(2) 对任意的 $k \geqslant 0$,

$$\sum_{i=k}^{\infty} \|z_{i+1} - z_i\| \leqslant \|z_k - z_{k-1}\| + M\varphi(l_k - \bar{l}) + \sqrt{\tau}\sqrt{l_k - \bar{l}}.$$

证明　(1) 不失一般性假定 $\bar{l} = L(z^\dagger) = 0$, 则有 $l_k \geqslant 0, \forall k \geqslant 0$. 对任意的 $i \geqslant 0$, 由引理 6.16 可得

$$\begin{aligned}
l_i - l_{i+1} &\geqslant \Delta_\phi(x_{i+1}, x_i) + \Delta_\psi(y_{i+1}, y_i) \\
&\geqslant \frac{\tau_\phi}{2}\|x_{i+1} - x_i\|^2 + \frac{\tau_\psi}{2}\|y_{i+1} - y_i\|^2 \\
&\geqslant \frac{\min(\tau_\phi, \tau_\psi)}{2}(\|x_{i+1} - x_i\|^2 + \|y_{i+1} - y_i\|^2) \\
&= \frac{1}{\tau^2}\|z_{i+1} - z_i\|^2.
\end{aligned} \tag{6.42}$$

注意到 $\varphi'(l_i) > 0$, 并根据函数 φ 的凹性,

$$\varphi(l_i) - \varphi(l_{i+1}) \geqslant \varphi'(l_i)(l_i - l_{i+1})$$

$$\geqslant \frac{1}{\tau^2}\varphi'(l_i)\|z_{i+1}-z_i\|^2. \tag{6.43}$$

下面验证 $z_k \in B(z^\dagger,\rho)$ 对于 $k=0$ 与 $k=1$ 都成立. 显然由 (6.41) 有 $z_0 \in B(z^\dagger,\rho)$. 当 $k=1$ 时, 再由 (6.42) 可得

$$\begin{aligned}\|z_1-z^\dagger\| &\leqslant \|z_1-z_0\|+\|z_0-z^\dagger\|\\ &\leqslant \tau\sqrt{l_0-l_1}+\|z_0-z^\dagger\|\\ &\leqslant \tau\sqrt{l_0}+\|z_0-z^\dagger\|.\end{aligned}$$

根据已知条件 (6.41), $z_1 \in B(z^\dagger,\rho)$.

下面用归纳法证明 $z_k \in B(z^\dagger,\rho)$. 假设对某个 $k>1$ 成立 $z_k \in B(z^\dagger,\rho)$. 下面验证 $z_{k+1}\in B(z^\dagger,\rho)$. 事实上, 由 K-L 不等式可得

$$\varphi'(l_i)\mathrm{dist}(0,\partial L(z_i))\geqslant 1.$$

由引理 6.16 可得

$$\begin{aligned}(\tilde{x}_i,\tilde{y}_i)=&(\nabla_x h(x_i,y_i)-\nabla_x h(x_i,y_{i-1}),0)\\ &-(\nabla\phi(x_i)-\nabla\phi(x_{i-1}),\nabla\psi(y_i)-\nabla\psi(y_{i-1}))\end{aligned}$$

是 $\partial L(x_i,y_i)$ 中的一个元素. 则对任意的 $1\leqslant i\leqslant k$,

$$\varphi'(l_i)\|(\tilde{x}_i,\tilde{y}_i)\|\geqslant 1. \tag{6.44}$$

下面估计 $\|(\tilde{x}_i,\tilde{y}_i)\|$ 的值. 一方面, 注意到

$$\begin{aligned}&\|(\nabla\phi(x_i)-\nabla\phi(x_{i-1}),\nabla\psi(y_i)-\nabla\psi(y_{i-1}))\|\\ =&\|\nabla\phi(x_i)-\nabla\phi(x_{i-1})\|+\|\nabla\psi(y_i)-\nabla\psi(y_{i-1})\|\\ \leqslant& L_\phi\|x_i-x_{i-1}\|+L_\psi\|y_i-y_{i-1}\|\\ \leqslant&(L_\phi^2+L_\psi^2)^{1/2}(\|x_i-x_{i-1}\|^2+\|y_i-y_{i-1}\|^2)^{1/2}\\ =&\|(L_\phi,L_\psi)\|\|z_i-z_{i-1}\|.\end{aligned}$$

另一方面, 注意到

$$\begin{aligned}\|(x_i,y_{i-1})-z^\dagger\|^2&=\|x_i-x^\dagger\|^2+\|y_{i-1}-y^\dagger\|^2\\ &\leqslant\|z_i-z^\dagger\|^2+\|z_{i-1}-z^\dagger\|^2\end{aligned}$$

$$\leqslant 2\rho^2.$$

因此 $(x_i, y_{i-1}), (x_i, y_i)$ 位于闭球 $B(z^\dagger, \sqrt{2}\rho)$. 因此利用利普希茨连续性可得

$$\begin{aligned}&\|\nabla_x h(x_i, y_i) - \nabla_x h(x_i, y_{i-1})\|\\ \leqslant\ & L\|y_i - y_{i-1}\| \leqslant L\|z_i - z_{i-1}\|.\end{aligned}$$

因此对任意的 $1 \leqslant i \leqslant k$,

$$\begin{aligned}\|(\tilde{x}_i, \tilde{y}_i)\| \leqslant\ & \|\nabla_x h(x_i, y_i) - \nabla_x h(x_i, y_{i-1})\|\\ & + \|(\nabla\phi(x_i) - \nabla\phi(x_{i-1}), \nabla\psi(y_i) - \nabla\psi(y_{i-1}))\|\\ \leqslant\ & (L + \|(L_\phi, L_\psi)\|)\|z_i - z_{i-1}\|.\end{aligned}$$

因此根据不等式 (6.44) 可得

$$\varphi'(l_i) \geqslant \frac{1}{(L + \|(L_\phi, L_\psi)\|)\|z_i - z_{i-1}\|}, \quad \forall 1 \leqslant i \leqslant k. \tag{6.45}$$

结合不等式 (6.43) 则有

$$\begin{aligned}\varphi(l_i) - \varphi(l_{i+1}) &\geqslant \frac{\|z_{i+1} - z_i\|^2}{\tau^2(L + \|(L_\phi, L_\psi)\|)\|z_i - z_{i-1}\|}\\ &= \frac{1}{M}\frac{\|z_{i+1} - z_i\|^2}{\|z_i - z_{i-1}\|}, \quad \forall 1 \leqslant i \leqslant k.\end{aligned}$$

利用柯西-施瓦茨不等式可得

$$\begin{aligned}2\|z_{i+1} - z_i\| &\leqslant 2\|z_i - z_{i-1}\|^{1/2}(M(\varphi(l_i) - \varphi(l_{i+1})))^{1/2}\\ &\leqslant \|z_i - z_{i-1}\| + M(\varphi(l_i) - \varphi(l_{i+1}))\end{aligned} \tag{6.46}$$

对任意的 $1 \leqslant i \leqslant k$ 都成立. 因此由归纳法可得

$$\sum_{i=1}^{k}\|z_{i+1} - z_i\| + \|z_{k+1} - z_k\| \leqslant \|z_1 - z_0\| + M(\varphi(l_0) - \varphi(l_{k+1})).$$

故由 φ 与 l_k 的单调性,

$$\sum_{i=1}^{k}\|z_{i+1} - z_i\| \leqslant \|z_1 - z_0\| + M\varphi(l_0).$$

故有

$$\begin{aligned}\|z_{k+1}-z^{\dagger}\| &\leqslant \sum_{i=1}^{k}\|z_{i+1}-z_i\|+\|z_1-z^{\dagger}\|\\ &\leqslant M\varphi(l_0)+\|z_1-z_0\|+\|z_1-z^{\dagger}\|,\end{aligned}$$

由此结合已知条件 (6.41) 可知 $z_{k+1}\in B(z^{\dagger},\rho)$.

(2) 事实上, 我们已经证明了不等式 (6.46) 对于所有的 $i\geqslant 1$ 都成立. 则对任意的 $K>k>1$,

$$\begin{aligned}\sum_{i=k}^{K}\|z_{i+1}-z_i\| &\leqslant \|z_k-z_{k-1}\|+M(\varphi(l_k)-\varphi(l_{K+1}))-\|z_{K+1}-z_K\|\\ &\leqslant \|z_k-z_{k-1}\|+M\varphi(l_k).\end{aligned}$$

上式中令 $K\to\infty$, 根据 (6.42) 式可得

$$\begin{aligned}\sum_{i=k}^{\infty}\|z_{i+1}-z_i\| &\leqslant \|z_k-z_{k-1}\|+M\varphi(l_k)\\ &\leqslant \sqrt{\tau}\sqrt{l_{k-1}-l_k}+M\varphi(l_k)\\ &\leqslant \sqrt{\tau}\sqrt{l_{k-1}}+M\varphi(l_{k-1})\\ &\leqslant \sqrt{\tau}\sqrt{l_0}+M\varphi(l_0).\end{aligned}$$

因此序列 $\{z_k\}$ 收敛. 从而由引理 6.17 知, 序列 $\{z_k\}$ 收敛到函数 $L(x,y)$ 的一个稳定点. □

定理 6.19 对任意的初始迭代点 $z_0=(x_0,y_0)$, 设 $z_k=(x_k,y_k)$ 是由 (6.39) 式生成的迭代序列. 假定条件 (c1)—(c4) 成立, 函数 L 满足 K-L 不等式. 则下列结论成立:

(1) 或者 $\|z_k\|\to\infty$;

(2) 或者 $\sum_{k=0}^{\infty}\|z_{k+1}-z_k\|<\infty$. 此时 $\{z_k\}$ 收敛到 L 的一个稳定点.

证明 假定 $\{\|z_k\|\}$ 不趋于 ∞, 此时设 $z^{\dagger}=(x^{\dagger},y^{\dagger})$ 是迭代序列的一个聚点, 设 U,η,φ 是定义 6.4 中关于 $z^{\dagger}$ 的相关元素. 由引理 6.16, $z^{\dagger}$ 是函数 L 的一个稳定点, 并且设 $L(z_k)\to L(z^{\dagger})$.

假设存在正整数 k_0 使得 $L(z_{k_0})=L(z^{\dagger})$. 则由其单调性可知

$$(x_k,y_k)=(x_{k_0},y_{k_0}),\quad \forall k\geqslant k_0,$$

故有 $(x_{k_0},y_{k_0})=(x^{\dagger},y^{\dagger})$, 因此以下假设 $L(z_k)>L(z^{\dagger})$.

由于 0 是序列 $\max(\varphi(l_k - L(z^\dagger)), \|z_k - z^\dagger\|)$ 的一个聚点, 因此存在 k_0 使得 (6.41) 式对于初始迭代点 z_{k_0} 成立. 此时应用定理 6.18, 则结论得证. □

注 6.2 若 f 或 g 的水平子集是紧集, 并且

$$h(x,y) = \|x-y\|^2,$$

则不难验证上述迭代序列 $\{(x_k, y_k)\}$ 是有界的.

注 6.3 若 f, g 是凸函数, 并且

$$h(x,y) = \|Ax - By\|,$$

其中 $A: \mathbb{R}^{n_1} \to \mathbb{R}^m$ 与 $B: \mathbb{R}^{n_2} \to \mathbb{R}^m$ 是两个矩阵. 如果 L 存在极小点, 则不难验证上述迭代序列 $\{(x_k, y_k)\}$ 是有界的.

6.3.3 在分裂等式问题中的应用

不难证明分裂等式问题与如下极值问题等价:

$$\min_{(x,y)\in\mathbb{R}^{n_1}\times\mathbb{R}^{n_2}} L(x,y) = \iota_C(x) + \iota_Q(y) + \frac{1}{2}\|Ax - By\|^2, \tag{6.47}$$

其中 ι_C 与 ι_Q 分别是集合 C 与 Q 的指标函数. 显然

$$L(x^\dagger, y^\dagger) = 0 \Longleftrightarrow (x^\dagger, y^\dagger) \in \mathcal{S}.$$

由 L 的定义, 显然有 $L \geqslant 0$, 因此条件 (c1) 和 (c2) 成立.

定理 6.20 对任意的初始迭代点 $z_0 = (x_0, y_0)$, 定义如下迭代序列:

$$\begin{cases} x_{k+1} \in P_C\big(x_k - \alpha A^*(Ax_k - By_k)\big), \\ y_{k+1} \in P_Q\big(y_k - \beta B^*(By_k - Ax_{k+1})\big). \end{cases} \tag{6.48}$$

假定函数 $\iota_C + \iota_Q$ 是次解析的, 参数 $\alpha > 0, \beta > 0$ 满足下列条件:

$$0 < \alpha\|A\|^2 < 1, \quad 0 < \beta\|B\|^2 < 1.$$

设 $z_k = (x_k, y_k)$ 是由 (6.48) 式生成的迭代序列, 则下列结论成立:

(1) 或者 $\|z_k\| \to \infty$;

(2) 或者 $\{\|z_{k+1} - z_k\|\} \in \ell_1$, 即

$$\sum_{i=k}^{\infty} \|z_{k+1} - z_k\| < \infty.$$

此时序列 $\{z_k\}$ 收敛到函数 $L(x,y)$ 的一个稳定点.

证明 首先, 令

$$\phi(x)=\frac{1}{2\alpha}\|x\|^2-\frac{1}{2}\|Ax\|^2,$$

则由定义可知

$$\begin{aligned}
&\arg\min_{x\in\mathbb{R}^{n_1}}\Big\{L(x,y_k)+\Delta_\phi(x,x_k)\Big\}\\
=&\arg\min_{x\in\mathbb{R}^{n_1}}\left\{\iota_C(x)+\frac{1}{2}\Big\|Ax-By_k\Big\|^2+\Delta_\phi(x,x_k)\right\}\\
=&\arg\min_{x\in\mathbb{R}^{n_1}}\left\{\iota_C(x)+\frac{1}{2}\Big\|Ax-By_k\Big\|^2+\frac{1}{2\alpha}\|x\|^2\right.\\
&\left.\qquad-\frac{1}{2}\Big\|Ax\Big\|^2-\langle x,\alpha^{-1}x_k-A^*Ax_k\rangle\right\}\\
=&\arg\min_{x\in\mathbb{R}^{n_1}}\left\{\iota_C(x)+\frac{1}{2\alpha}\|x\|^2-\big\langle x,\alpha^{-1}x_k-A^*\big(Ax_k-By_k\big)\big\rangle\right\}\\
=&\arg\min_{x\in\mathbb{R}^{n_1}}\left\{\iota_C(x)+\frac{1}{2\alpha}\Big(\|x\|^2-2\big\langle x,x_k-\alpha A^*\big(Ax_k-By_k\big)\big\rangle\Big)\right\}\\
=&\arg\min_{x\in\mathbb{R}^{n_1}}\left\{\iota_C(x)+\frac{1}{2\alpha}\big\|x-\big(x_k-\alpha A^*(Ax_k-By_k)\big)\big\|^2\right\}\\
=&P_C\big(x_k-\alpha A^*(Ax_k-By_k)\big).
\end{aligned}$$

故有

$$x_{k+1}\in\arg\min_{x\in\mathbb{R}^{n_1}}\Big\{L(x,y_k)+\Delta_\phi(x,x_k)\Big\}.$$

另一方面, 令

$$\psi(y)=\frac{1}{2\beta}\|y\|^2-\frac{1}{2}\|By\|^2,$$

则由定义可知

$$\begin{aligned}
&\arg\min_{y\in\mathbb{R}^{n_2}}\Big\{L(x_{k+1},y)+\Delta_\psi(y,y_k)\Big\}\\
=&\arg\min_{y\in\mathbb{R}^{n_2}}\left\{\iota_Q(y)+\frac{1}{2}\Big\|By-Ax_{k+1}\Big\|^2+\Delta_\psi(y,y_k)\right\}\\
=&\arg\min_{y\in\mathbb{R}^{n_2}}\left\{\iota_Q(y)+\frac{1}{2}\Big\|By-Ax_{k+1}\Big\|^2+\frac{1}{2\beta}\|y\|^2\right.
\end{aligned}$$

$$
\begin{aligned}
&\quad - \frac{1}{2}\|By\|^2 - \left\langle y, \beta^{-1}y_k - B^*By_k \right\rangle \Bigg\} \\
&= \arg\min_{y\in\mathbb{R}^{n_2}} \left\{ \iota_Q(y) + \frac{1}{2\beta}\|y\|^2 - \left\langle y, \beta^{-1}y_k - B^*\big(By_k - Ax_{k+1}\big)\right\rangle \right\} \\
&= \arg\min_{y\in\mathbb{R}^{n_2}} \left\{ \iota_Q(y) + \frac{1}{2\beta}\Big(\|y\|^2 - 2\left\langle y, y_k - \beta B^*\big(By_k - Ax_{k+1}\big)\right\rangle\Big) \right\} \\
&= \arg\min_{y\in\mathbb{R}^{n_2}} \left\{ \iota_Q(y) + \frac{1}{2\beta}\big\|y - \big(y_k - \beta B^*(By_k - Ax_{k+1})\big)\big\|^2 \right\} \\
&= P_Q\big(y_k - \beta B^*(By_k - Ax_{k+1})\big).
\end{aligned}
$$

故有

$$
y_{k+1} \in \arg\min_{y\in\mathbb{R}^{n_2}} \Big\{ L(x_{k+1}, y) + \Delta_\psi(y, y_k) \Big\}.
$$

因此迭代方法 (6.48) 是 (6.39) 的特殊情况. 显然条件 (c1) 和 (c2) 成立. 下面验证条件 (c3) 和 (c4) 成立. 一方面, 注意到

$$
\begin{aligned}
\|\nabla\phi(x) - \nabla\phi(y)\| &= \|(\alpha^{-1}x - A^*Ax) - (\alpha^{-1}y - A^*Ay)\| \\
&= \|\alpha^{-1}(x-y) - (A^*Ax - A^*Ay)\| \\
&\leqslant \alpha^{-1}\|x-y\| + \|A^*A\|\|x-y\| \\
&\leqslant (\alpha^{-1} + \|A\|^2)\|x-y\|,
\end{aligned}
$$

因此 $\nabla\phi$ 是利普希茨连续的. 另一方面, 注意到

$$
\begin{aligned}
\langle \nabla^2\phi x, x\rangle &= \langle(\alpha^{-1}I - A^*A)x, x\rangle \\
&= \alpha^{-1}\langle x, x\rangle - \langle Ax, Ax\rangle \\
&= \alpha^{-1}\|x\|^2 - \|Ax\|^2 \\
&\geqslant \alpha^{-1}\|x\|^2 - \|A\|^2\|x\|^2 \\
&= \alpha^{-1}(1 - \alpha\|A\|^2)\|x\|^2.
\end{aligned}
$$

由于 $0 < \alpha\|A\|^2 < 1$, 因此 $\nabla^2\phi$ 为正定矩阵, 从而 ϕ 为强凸函数. 类似地, 可以证明 ψ 为强凸函数, $\nabla\psi$ 是利普希茨连续的, 因此条件 (c1)—(c4) 成立. 从而应用定理 6.19, 定理得证. □

参考文献

[1] BAUSCHKE H H, COMBETTES P L. Convex analysis and monotone operator theory in Hilbert spaces[M]. Berlin: Springer, 2011.

[2] BORWEIN J, LEWIS A. Convex analysis[M]. Berlin: Springer, 2006.

[3] BERTSEKAS D, NEDIC A, OZDAGLAR A. Convex analysis and optimization[M]. Massachusetts: Athena Scientific, 2003.

[4] ROCKAFELLAR R T. Convex analysis[M]. Massachusetts: Princeton University Press, 2015.

[5] GOEBEL K, KIRK W A. Topics in metric fixed point theory[M]. Cambridge: Cambridge University Press, 1990.

[6] BERINDE V, TAKENS F. Iterative approximation of fixed points[M]. Berlin: Springer, 2007.

[7] COMBETTES P L. Solving monotone inclusions via compositions of nonexpansive averaged operators[J]. Optimization, 2004, 53(5-6): 475-504.

[8] COMBETTES P L, YAMADA I. Compositions and convex combinations of averaged nonexpansive operators[J]. Journal of Mathematical Analysis and Applications, 2015, 425(1): 55-70.

[9] BAUSCHKE H H, NOLL D, PHAN H M. Linear and strong convergence of algorithms involving averaged nonexpansive operators[J]. Journal of Mathematical Analysis and Applications, 2015, 421(1): 1-20.

[10] ZEIDLER E. Nonlinear functional analysis and its applications: II/A: Linear monotone operators[M]. Berlin: Springer, 2013.

[11] ZEIDLER E. Nonlinear functional analysis and its applications: II/B: Nonlinear monotone operators[M]. Berlin: Springer, 2013.

[12] ROCKAFELLAR R T. Monotone operators and the proximal point algorithm[J]. SIAM Journal on Control and Optimization, 1976, 14(5): 877-898.

[13] BREZIS H, LIONS P L. Produits infinis de resolvantes[J]. Israel Journal of Mathematics, 1978, 29(4): 329-345.

[14] ECKSTEIN J, BERTSEKAS D P. On the Douglas—Rachford splitting method and the proximal point algorithm for maximal monotone operators[J]. Mathematical Programming, 1992, 55(1): 293-318.

[15] BORWEIN J. Maximality of sums of two maximal monotone operators[J]. Proceedings of the American Mathematical Society, 2006, 134(10): 2951-2955.

[16] BROWDER F E. Nonlinear maximal monotone operators in Banach space[J]. Mathematische Annalen, 1968, 175(2): 89-113.

[17] FITZPATRICK S, PHELPS R. Some properties of maximal monotone operators on nonreflexive Banach spaces[J]. Set-Valued Analysis, 1995, 3(1): 51-69.

[18] WANG F. A note on the regularized proximal point algorithm[J]. Journal of Global Optimization, 2011, 50(3): 531-535.

[19] WANG F, CUI H. On the contraction-proximal point algorithms with multi-parameters[J]. Journal of Global Optimization, 2012, 54(3): 485-491.

[20] COMBETTES P L, WAJS V R. Signal recovery by proximal forward-backward splitting[J]. Multiscale odeling & Simulation, 2005, 4(4): 1168-1200.

[21] TAN K K, XU H K. Approximating fixed points of non-expansive mappings by the Ishikawa iteration process[J]. Journal of Mathematical Analysis and Applications, 1993, 178: 301-308.

[22] XU H K. Iterative algorithms for nonlinear operators[J]. Journal of the London Mathematical Society, 2002, 66(1): 240-256.

[23] MAINGE P E. A hybrid extragradient-viscosity method for monotone operators and fixed point problems[J]. SIAM Journal on Control and Optimization, 2008, 47(3): 1499-1515.

[24] CENSOR Y, ELFVING T. A multiprojection algorithm using Bregman projections in a product space[J]. Numerical Algorithms, 1994, 8(2): 221-239.

[25] CENSOR Y, ELFVING T, KOPF N, et al. The multiple-sets split feasibility problem and its applications for inverse problems[J]. Inverse Problems, 2005, 21(6): 2071-2084.

[26] BYRNE C. A unified treatment of some iterative algorithms in signal processing and image reconstruction[J]. Inverse Problems, 2003, 20(1): 103-120.

[27] WANG J, HU Y, LI C, et al. Linear convergence of CQ algorithms and applications in gene regulatory network inference[J]. Inverse Problems, 2017, 33(5): 055017.

[28] SITTHITHAKERNGKIET K, DEEPHO J, KUMAM P. Modified hybrid steepest method for the split feasibility problem in image recovery of inverse problems[J]. Numerical Functional Analysis and Optimization, 2017, 38(4): 507-522.

[29] HE H, XU H K. Splitting methods for split feasibility problems with application to dantzig selectors[J]. Inverse Problems, 2017, 33(5): 055003.

[30] CENSOR Y, MOTOVA A, SEGAL A. Perturbed projections and subgradient projections for the multiple-sets split feasibility problem[J]. Journal of Mathematical Analysis and Applications, 2007, 327(2): 1244-1256.

[31] YAO Y, POSTOLACHE M, ZHU Z. Gradient methods with selection technique for the multiple-sets split feasibility problem[J]. Optimization, 2020, 69: 269-281.

[32] ZHANG W, HAN D, LI Z. A self-adaptive projection method for solving the multiple-sets split feasibility problem[J]. Inverse Problems, 2009, 25(11): 115001.

[33] BYRNE C, CENSOR Y, GIBALI A, et al. The split common null point problem[J]. Journal of Nonlinear and Convex Analysis, 2012, 13(4): 759-775.

[34] TAKAHASHI W. The split common null point problem in Banach spaces[J]. Archiv der Mathematik, 2015, 104(4): 357-365.

[35] REICH S, TUYEN T M. A new algorithm for solving the split common null point problem in Hilbert spaces[J]. Numerical Algorithms, 2020, 83(2): 789-805.

[36] CENSOR Y, GIBALI A, REICH S. Algorithms for the split variational inequality problem[J]. Numerical Algorithms, 2012, 59(2): 301-323.

[37] IZUCHUKWU C, MEBAWONDU A, MEWOMO O. A new method for solving split variational inequality problems without co-coerciveness[J]. Journal of Fixed Point Theory and Applications, 2020, 22(4): 1-23.

[38] HE H, LING C, XU H K. A relaxed projection method for split variational inequalities[J]. Journal of Optimization Theory and Applications, 2015, 166(1): 213-233.

[39] BAKUSHINSKY A, GONCHARSKY A. Ill-posed problems: Theory and applications[M]. Berlin: Springer, 2012.

[40] BAUSCHKE H H, BORWEIN J M. On projection algorithms for solving convex feasibility problems[J]. SIAM Review, 1996, 38(3): 367-426.

[41] FIGUEIREDO M A, NOWAK R D, WRIGHT S J. Gradient projection for sparse reconstruction: Application to compressed sensing and other inverse problems[J]. IEEE Journal of selected topics in signal processing, 2007, 1(4): 586-597.

[42] VAN DEN BERG E, FRIEDLANDER M P. Probing the pareto frontier for basis pursuit solutions[J]. SIAM Journal on Scientific Computing, 2009, 31(2): 890-912.

[43] MOUDAFI A, AL-SHEMAS E. Simultaneous iterative methods for split equality problem[J]. Trans. Math. Program. Appl., 2013, 1(2): 1-11.

[44] DONG Q L, HE S, ZHAO J. Solving the split equality problem without prior knowledge of operator norms[J]. Optimization, 2015, 64(9): 1887-1906.

[45] DONG Q L, HE S. Self-adaptive projection algorithms for solving the split equality problems[J]. Fixed Point Theory, 2017, 18(1): 191-202.

[46] MOUDAFI A, BYRNE C L. Extensions of the CQ algorithm for the split feasibility and split equality problems[J]. Journal of Nonlinear and Convex Analysis, 2017, 18 (8): 1485-1496.

[47] ZHAO J. Solving split equality fixed-point problem of quasi-nonexpansive mappings without prior knowledge of operators norms[J]. Optimization, 2015, 64(12): 2619-2630.

[48] WANG F. On the convergence of CQ algorithm with variable steps for the split equality problem[J]. Numerical Algorithms, 2017, 74(3): 927-935.

[49] VUONG P T, STRODIOT J J, NGUYEN V H. A gradient projection method for solving split equality and split feasibility problems in Hilbert spaces[J]. Optimization, 2015, 64(11): 2321-2341.

[50] BROWDER F E. Nonexpansive nonlinear operators in a Banach space[J]. Proceedings of the National Academy of Sciences of the United States of America, 1965, 54(4): 1041-1044.

[51] GÖHDE D. Zum prinzip der kontraktiven abbildung[J]. Mathematische Nachrichten, 1965, 30(3-4): 251-258.

[52] KIRK W A. A fixed point theorem for mappings which do not increase distances[J]. The American Mathematical Monthly, 1965, 72(9): 1004-1006.

[53] GARCÍA-FALSET J, LLORENS-FUSTER E, MAZCUÑAN-NAVARRO E M. Uniformly nonsquare Banach spaces have the fixed point property for nonexpansive mappings[J]. Journal of Functional Analysis, 2006, 233(2): 494-514.

[54] DOWLING P, RANDRIANANTOANINA B, TURETT B. The fixed point property via dual space properties[J]. Journal of Functional Analysis, 2008, 255(3): 768-775.

[55] BYRNE C. Iterative oblique projection onto convex sets and the split feasibility problem[J]. Inverse Problems, 2002, 18(2): 441-453.

[56] KRASNOSELSKII M. Two remarks on the method of successive approximations[J]. Uspehi Mat. Nauk, 1955, 10: 123-127.

[57] MANN W R. Mean value methods in iteration[J]. Proceedings of the American Mathematical Society, 1953, 4(3): 506-510.

[58] SCHAEFER H. Über die methode sukzessiver approximationen[J]. Jahresbericht der Deutschen Mathematiker-Vereinigung, 1957, 59: 131-140.

[59] EDELSTEIN M. A remark on a theorem of M. A. Krasnoselskii[J]. The American Mathematical Monthly, 1966, 13: 509-510.

[60] EDELSTEIN M, O'BRIEN R C. Nonexpansive mappings, asymptotic regularity and successive approximations[J]. Journal of the London Mathematical Society, 1978, 2 (3): 547-554.

[61] ISHIKAWA S. Fixed points and iteration of a nonexpansive mapping in a Banach space[J]. Proceedings of the American Mathematical Society, 1976, 59(1): 65-71.

[62] REICH S. Weak convergence theorems for nonexpansive mappings in Banach spaces[J]. Journal of Mathematical Analysis and Applications, 1979, 67(2): 274-276.

[63] MAINGE P E. Convergence theorems for inertial KM-type algorithms[J]. Journal of Computational and Applied Mathematics, 2008, 219(1): 223-236.

[64] DONG Q L, LI X H, CHO Y J, et al. Multi-step inertial Krasnoselskii-Mann iteration with new inertial parameters arrays[J]. Journal of Fixed Point Theory and Applications, 2021, 23(3): 1-18.

[65] SUZUKI T. Strong convergence of Krasnoselskii and Mann's type sequences for one-parameter nonexpansive semigroups without bochner integrals[J]. Journal of Mathematical Analysis and Applications, 2005, 305(1): 227-239.

[66] MARINO G, XU H K. Weak and strong convergence theorems for strict pseudo-contractions in Hilbert spaces[J]. Journal of Mathematical Analysis and Applications, 2007, 329(1): 336-346.

[67] AGARWAL R P, O'REGAN D, SAHU D. Fixed point theory for Lipschitzian-type mappings with applications[M]. Berlin: Springer, 2009.

[68] KIM T H, XU H K. Strong convergence of modified Mann iterations[J]. Nonlinear Analysis: Theory, Methods & Applications, 2005, 61(1-2): 51-60.

[69] OPIAL Z. Weak convergence of the sequence of successive approximations for nonexpansive mappings[J]. Bulletin of the American Mathematical Society, 1967, 73(4): 591-597.

[70] REICH S, TRUONG M T, MAI T N H. The split feasibility problem with multiple output sets in Hilbert spaces[J]. Optimization Letters, 2020, 14(8): 2335-2353.

[71] QU B, XIU N. A note on the CQ algorithm for the split feasibility problem[J]. Inverse Problems, 2005, 21(5): 1655.

[72] LÓPEZ G, MARTÍN-MÁRQUEZ V, WANG F, et al. Solving the split feasibility problem without prior knowledge of matrix norms[J]. Inverse Problems, 2012, 28(8): 085004.

[73] YANG Q. On variable-step relaxed projection algorithm for variational inequalities[J]. Journal of Mathematical Analysis and Applications, 2005, 302(1): 166-179.

[74] GENEL A, LINDENSTRAUSS J. An example concerning fixed points[J]. Israel Journal of Mathematics, 1975, 22(1): 81-86.

[75] GÜLER O. On the convergence of the proximal point algorithm for convex minimization[J]. SIAM Journal on Control and Optimization, 1991, 29(2): 403-419.

[76] BAUSCHKE H H, COMBETTES P L. A weak-to-strong convergence principle for Fejer-monotone methods in Hilbert spaces[J]. Mathematics of Operations Research, 2001, 26(2): 248-264.

[77] HALPERN B. Fixed points of nonexpanding maps[J]. Bulletin of the American Mathematical Society, 1967, 73(6): 957-961.

[78] LIONS P L. Approximation de points fixes de contractions[J]. CR Acad. Sci. Paris Serie, A, 1977, 284: 1357-1359.

[79] WITTMANN R. Approximation of fixed points of nonexpansive mappings[J]. Archiv der Mathematik, 1992, 58(5): 486-491.

[80] BAUSCHKE H H. The approximation of fixed points of compositions of nonexpansive mappings in Hilbert space[J]. Journal of Mathematical Analysis and Applications, 1996, 202(1): 150-159.

[81] MOUDAFI A. Viscosity approximation methods for fixed points problems[J]. Journal of Mathematical Analysis and Applications, 2000, 241(1): 46-55.

[82] SUZUKI T. A sufficient and necessary condition for Halpern-type strong convergence to fixed points of nonexpansive mappings[J]. Proceedings of the American Mathematical Society, 2007, 135(1): 99-106.

[83] CHIDUME C E, CHIDUME C O. Iterative approximation of fixed points of nonexpansive mappings[J]. Journal of Mathematical Analysis and Applications, 2006, 318 (1): 288-295.

[84] HE S, WU T, CHO Y J, et al. Optimal parameter selections for a general Halpern iteration[J]. Numerical Algorithms, 2019, 82(4): 1171-1188.

[85] LEUSTEAN L. Rates of asymptotic regularity for Halpern iterations of nonexpansive mappings[J]. Journal of Universal Computer Science, 2007, 13(11): 1680-1691.

[86] LIEDER F. On the convergence rate of the Halpern-iteration[J]. Optimization Letters, 2021, 15(2): 405-418.

[87] KOHLENBACH U. On quantitative versions of theorems due to FE Browder and R. Wittmann[J]. Advances in Mathematics, 2011, 226(3): 2764-2795.

[88] KOHLENBACH U, LEUŞTEAN L. Effective metastability of Halpern iterates in CAT(0) spaces[J]. Advances in Mathematics, 2012, 231(5): 2526-2556.

[89] PIATEK B. Halpern iteration in CAT(κ) spaces[J]. Acta Mathematica Sinica, English Series, 2011, 27(4): 635-646.

[90] WANG Y, WANG F, XU H K. Error sensitivity for strongly convergent modifications of the proximal point algorithm[J]. Journal of Optimization Theory and Applications, 2016, 168(3): 901-916.

[91] HAUGAZEAU Y. Sur les inequations variationnelles et la minimisation de fonctionnelles convexes[D]. These, Universite de Paris, 1968.

[92] SOLODOV M V, SVAITER B F. Forcing strong convergence of proximal point iterations in a Hilbert space[J]. Mathematical Programming, 2000, 87(1): 189-202.

[93] NAKAJO K, TAKAHASHI W. Strong convergence theorems for nonexpansive mappings and nonexpansive semigroups[J]. Journal of Mathematical Analysis and Applications, 2003, 279(2): 372-379.

[94] KIM T H, XU H K. Strong convergence of modified Mann iterations for asymptotically nonexpansive mappings and semigroups[J]. Nonlinear Analysis: Theory, Methods & Applications, 2006, 64(5): 1140-1152.

[95] MARTINEZ-YANES C, XU H K. Strong convergence of the CQ method for fixed point iteration processes[J]. Nonlinear Analysis: Theory, Methods & Applications, 2006, 64(11): 2400-2411.

[96] BAUSCHKE H H, COMBETTES P L, LUKE D R. A strongly convergent reflection method for finding the projection onto the intersection of two closed convex sets in a Hilbert space[J]. Journal of Approximation Theory, 2006, 141(1): 63-69.

[97] BREGMAN L M, CENSOR Y, REICH S, et al. Finding the projection of a point onto the intersection of convex sets via projections onto half-spaces[J]. Journal of Approximation Theory, 2003, 124(2): 194-218.

[98] YANG Q, ZHAO J. Generalized KM theorems and their applications[J]. Inverse Problems, 2006, 22(3): 833-844.

[99] XU H K. A variable Krasnoselskii-Mann algorithm and the multiple-set split feasibility problem[J]. Inverse Problems, 2006, 22(6): 2021-2034.

[100] HAN D, HE B. A new accuracy criterion for approximate proximal point algorithms[J]. Journal of Mathematical Analysis and Applications, 2001, 263(2): 343-354.

[101] MARINO G, XU H K. Convergence of generalized proximal point algorithms[J]. Communications on Pure & Applied Analysis, 2004, 3(4): 791-808.

[102] HE B, LIAO L, YANG Z. A new approximate proximal point algorithm for maximal monotone operator[J]. Science in China Series A: Mathematics, 2003, 46(2): 200-206.

[103] CUI H, CENG L. Convergence of over-relaxed contraction-proximal point algorithm in Hilbert spaces[J]. Optimization, 2017, 66(5): 793-809.

[104] CENSOR Y, SEGAL A. The split common fixed point problem for directed operators[J]. Journal of Convex Analysis, 2009, 16(2): 587-600.

[105] MOUDAFI A. A note on the split common fixed-point problem for quasi-nonexpansive operators[J]. Nonlinear Analysis: Theory, Methods & Applications, 2011, 74(12): 4083-4087.

[106] CUI H, WANG F. Iterative methods for the split common fixed point problem in Hilbert spaces[J]. Fixed Point Theory and Applications, 2014, 2014(1): 1-8.

[107] WANG F. A new method for split common fixed-point problem without priori knowledge of operator norms[J]. Journal of Fixed Point Theory and Applications, 2017, 19 (4): 2427-2436.

[108] MOUDAFI A. The split common fixed-point problem for demicontractive mappings[J]. Inverse Problems, 2010, 26(5): 055007.

[109] CUI H, CENG L. Iterative solutions of the split common fixed point problem for strictly pseudo-contractive mappings[J]. Journal of Fixed Point Theory and Applications, 2018, 20(2): 1-12.

[110] YAO Y, LIOU Y C, POSTOLACHE M. Self-adaptive algorithms for the split problem of the demicontractive operators[J]. Optimization, 2018, 67(9): 1309-1319.

[111] CEGIELSKI A. General method for solving the split common fixed point problem[J]. Journal of Optimization Theory and Applications, 2015, 165(2): 385-404.

[112] TAKAHASHI W, XU H K, YAO J C. Iterative methods for generalized split feasibility problems in Hilbert spaces[J]. Set-Valued and Variational Analysis, 2015, 23(2): 205-221.

[113] YAO Y, LIOU Y C, YAO J C. Split common fixed point problem for two quasi-pseudo-contractive operators and its algorithm construction[J]. Fixed Point Theory and Applications, 2015, 2015(1): 1-19.

[114] MARUSTER S, POPIRLAN C. On the Mann-type iteration and the convex feasibility problem[J]. Journal of Computational and Applied Mathematics, 2008, 212(2): 390-396.

[115] MOLONEY J, WENG X. A fixed point theorem for demicontinuous pseudo-contractions in Hilbert apace[J]. Studia Mathematica, 1995, 3(116): 217-223.

[116] FACCHINEI F, PANG J S. Finite-dimensional variational inequalities and complementarity problems[M]. Berlin: Springer, 2003.

[117] HAN W, MIGORSKI S, SOFONEA M. Advances in variational and hemivariational inequalities[M]. Berlin: Springer, 2015.

[118] 韩渭敏, 程晓良. 变分不等式简介: 基本理论, 数值分析及应用 [M]. 北京: 高等教育出版社, 2007.

[119] 韩继业, 修乃华, 戚厚铎. 非线性互补理论与算法 [M]. 上海: 上海科技出版社, 2006.

[120] NAGURNEY A. Network economics: A variational inequality approach[M]. Berlin: Springer, 1998.

[121] KORPELEVICH G M. The extragradient method for finding saddle points and other problems[J]. Matecon, 1976, 12: 747-756.

[122] POPOV L D. A modification of the Arrow-Hurwicz method for search of saddle points[J]. Mathematical Notes of the Academy of Sciences of the USSR, 1980, 28(5): 845-848.

[123] CENSOR Y, GIBALI A, REICH S. Extensions of Korpelevich's extragradient method for the variational inequality problem in Euclidean space[J]. Optimization, 2012, 61 (9): 1119-1132.

[124] TSENG P. A modified forward-backward splitting method for maximal monotone mappings[J]. SIAM Journal on Control and Optimization, 2000, 38(2): 431-446.

[125] MALITSKY Y. Projected reflected gradient methods for monotone variational inequalities[J]. SIAM Journal on Optimization, 2015, 25(1): 502-520.

[126] FUKUSHIMA M. A relaxed projection method for variational inequalities[J]. Mathematical Programming, 1986, 35(1): 58-70.

[127] YANG Q. The relaxed CQ algorithm solving the split feasibility problem[J]. Inverse Problems, 2004, 20(4): 1261-1266.

[128] POLYAK B. Minimization of unsmooth functionals[J]. USSR Computational Mathematics and Mathematical Physics, 1969, 9(3): 14-29.

[129] BAUSCHKE H H, WANG C, WANG X, et al. Subgradient projectors: Extensions, theory, and characterizations[J]. Set-Valued and Variational Analysis, 2018, 26(4): 1009-1078.

[130] YU H, WANG F. Modified relaxed CQ algorithms for split feasibility and split equality problems in Hilbert spaces[J]. Fixed Point Theory, 2020, 21: 819-832.

[131] YU H, ZHAN W, WANG F. The ball-relaxed CQ algorithms for the split feasibility problem[J]. Optimization, 2018, 67(10): 1687-1699.

[132] WANG F, XU H K. Cyclic algorithms for split feasibility problems in Hilbert spaces[J]. Nonlinear Analysis: Theory, Methods & Applications, 2011, 74(12): 4105-4111.

[133] WANG F. A splitting-relaxed projection method for solving the split feasibility problem[J]. Fixed Point Theory, 2013, 14: 211-218.

[134] GABAY D, MERCIER B. A dual algorithm for the solution of nonlinear variational problems via finite element approximation[J]. Computers & Mathematics with Applications, 1976, 2(1): 17-40.

[135] GLOWINSKI R, MARROCO A. Sur l'approximation, par elements finis d'ordre un, et la resolution, par penalisation-dualite d'une classe de problemes de dirichlet non lineaires[J]. ESAIM: Mathematical Modelling and Numerical Analysis-Modelisation Mathematique et Analyse Numerique, 1975, 9(R2): 41-76.

[136] BOYD S, PARIKH N, CHU E, et al. Distributed optimization and statistical learning via the alternating direction method of multipliers[J]. Foundations and Trends in Machine Learning, 2011, 3(1): 1-122.

[137] HE B, YUAN X. On the $O(1/n)$ convergence rate of the Douglas-Rachford alternating direction method[J]. SIAM Journal on Numerical Analysis, 2012, 50(2): 700-709.

[138] GOLDSTEIN T, O'DONOGHUE B, SETZER S, et al. Fast alternating direction optimization methods[J]. SIAM Journal on Imaging Sciences, 2014, 7(3): 1588-1623.

[139] WANG H, BANERJEE A. Bregman alternating direction method of multipliers[J]. Advances in Neural Information Processing Systems, 2014, 27: 1-9.

[140] CHEN C, HE B, YE Y, et al. The direct extension of ADMM for multi-block convex minimization problems is not necessarily convergent[J]. Mathematical Programming, 2016, 155(1): 57-79.

[141] HAN D, YUAN X. A note on the alternating direction method of multipliers[J]. Journal of Optimization Theory and Applications, 2012, 155(1): 227-238.

[142] CAI X, HAN D, YUAN X. On the convergence of the direct extension of ADMM for three-block separable convex minimization models with one strongly convex function[J]. Computational Optimization and Applications, 2017, 66(1): 39-73.

[143] LI M, SUN D, TOH K C. A convergent 3-block semi-proximal ADMM for convex minimization problems with one strongly convex block[J]. Asia-Pacific Journal of Operational Research, 2015, 32(4): 1550024.

[144] XU Z, CHANG X, XU F, et al. $L_{1/2}$ regularization: A thresholding representation theory and a fast solver[J]. IEEE Transactions on Neural Networks and Learning Systems, 2012, 23(7): 1013-1027.

[145] ZENG J, LIN S, WANG Y, et al. $L_{1/2}$ regularization: Convergence of iterative half thresholding algorithm[J]. IEEE Transactions on Signal Processing, 2014, 62(9): 2317-2329.

[146] XU Y, YIN W, WEN Z, et al. An alternating direction algorithm for matrix completion with nonnegative factors[J]. Frontiers of Mathematics in China, 2012, 7(2): 365-384.

[147] BOLTE J, SABACH S, TEBOULLE M. Proximal alternating linearized minimization for nonconvex and nonsmooth problems[J]. Mathematical Programming, 2014, 146 (1): 459-494.

[148] XU Y, YIN W. A block coordinate descent method for regularized multiconvex optimization with applications to nonnegative tensor factorization and completion[J]. SIAM Journal on Imaging Sciences, 2013, 6(3): 1758-1789.

[149] CAO W, SUN J, XU Z. Fast image deconvolution using closed-form thresholding formulas of $l_q(q = 1/2, 2/3)$ regularization[J]. Journal of Visual Communication and Image Representation, 2013, 24(1): 31-41.

[150] HONG M, LUO Z Q, RAZAVIYAYN M. Convergence analysis of alternating direction method of multipliers for a family of nonconvex problems[J]. SIAM Journal on Optimization, 2016, 26(1): 337-364.

[151] LI G, PONG T K. Global convergence of splitting methods for nonconvex composite optimization[J]. SIAM Journal on Optimization, 2015, 25(4): 2434-2460.

[152] WANG F, CAO W, XU Z. Convergence of multi-block Bregman ADMM for nonconvex composite problems[J]. Science China Information Sciences, 2018, 61(12): 1-12.

[153] MORDUKHOVICH B S. Variational analysis and generalized differentiation I: Basic theory[M]. Berlin: Springer, 2006.

[154] ŁOJASIEWICZ S. Une propriété topologique des sous-ensembles analytiques réels[J]. Les équations aux dérivées partielles, 1963, 117: 87-89.

[155] KURDYKA K. On gradients of functions definable in o-minimal structures[J]. Annales de l'institut Fourier, 1998, 48(3): 769-783.

[156] BOLTE J, DANIILIDIS A, LEWIS A. The Łojasiewicz inequality for nonsmooth subanalytic functions with applications to subgradient dynamical systems[J]. SIAM Journal on Optimization, 2007, 17(4): 1205-1223.

[157] BAUSCHKE H H, BORWEIN J M. Joint and separate convexity of the Bregman distance[J]. Studies in Computational Mathematics, 2001: 23-36.

[158] COLLINS M, SCHAPIRE R E, SINGER Y. Logistic regression, adaboost and Bregman distances[J]. Machine Learning, 2002, 48(1): 253-285.

[159] BURACHIK R S, DAO M N, LINDSTROM S B. The generalized Bregman distance[J]. SIAM Journal on Optimization, 2021, 31(1): 404-424.

[160] ATTOUCH H, BOLTE J, SVAITER B F. Convergence of descent methods for semi-algebraic and tame problems: Proximal algorithms, forward-backward splitting, and regularized Gauss-Seidel methods[J]. Mathematical Programming, 2013, 137(1): 91-129.

[161] BECK A, TETRUASHVILI L. On the convergence of block coordinate descent type methods[J]. SIAM Journal on Optimization, 2013, 23(4): 2037-2060.

[162] TSENG P, YUN S. A coordinate gradient descent method for nonsmooth separable minimization[J]. Mathematical Programming, 2009, 117(1): 387-423.

[163] TSENG P, YUN S. A coordinate gradient descent method for linearly constrained smooth optimization and support vector machines training[J]. Computational Optimization and Applications, 2010, 47(2): 179-206.

[164] ATTOUCH H, BOLTE J, REDONT P, et al. Proximal alternating minimization and projection methods for nonconvex problems: An approach based on the Kurdyka-Łojasiewicz inequality[J]. Mathematics of Operations Research, 2010, 35(2): 438-457.